学術選書 051

オアシス農業起源論

古川久雄

KYOTO UNIVERSITY PRESS

京都大学学術出版会

口絵 1 ●密集オアシス集落と、放牧に向かう家畜の群れ．イラン東部メシェドの西、サブゼバール近傍．

口絵 2 ●黄砂にかすむ上メソポタミアのユーフラテス平原、天水と灌漑による大畑作地帯．トルコのディヤルバキル．

口絵3●サドルカーンで粉を挽く。エジプト古王朝時代サッカラ遺跡の石彫.
口絵4●ワジ・ハサ。シリアからアカバ湾に至る王の道に切り込む深いワジの岩壁は道を断つ意志をあらわにしている．肥沃な三日月地帯といえども、乾燥地帯の自然は人間に敵対的である.

口絵5●デカン高原のオアシス灌漑耕地．カルナタカ州ベラリのハンピ遺跡．
口絵6●ガンジス河岸ベナレスの焼き場で遺骨を拾う．死と生の絶えないめぐり．

口絵 7 ●雲南省元陽ハニ族の棚田．オアシス農業の衝撃で栽培化された稲は、湿潤気候での穀物栽培を大幅に拡大した．東アジア、南アジアの湿潤山地では棚田や焼き畑も広がった．

口絵 8 ●海南島三亜港を出入りする無数の漁船、家舟．東シナ海や南シナ海への人の吹き出し口だ．

オアシス農業起源論◉目　次

はじめに

本書は畑や水田の耕作法と作物の栽培法に視点を据えて世界を見て歩き、農業の形が示す太古の文化伝播を推論している。穀物農業は西アジア乾燥ステップのオアシスで紀元前約一万年頃に確立し、そのデザインが新石器時代に世界に伝播した。穀物農業の一元的伝播仮説を述べる部分が本書の大半を占める。その整理の結果、もう一つの農業である根栽農業が対極的な性格を持つことも浮かび上がった。最後の章は根栽農業の形とその文化に触れ、穀物農業との接触・交流の形を描いた。

農業は雨の降り方や気温、地形・土、そこに育つ植物に依存するので、一見するとどこでも環境適応的で様々な形がある。元々その地で生まれた方法を伝えていると思いやすい。先祖伝来の水田に冬はムギを植え、梅雨になると犂やマグワで耕してイネを植えることは日本の風土だった。水田という装置、犂やマグワなどの農具が西アジアのオアシスに由来したとは思いもよらないことだろう。

だが技術や文化は伝播するものだ。それは新石器時代の世界でも否定できない。環境と異質な外の要素が入り込んでくる。例えば日本の現在の水田の地下には縄文後期から弥生・古墳時代の水田がほぼ全国的に分布する。それは畳二枚ほどの小さく区画された水田が見事に並んだものだ。雨が多く陸稲でも十分育つ日本でこれほど手をかけた灌漑水田を作る必然性は小さい。この形の水田稲作は中国から伝わったものに違いない。それではその水田は中国で発生したものなのか？　イネの栽培化が中国南部で起こったことは発掘の進展で多くの証拠がある。中国の初期の水田には小さく区画した水田遺構や小さな穴を掘ってイネを植えるタイプの水田が出土する。現在も冬作時期の華北平原は小さく区画した灌漑ムギ畑が延々と広がっている。

問題はこうした小区画灌漑耕地で行う穀物栽培デザインの由来だ。インドのデカン高原ではそのデザインでイネも雑穀もムギも栽培する。そして西アジアでは紀元前三千年紀にそのデザインによるムギ栽培方式を定式化した教科書がある。現在、西アジアの乾燥地帯はどこでも小さな区画の灌漑畑が生活の基盤だ。新石器時代の犂はトラクターで引くディスク・ハローに変わり、播種ドリルは姿を消して種はばら撒きに変わった所もあるが、基本骨格はほとんど変わらずに続いている。

見て歩いた結果、私は穀物栽培のデザインが新石器時代初期に西アジアの乾燥ステップにあるオアシスで生まれたという帰結に辿り着いた。オアシス灌漑農業はその高い生産力をばねに、当時の最新技術として世界に伝播した。環境の異なる伝播先では別の穀物が栽培化され、人間は狩猟・採集の生活から、非脱粒性の栽培穀物に依存する農業という生活方式へ移った。

過去の著作の中に類似の説を探してみるとある。英国の考古学者ゴードン・チャイルドの説だ。

『ヨーロッパ文明の曙』（一九二五年）、『人間は人間がつくる』（邦訳書名『文明の起源』、一九三六年）その他で取り上げられた分野は膨大で、農業だけにとどまらない。彼は現代に続く生産活動と文明の基礎はオリエントで始まったという。栽培植物を選び出し、農業と牧畜、土器制作と織物技術を確立した新石器第一（農業）革命は剰余生産物の蓄積を可能にした。剰余生産物の増大は続いて冶金術と金属器制作、車輪、車と帆船、都市、文字、宗教、法、暦、数学、天文学、医学を発展させ、支配体制の探索へ導き、芋づる式に第二（都市）革命が展開した。オリエントの新しい文明はヨーロッパ、アジアの各地に波及して各地に文化の基礎を提供したというものだ。

私の考えはこれほど雄大ではないが、遠方まで波及することとなった栽培法がどんなものだったか、彼が書き落とした点を補うことはできよう。栽培の始まりについて彼が言うのはこうだ。後旧石器時代、自然灌漑によって狩猟的遊牧農民が菜園耕作を始めていた。その後の気候の乾燥化で植物も動物も遊牧農民もオアシスにある泉や小川に集まり、狩猟的遊牧農民は定着的生活に移った。野生のウシやヤギやイノシシは糞によって土地を肥やしただろうし、狩猟的遊牧農民は飢えた野生動物に刈り株を提供し時には何か穀物を餌にやり、猛獣を追いはらっただろう。オアシスで人間、植物、動物のいわば共同生活が始まり、植物の選択的栽培、動物の選択的飼養が始まったという。

大筋に異論はない。ただ、オアシスで具体的にどんな栽培耕地が生み出されたのか、剰余生産物を蓄積させ、新石器農業革命を遥かな遠方まで及ぼした栽培方式とはどんなものなのか、それについて彼の雄大な説は触れていない。私の着想はそれが灌漑ピット耕地に始まって水路連結灌漑ピット、そして灌漑小区画畑として定型化されたものだというにある。乾燥地帯のオアシスで行う灌漑耕作は乾燥ステップの天水耕作に比べて生産力が飛躍的に高い。そこに突然変異で生まれた非脱粒性のムギを植えることが新石器農業革命の鍵だと思う。着想の経緯は「発端」の章で述べた。その過程はありていに言って精密な分析や実験ではない。マダガスカルで大規模蹄耕を見、ナイル河谷が小さな灌漑畑で埋め尽くされているのを見て、もやもやした霧が一気にはれたのだ。

本書の骨子は一九八八年に『小区画水田の系譜――オアシス農耕文化の道』として発表したが、文部省科学研究費の報告書で簡単なものだった。一九八九年に三菱広報委員会の『シンポジウム・海のシルクロードを求めて』で取り上げてもらったり、『東南アジア研究』に書いた英語の報告には海外から多少の反応があったりしたが、一般の目に触れる機会は少なかった。

その後、農業調査で海外へ行く機会を捉えては農業の様子を見、また遺跡の現地や近くで現場感覚をつかみ、発掘報告を見ることに努めた。私なりに仮説の検証を進めたつもりだ。アフリカと新世界へも足は少し踏み入れたが、本書では取り上げていない。農業のデテールを身体に沁み込ませる機会が少なかった。ヨーロッパを取り上げていないのも同じ理由だが、それ以上にヨーロッパで独自に栽培化された作物がなく、オアシス農業の骨格から灌漑を落としたムギ作と牧畜を受け取っただけで面白みに欠けることが大きい。但し他地域の農業、農具、作物の導入に近世までのヨーロッパは熱心な生徒であり、とりわけ近代に入っては新世界の作物の拡散に大きな役割を果たした。この点は拙著『植民地支配と環境破壊』(二〇〇一、弘文堂)で少し述べている。御参照頂ければ有難い。

温帯には穀物農業が新石器時代に伝播したが、熱帯では根栽農業がやはり古い時代に広く伝播していた。根栽農業は穀物農業と原理が違う。重要な技術は灌漑ではなく排水、種子のばら撒きではなく個体や吸芽や苗の移植、収穫物は種子ではなく根茎、そして技術以上に重要なのが精霊の加護ないし気の把促だ。原理的に穀物農業が大量生産思想につながるとすると、根栽農業は高谷好一氏の言う子育て栽培思想につながる。二つの文化圏は古い時代から接触し、戦闘力に勝る穀物農業圏によって根栽農業圏は次第に端に追いやられた。しかしその過程で移植という方式をイネ栽培に移転したことは大きな貢献だっただろう。

マレーシア熱帯の西部は穀物農業が侵入したが、その東半分のメラネシアからポリネシアへかけては根栽農業圏がいまだ健在だ。マレーシア熱帯は農業と文化の伝播・重層の様子を保存した大野外博物館だ。その農業と社会を見ると、大量生産思想にまみれた私たちの社会の中に別の文化を発見するきっかけが無数にある。

ユーラシア大陸の穀物農業とマレーシア熱帯の根栽農業、両者が互いに繰り広げてきた空間と時間の無限の重層の中で私たちは生きている。この感覚の発見は無上の幸福だと思うのだが、読者はどう思われるだろうか? とりわけ、土に親しみ水を按配して作物を収穫する農的生活をやってみると、ものを生産する喜びが湧く。穀物にしてもイモにしても苗木にしても、今手にする作物は植え継ぎ、改良し、他から導入する長い経過の結晶だ。新石器時代から無数の人間がいのちを繋いだ依り代だ。依り代を自分で作って初めて生産に汗する充実感を取り戻せるように思うのだ。

今の時代普通の町生活者は消費者だけの存在になる。食糧も衣服も住まいもあてがいぶちの材料を消費するだけだ。手作りしようにも耕地はなく、村の鍛冶屋も粉挽き水車も姿を消した。山には過熟林とシイ・カシの枯れ木林が広いが、建材はかんな屑を貼り付けた安い外材合板が幅を利かせる。街中でストーヴも焚けずエアコン暖房に頼らざるをえない。まるでケージ飼いのブロイラーである。山を越え、平原を歩き、海を越えた人間の身体と意志は萎えてしまう。食糧生産に汗しない消費人口の増加が豊かな近代文明を可能にしたのかもしらないが、程度問題だ。程度が過ぎると産業構造が偏より、富が偏在するようになり、人間は環境の外で寄生するだけになる。これでは風土を支えた共同体がやせほそる。社会は支え合いを失い、それを行政で支えるとなると財政危機は避けられない。社会は活力を失う。豊かな社会のケージの中で個人も社会も自然も干上がる。

悪夢である。悪夢は破らねばならない。悪夢から醒めるには叫び声を上げ、起きあがり、身体を動かすことだ。身体の動かし方はいろいろあるだろうが、鍵は農作業だと私は思っている。衣食住で生産者として立つ人が増えることだ。農業者になるもよし、農的生活を楽しむもよし。鍬を振るい、コメ・ムギを収穫し、イモを掘る。新鮮な野菜を食い、梅干しを作る。筋肉の老化を防ぎ、風土の保全にも有効だ。何にもまして素晴らしいことは一万数千年にわたって人間が蓄積してきた知恵に直接触れられることだ。その知恵は実物の作物や農具、畝の立て方と、一つ一つの事柄につまっているのだから。

オアシス農業起源論

第1章 発端

1 マダガスカルの大草原で

牧民

一九八六年十二月中旬、私たちはマダガスカル南部の大草原に立っていた。イホシの西約三〇キロメートル、小村イヴァロだ。視界を遮るものは何もない。五〇キロメートルほど西のイサロ山地も、このあたりでは切れ切れになった低い残丘が一つ二つ地平線に見えるだけだ。草原といっても背の低いイネ科の草株が不連続に生えているだけだ。赤土が顔をのぞかせ、草株に負けないほど蟻塚が散らばっている（地図1）。

見えるものがもう一つ、いやもう二つある。草を食むこぶ牛の群れと、白い長衣を体に巻きつけ、槍をもって私たちを凝視する赤銅色の牧夫だ。遠くの方からも牧夫が牛を集めてこちらに向かってくる《写真1》。

イホシの町を中心とするこのあたりはバラ族と呼ばれる牧民の地域で、どの村も人口より牛の数の方が多い。イヴァロを含むアンバトラヒ郡は人口三三〇〇人に対し、牛は約一〇万頭だそうだ。もっともこの数字は少し前のもので、武装した強盗団が跳梁して牛を盗むので、四万六〇〇〇頭まで激減したそうだ。高度一〇〇〇メートル、年間降雨量は四〇〇ミリメートル前後の乾燥地帯で、乾燥農業はできないことはないのだが、年によって雨の変動が大きい。危険性の大きい乾燥農業よりも牧畜が自然な選択だ。この日は彼らの牧畜を見せてもらうつもりで来たのだ。

もうひとつ別の目的もあった。実はこちらの方が私には大きかった。この牧民が稲作をやるというのだ。どんな稲作なのか？　横でクールな目を光らせている大先達の高谷好一さんはそれまでにイランやイラクといったところも経験があり、乾燥地帯や牧畜に詳しい。しかし湿潤マレーが主なフィールドで、乾燥地帯はインド西部を少し見た程度だった私は、この二カ月ほどマダガスカルで初めて本格的に乾燥地帯の景観と生業に遭遇していた。この乾燥地帯の牧民がやる稲作は湿潤マレーの稲作と

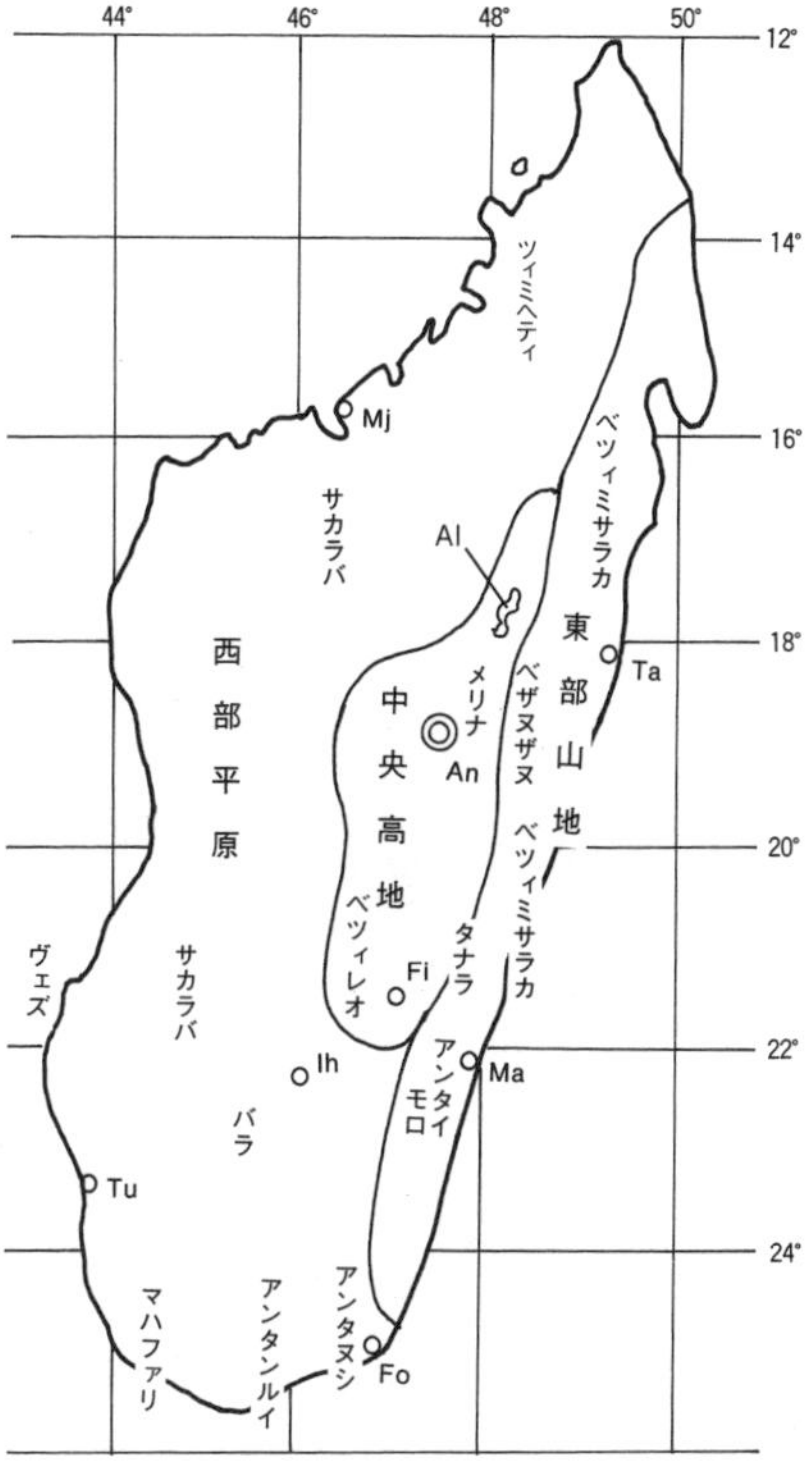

An：アンタナナリブ　Ma：マナカラ

Fi：フィアナランツァ　Mj：マジュンガ

Fo：フォート・ドーファン　Ta：タマタブ

Ih：イホシ　Tu：トリアール

Al：アラオチャ湖

基図縮尺　1：11,450,000

0　500KM

地図1●マダガスカル位置図．カタカナ表記は部族名．

写真1●イホシ大草原.

どうつながるのか、つながらないのか？　そこに関心が集中していた。

マダガスカル調査の間、素晴らしいガイドを勧めてくれたラコトマラランさんがこの地区選出の国会議員レニツィさんに連絡をとってくれて、私たちが今ここに立っていることになった次第だ。環境といい、パラパラと立つ泥壁家より牛柵の方が目立つ集落といい、マサイ族のような牧夫といい、まことに申し分ない牧畜の世界だ。その牧民がやる稲作とはどんなものか、私たちは興味しんしんと始まりを待っていた。

かけ流し傾斜田

レニツィさんと奥さんが、行きましょうかと歩き出した。しばらく赤土を踏んでいくと、谷川が見えた。いつのまにか平原に切れ込んだ谷の肩に来ていた。谷は深さ一〇メートル、幅三〇〇メートルばかりで、谷川両岸の緩やかな斜面に棚田が広がっている。棚田の上端、谷の肩に細い水路が設けられ、水路に切られた水口から水が棚田へかけ流しされている。土はそれまでのラテライト質赤土が黒い粘土のヴァーティソルに変わっている。このあたりの白亜紀堆積岩は石灰や塩類の多い岩層が入っていて、そこは溶食が速く進むので谷になる。また土も周囲と違うものになるのだ。不連続に立っていた草株も緑の草原に変わっている。

棚田を見ながら進むとやがていちめんの棚田は姿を消し、水路に沿って一枚だけ細長い棚田が続く。

下の斜面はイネ科草原のままだ。ところがその草斜面にも水が流れ込んでいる。よく見ると先ほどから続く水路脇の細長い田は承水路というべきもので、谷側の畦には三メートルごとにスリットが切られている。そこから勢いよく細い水流が飛び出し、シャワーのように広がって草斜面を流れ下っている。その草斜面を指して、レニツィさんはこれも水田ですという《図1》[1]。

さらに行くと水路は続いているが、土盛りで止められ、そこから先は草地斜面のままで牛が放牧されている。レニツィさんは谷斜面を利用する三つの形を要領よく見せてくれたわけだ。放牧草地、かけ流し傾斜田、そしてかけ流し棚田。稲作を連続する場合は斜面を棚田に変えるそうだ。斜面のかけ流し水田が可能なのは、草の根が土を止めているからで、稲作を続けると草の根が減って土が流れてしまう。斜面のまま稲作を続ける場合は三年間植えて二年間の草地休閑をはさみ、草の根をふやして土を止める。その間、「水田」は放牧地にもどるわけだ。

大規模蹄耕

さて朝から水を流し始め、昼前に黒土が水を吸って膨らんでいる。草原から牛の群がどんどん集められてきて、今や三〇〇頭を越える牛の大群だ。何が始まるのかと見ていると牧夫たちが水路脇で牛を隊列に整列させ終わった。やがて大人や子供一二、三人が前後左右から追い、牛の大群は水路を越えて草斜面に入っていく。約三〇〇頭の牛は七、八列の長い縦列で行進を始めた。子供たちは牛のこ

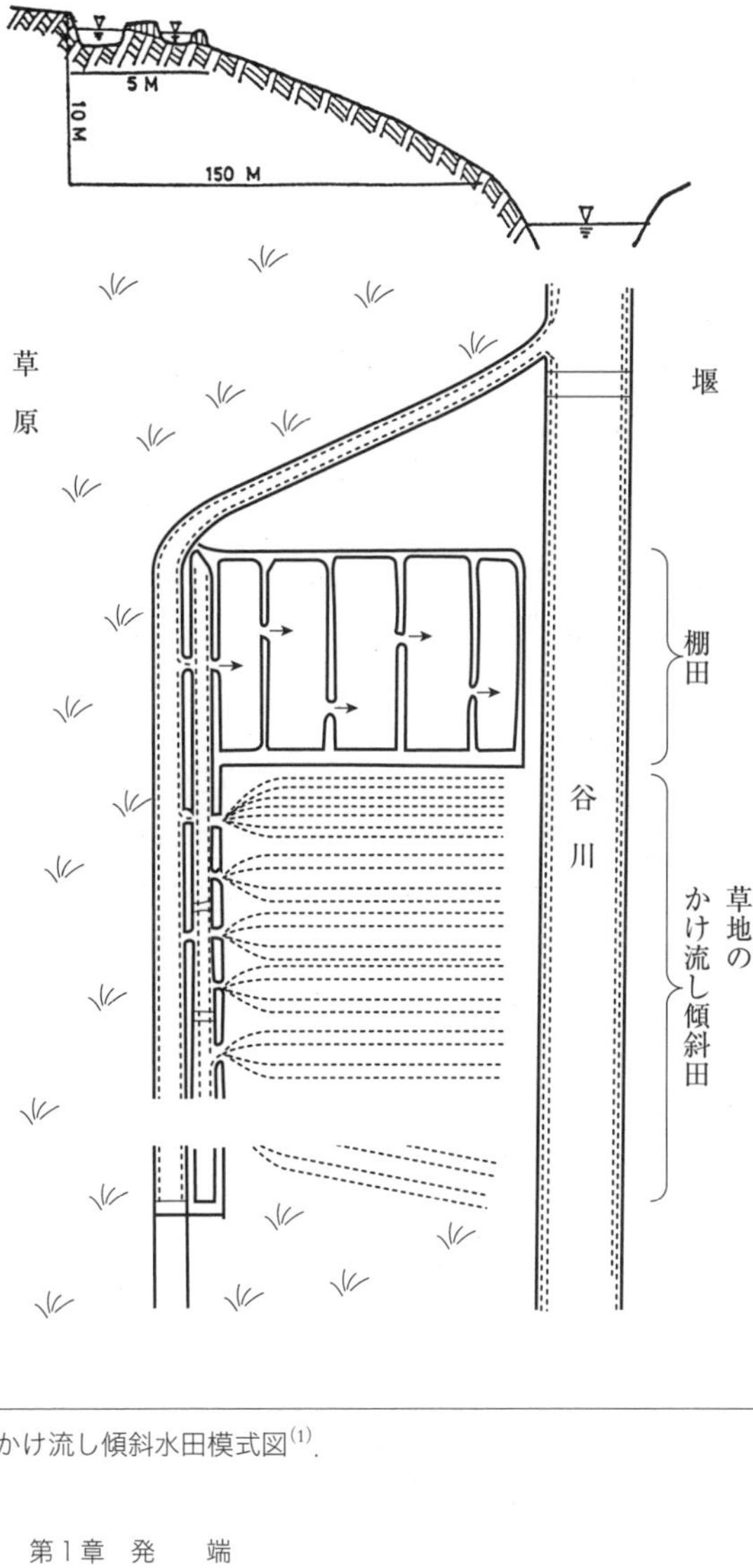

図1●かけ流し傾斜水田模式図[1].

ぶに抱きつく。牛はいやがって飛び跳ねては角を振り、ラグビー選手さながら前を行く仲間の間へ潜り込む。二〇〇メートルほど進むと牛の隊列は旋回する。見事なものだ。このように往復を数回繰り返す。草と根は牛の蹄で踏みこまれ、水を吸った黒土は草と混ぜられ、たちまちのうちに泥になる。一つの地区がすむと次の地区へと、代掻きがどんどん進む。かけ流し傾斜水田もかけ流し棚田も同じ方式だ《写真2》。

これは蹄耕と呼ばれる地拵えの方法だ。スラウェシやスマトラ、ルソン島のビコール地方、スリランカ西岸の湿潤地帯で以前に見ていた。文献を調べると分布がマレー島嶼域を中心に広がっていることもあり、湿潤マレーの稲作を特徴づける指標的耕作技術と考えていたものだ。湿潤マレーの耕作法というのは要するに犂やマグワ（耙）、鍬、鋤といった農具を使わないで地拵えをするのが特徴だ。その主要な方法が水牛による蹄耕だ。ほかに使う道具は湿地の草を刈り倒す山刀と植え付け用の掘棒だけだ。周りの熱帯多雨林の焼畑でも耕作道具は一切使わないし、湿地が広い環境と蹄耕はよく合っているので、蹄耕をはじめとする無犂耕方式をひとまとめにマレー農耕とくくっていた。その蹄耕がマダガスカルほぼ全域に分布し、マダガスカルの言葉もマレー語によく似ているということで、マダガスカルはマレー世界の西の出店だ、それを確認しようという意図で前田（現姓は立本）成文さんを代表とするマダガスカル調査が計画されたのだった。

だが今眼前で行われているバラ族の蹄耕はその規模、整然とした隊列、よく制御された行進と、蹄

写真2●マダガスカルの大規模蹄耕.

耕の完成形を見せている。マダガスカルでも東岸の湿潤気候帯に住むタナラ族やベツィミサラカ族の地方では、牛が蹄耕チームから逃げ出す場面をしばしば見たものだ。蹄耕を湿潤マレーと結び付けるのは間違いなのか？

頭の中が混乱に陥っている間に、場面は変わっていた。蹄耕で地拵えが終わり、牛の隊列は水路脇の草原に追い上げられた。牛は何故かやはり隊列を保ったまま待機している様子だ。すぐ二、三人の男が籾籠をかかえて、地拵えの終わったところに入って行った。上手投げ、横手投げ、それぞれのやり方で乾燥籾をばら播いていく。ばら播くだけだから植え付けはてっとり早く終わった。

これで終わりかと思っていると、男たちが再び牛の隊列を追い込み始めた。籾をばら播いたばかりの所に牛の隊列を入れ、先ほどと同じように行進させる。今度は地拵えではなく、籾を踏み込むのだ。隊列の往復は一回でおしまいになる。

午前中で四、五ヘクタールの地拵えと植え付け、種子覆土の作業が完了したわけだ。犂、鍬、掘棒などの道具は一切使わない。この後の仕事は、と尋ねると、除草もしない、四月に鎌で刈るだけだ。それを牛に踏ませて脱穀し、大きな編み籠に入れて低い木台の上に置く。精米は縦杵と木臼でやる。

実はこれと同じ稲作法をマダガスカル北部のツィミヘティ族から聞き取っていたし、イホシ大草原のもっと東、アンバラヴァオとイホシの間でもベツィレオ族（メリナとともに中央高地を占拠する支配部族の一つ）から何度も聞き取っていたのだ。彼らはこの稲作法がいわば由緒正しいやり方だと言っていたし、中央高地の斜面に広いメリナ族の棚田ももとはこの方式だと言っていた。だからかけ流し傾斜蹄耕水田はマダガスカルで主要な耕作法だった可能性が高い。ただ実際の状況を見なかったので衝撃がなかった。データが一つ増えたというだけの受け取り方だった。

頭の中が渦巻きながら、茫然と見守っていた。私はハッと思い当たることがあった。高谷さんと目を見合わせた。異口同音に言ったのは、「これはメソポタミアや」だった。古代オリエントで地拵えや種子覆土をロバや牛、豚の蹄で行う技術があることを文献で見ていて、それを思い出したのだ。

バラ族の稲作の根本技術はまず水の確保だ。この乾燥気候で安定した収穫を得るのにこれはまず絶対条件だ。レニツィさんは谷の上流に小さな堰上げ堤を作って取水し、下流部の斜面に水を引いてくる。そうした水路が険しい草山の斜面を延々と走っていることはマダガスカルでしばしば見ていた。フィリピンの有名なイフガオの棚田地帯もそうして得た水をかけ流している。世界的に行われる単純で有効な方式だが、今も農民レヴェルで行われる点では乾燥地帯が断突だし、栽培に占める重要性は湿潤地帯の比ではない。この調査の終わりに立ちよったケニアでもキタレのポコット族がこの方法で水を確保して灌漑畑作をやっているのを見た。もっともそこでは作物はシコクビエとトウモロコシで、蹄耕はしない。

二つめの要素は牧畜だ。この牛の大群、それを整然と制御する能力、地拵えから覆土まで家畜を利用する技術、これは湿潤マレーというより元は乾燥地帯の牧畜民の技術ではないのか？　バラ族の稲作は乾燥地の灌漑畑作と牧畜が結合した形じゃないのか？　もちろん、湿潤マレーでも牛、水牛で蹄耕をする。しかしこれだけ大規模で整然とした牛群の制御は諸々の合意を動物に教え込む技術体系を備えていないと成立しない。それは深い木陰に熊や鹿が潜む森で自生する技術というより、見通しのきく平原で人間が動物と競斗的に共存するサバンナや乾燥ステップの技術ではないか？

もうひとつの要素はイネだ。乾燥地の畑作が基本にあったのなら、サバンナ農耕のシコクビエやモロコシ、トウジンビエが残っていてもよいはずだ。デカン高原ではイネも雑穀も麦も同じデザインの小区画灌漑畑で栽培する。その痕跡が残っていてもよいはずだ。マダガスカル研究の専門家深沢秀夫さんによると、モロコシはマダガスカル全域に最近まであったようだ。わずかだが野生化したトウジンビエは私たちも西岸のサカラバ地域で見た。鳥の餌にすると聞いた。ただいずれにしてもここで蹄耕と組み合わされているのはイネであって雑穀ではない。

イヴァロの米は細長いいわゆるインディカ米の形だが、他の所では大粒で丸みのあるいわゆるジャヴァニカ米もあった。両者の混在は湿潤マレーでは一般的だ。そうするとマレーから稲作を受け取った牧民が今目にする技術を発展させた可能性はもちろんある。マダガスカルの蹄耕かけ流し水田はやはり湿潤マレーの技術伝播を示すのか？

しかしさらに一つの疑問が私の脳裏で渦巻き始めた。マレー地域の稲作のその始まりはどうだったのか？　作物栽培と農耕の長い歴史、そして人間は移動する動物であることを念頭に置くと、これはマレー稲作だ、で話は終わらないのじゃないか？　ひょっとすると農業は古い時代にどこかで確立して、その後に世界大の規模で伝播したのじゃないか？　今見聞するものは個々の地域で特定の技術を取捨選択した適応放散の結果かもしれない。そうだとすると特定の地域の作物や技術をワンセットに組み合わせて何型何型と類型化すれば終わりとはならない。それらが相互の影響は何もなく別個に発生したと思いこむとか、特定の地域の間にのみ特定の伝播を想定することは危うい作業になる。

水路連結ピット水田

イホシの大草原地帯で見たもうひとつの水田がある。先述した大規模蹄耕のかけ流し田ほど劇的な迫力はないが、奇妙な印象を受けた水田だ。それは草原にポツンポツンとある丸や四角の小さな窪みだ。丸いものは直径一、二メートル前後、四角いものは三メートル四方ていどからもっと大きいものもある。元はシンクホールの窪みだと思われる。地層中の石灰や塩類が溶食して生じたのだ。掘り込んだものもある。周囲の地面より三〇ないし四〇センチメートル低い四角い窪みは実際元のシンクホールを掘り込んだものだ。これらの窪みは中に稲株が残っているので水田だとわかる。

面白いと印象に残ったのは、これらが細い水路で結ばれていたり、孤立したものもたこの脚のような水路が周りに伸びていることだ。ちょうどデカン高原のシステムタンクを超ミニサイズにしたおもむきで、高い方から低い方へ水が流れ込み、また排水して雨季の水深を調節する構造だ。水深調節のためには水路底の高さを揃えねばならないので、連結箇所が低いと盛り土をしてそこに水路を掘り込んでいる場合もある。

近くの天水畑でキャッサバイモを掘っている男がいる。男はマダガスカルの汎用農具アンガディという一種の櫂型鋤を使っているが、この男のアンガディは柄の上端に槍先も付いていて、いかにも牧民の道具という観がある。尋ねて驚いたことに、これらの小さなピット水田も雨が始まると牛で蹄耕し、苗を移植するか、籾を散播する。ピット水田は機能が二つあり、雨季は水田、乾季は牛の水呑み場だ。いかにも牧民の知恵が現れている《図2》。一群のピット水田の近くにサボテンで囲まれた家の壁跡が残っている。今はいなくなった住人がわずかな収穫を利用していたのだろう。移動を繰り返す牧民の生活を一幅の絵にした風景が奇妙な迫力で迫ってきて強い印象を受けた。

イホシ大草原から離れるが、ピット栽培は東岸部の多雨地帯でサトイモ用のものがかなり広く見られる。五〇センチメートルほど掘り込み、大きさは一メートル四方ぐらいが多い。首都から直線で東北二〇〇キロメートルにあるアラオチャ湖周辺ではヴァーティソルのピット栽培でとれるサトイモが一月から五月までの主食だと聞いた。オヤイモ型とコイモ型がある。

マダガスカル調査は従来の枠組みを揺さぶった。強烈な衝撃で私は混乱に投げ込まれた。それは一九八二年、デカン高原とラジャスタンでイネも雑穀もムギも同じデザインの灌漑畑で栽培されるのを見て、イネへの思い入れが剥ぎ落されたときの夢想が現実となることへの恐れでもあった。

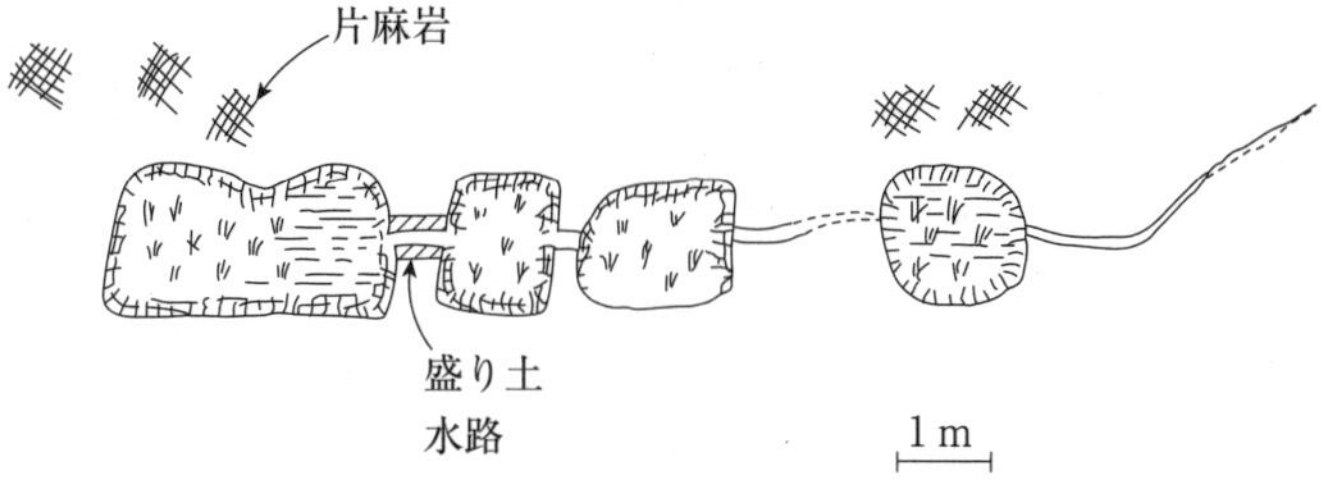

図2●水路連結ピット水田．イホシ大草のあちこちにある．

2 小区画灌漑畑とミニ水田

ナイル河谷

マダガスカルからの帰途、ケニアを経てエジプトに寄った。飛行機から見るナイル河谷の模様は実に印象的だ。ナイル河谷は雨がまったく降らない超乾燥平原なので、灌漑が見事に生と死を分けている。ナイルの氾濫水で灌漑される細い溢流平野だけが緑の帯で、外側の灌漑が及ばない砂漠の台地は一面灰色の死の世界だ。農業の成否を扼《やく》するものは水だ、とこれほどはっきり物語る景観はほかにない。農業にとどまらない。人間生存の可否を決めるのは水だ。

湿潤気候下に暮らす人間にはこれは分からない。日本であれマレーであれ、林が自然に立つ所で作物を栽培するには、林を少しすかすか伐り払うかして空間を作る、あるいは光が地上に届くようにすればよい。種子なり、イモなり、あるいは稚樹を植えれば後は自然が面倒を見てくれる。半栽培という手もある。林に手を加えるとき、自然の中の有用な植物を優先的に残す方法だ。マレーの熱帯多雨林の中に立っているサゴヤシやアレン（サトウヤシ）、籐、アマゾンの熱帯多雨林にパラパラと立っているパラゴムの木やブラジルナッツはそうした場合が多い。

砂漠気候や半乾燥気候ではそうはいかない。エジプトの場合、ナイルの水の恵みがあるとはいえ、人間は特別な工夫をこらして乾燥と闘わねばならない。ナイル河谷で見たのはその工夫だ。

古代大文明をギザの大ピラミッド、スフィンクスで堪能したあと、メンフィスのすぐ南の小さな町で米のミルクプディンを食って食堂を出た。すぐ畑地帯になったが、日本で見る畑とは様子が違う。それは畦で小さく畳二、三枚ほどに区画した畑だ。畑は茫漠と広がっているものだという先入観があるが、この畑は家庭菜園がずらっと並んでいるように見える。大畦で囲んだ一筆がさらに縦横の少し低い手畦で細かく仕切られている。手畦で囲まれた一枚の単位は一・五メートル×二メートル程度だ。これが四〇から五〇単位ほど集まって一筆になっている。各筆を囲む大畦は末端水路の水を畑に配水するフィーダー水路の畦畔を兼ねる。水路から入った水は田越しで区画の一枚一枚に回るようにしてある。つまり縦畦と横畦の接合部がくっついておらず少し開けてある。若い小麦はつやつやとした緑を展開し、村の向こうに見える不気味な灰色の砂丘に雄々しく対峙していた《写真3》。

ナイル河谷はほぼ全面この灌漑小区画畑が生活の基礎だ。ムギ、ジャガイモ、サトイモ（これは畝を立てる）、ソラマメ、ネギ、トマト、ナタネ、ハーブをはじめ、オリーヴ、ナツメヤシ、ブドウ、ミカン、マンゴ、バナナの果樹園、そしてアルファアルファ。人間と家畜はすべてこの方式に依存して生きている。

商品作物で大規模に栽培されるワタ、サトウキビでは手畝は取り払っているが小さな区画単位に分

写真3●ナイルの灌漑小区画畑．メンフィス南郊．

ける様子はそのままだ。

家畜といえば朝の村は家畜と人でごったがえしている。隣とつながりあった泥壁平屋の家で家畜は人間と一緒に暮らしている。家の前に家畜囲いを設ける場合もある。朝、牛（こぶのない牛）、馬、ロバ、水牛、脂尾ヒツジ、これらが一斉に家を出て、畑のアルファルファを食いに行く。畑では人がのんびりと番をしている。棒を打ち込んで繋牧をしていることもある。

ナイルの賜物

雨の降らない砂漠気候下で展開する豊かな農業景観、これはまことにナイルの賜物だ。ナイル大オアシスである。ナイルの増水はアスワンのエレファンティンで七月に始まり、さらに二週間遅れてカイロでも始まる。水位は九月から一〇月初めに最高に達する。よく知られるように水源はエチオピア高原とウガンダに降る夏の大雨で、この水が数カ月をかけてナイル河谷に流れ入る。水は自然堤防を越えて後背低地に溢れ、溢流平野の氾濫は時に一メートルを超える。水は一〇月末には退き始めて両岸の間に収まり、一二月、ナイルの水面は渇水期の水位まで下がる。この過程で塩が洗われ、シルトが加わる。土は地下深くまで水を吸い込む。水が退いて地表が現れると播種が始まる。ほとんどの所ではまだ水が少し残っている状態で種子をばら播いた[2]。氾濫が不十分な場合、軽い土は鍬で、粘い土は犂で耕した《図3》[3]。図の犂はまるで棒を斜めにして引っ張るような具合だが、カイロのエジプト

図3●エジプト古王朝の耕作と播種[3].

博物館で見た犂はしっかりした双柄有床アード（作条犂）だ《図4》。湛水している畑に牛を追いこんで蹄耕を行うレリーフもある。穀物は播いた後、古王朝ではヒツジの群れが土に踏み込んだ[4]。ヘロドトスがデルタを旅行したころは豚が踏み込みに使われていた。

これだけだと土に貯留された水分だけで渇水期を乗り切らねばならない。それで河岸から幅広いクリークを砂漠との境まで掘り、増水期の水を入れ、水門を閉じて貯留するベースン灌漑を始めた。これは上下エジプトの統一王朝が現れる前、紀元前三一〇〇年ごろのさそり王が始めたといわれる[5]。古代の農民は氾濫の来る前に幹線クリークや支線クリークをさらえ、土手を高く盛り上げた。貯水量を増やし、また氾濫期間中の歩道にするためだ。アスワンダム、さらにアスワンハイダムが造られてベースン灌漑は止められたが、運河沿いの地方は幅広いクリークを今なお残している。

クリーク地帯は水郷風景を作る。岸辺に柳が茂り、パピルスが生え、ポンプが並び、女たちが水バケツを頭に載せて蜃気楼の中を行く。耕地面より七〇センチメートルほど低い水路から耕地へ水を上げるには二頭の牛がぐるぐる歩いて回す水車（サーキヤ）を使う。古くはバケツやシャドゥフ（はねつるべ）を使った。サーキヤも古代から使われてきた。長沢栄治氏によると、年間水利用の体系が二〇世紀初めに完成してから平坦なデルタではサーキヤが増えたそうだ。農民は末端公共用水路の取水口に私有小水路（メスカー）を接続し、それにサーキヤを設置して各自の圃場水路へ水を回す。施設は共同所有が基本で、持分（出資分）に応じて配水の時間が決まる。運営は種々あるようだが、持分

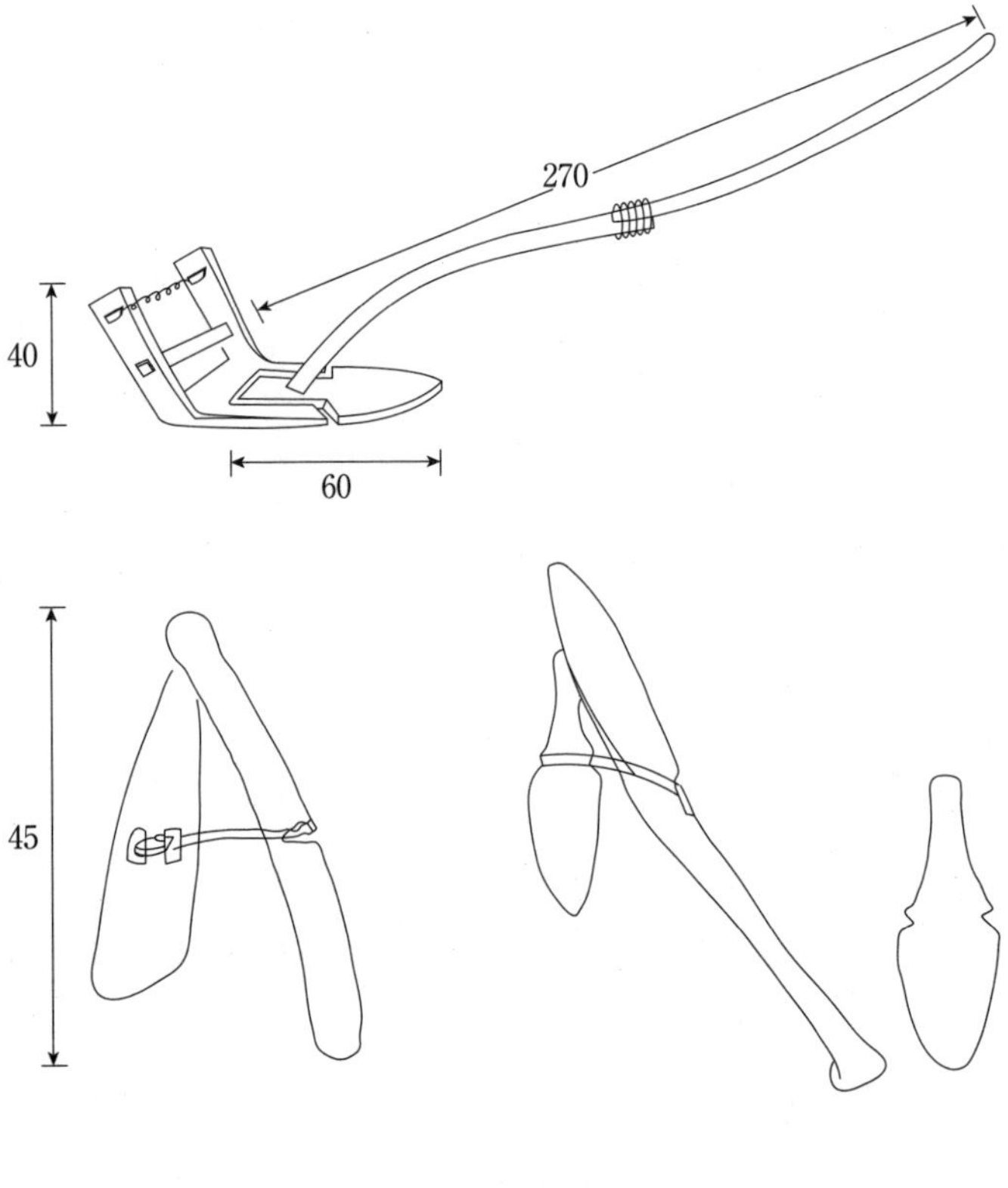

図4●古王朝のアード犂と鍬（カイロのエジプト博物館展示品）.

のない小農は時間単位で水を賃借する[6]。

収穫は細石器をはめ込んだ大きな三日月型の鎌で行った《図5》。デュラコムギは鎌を使わず手で引っこ抜いて千歯扱きで脱穀した《図6》[7]。刈り取られたオオムギは脱穀場に積み上げられ、古王朝時代はロバ、中王朝以後は牛に踏ませて蹄で脱穀した《図7》[8]。脱穀の終わったムギは二枚の板ですくい上げて風選した。風選の終わったムギはライスセンターに似た倉に貯蔵した《写真4》。

アスワンのナイル河岸に分厚い砂岩の切り石を積んだ古代の水位観測施設ナイロメーターがある。水面まで下る階段の途中にほぼ一インチ間隔で尺が刻まれている。この水位計で年々の氾濫水位を測り、農業の成否を予測した。水位上昇が一二エル（一エルは一一四センチメートル）だと人々は飢餓を覚悟し、一五エルで安心をおぼえ、一六エルだと大豊作を予想し、一八エル以上だと洪水におびえたそうだ。エジプトの富はナイルの氾濫で左右されたわけだ。

エジプトは古代文明の大ピラミッド、神殿や墓廟、墓室に残された無数の絵やレリーフ、遺物で、古代の生活を生き生きと再現してくれる。ナイル河谷全体が実にすばらしい博物館だが、作物生産の現場はどんなものだったのだろうか。文献を見てもベースン灌漑は誰もが書き、王朝期の農具や耕作の様子、食糧の調製や保存、これを推定するに十分な資料はある。しかし、ミニサイズの灌漑畑のことは誰も取り上げていない。

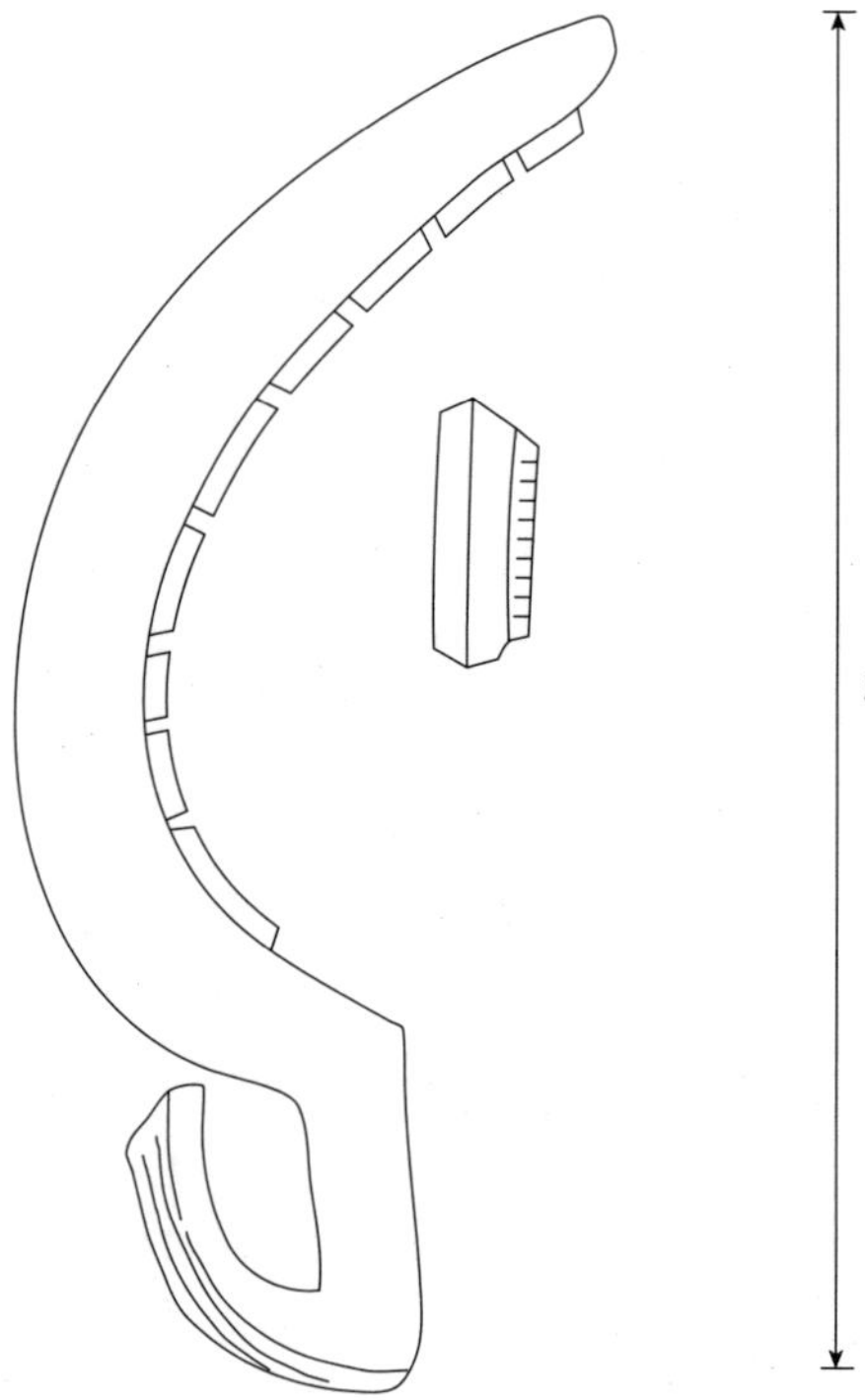

図 5●第一王朝の鎌、柄の曲がりで手を保護する（カイロのエジプト博物館展示品）.

図6●デュラコムギの収穫・脱穀．新王朝[7]．

図 7●ロバの蹄で脱穀[8].

写真4●ムギ貯蔵倉．カイロの古代エジプト民俗村．

弥生・古墳時代のミニ水田

ナイル河谷はどこもここもミニサイズの灌漑畑であるのを見て、私たちはまたびっくりした。実は日本の弥生時代から古墳時代の遺跡を掘るとこのタイプの水田が出てくるのだ。一九七八年、九年に群馬県でこうしたミニサイズの水田が初めて発掘された。雲南稲作起源説で有名だった渡部忠世先生のお伴で高谷さんと私も見に行った。利根川水系の前橋・高崎台地や扇状地に位置する日高、芦田貝戸、御布呂といった遺跡だ。遺跡は浅間山と榛名山から噴出した軽石層や火山灰層に覆われていて、それを取り除くと見事に配列されたミニ水田が現れたのだ。水路や分水堰、人の足跡、鍬を打ち込んだ跡も発見されている。降下テフラの年代から遺跡の年代も割り出された《図8》(9)。

縦畦と横畦で見事に区画されたミニ水田は一枚のサイズが二平方メートルほどで、横畦には水をかけ流すためのノッチが切られている。その位置がまた面白い。真中に切られていたり、縦畦と合う部分が切られていたりする。つまりかけ流しの水はミニ水田の真中をすっと直線的に通る場合と、対角線的に曲折しながら通る場合が想定される。こうしたやり方は実は中国の前漢時代に著述された農書『氾勝之書』の方式を彷彿とさせる。その記述はこうである。「稲を蒔いたばかりの時は暖かく保つことが必要である。そのため畦の水口は水が田の中をまっすぐに流れるようにする。夏至の後は暑くなりすぎるので、水が田の中を斜めに流れるようにする。(10)」

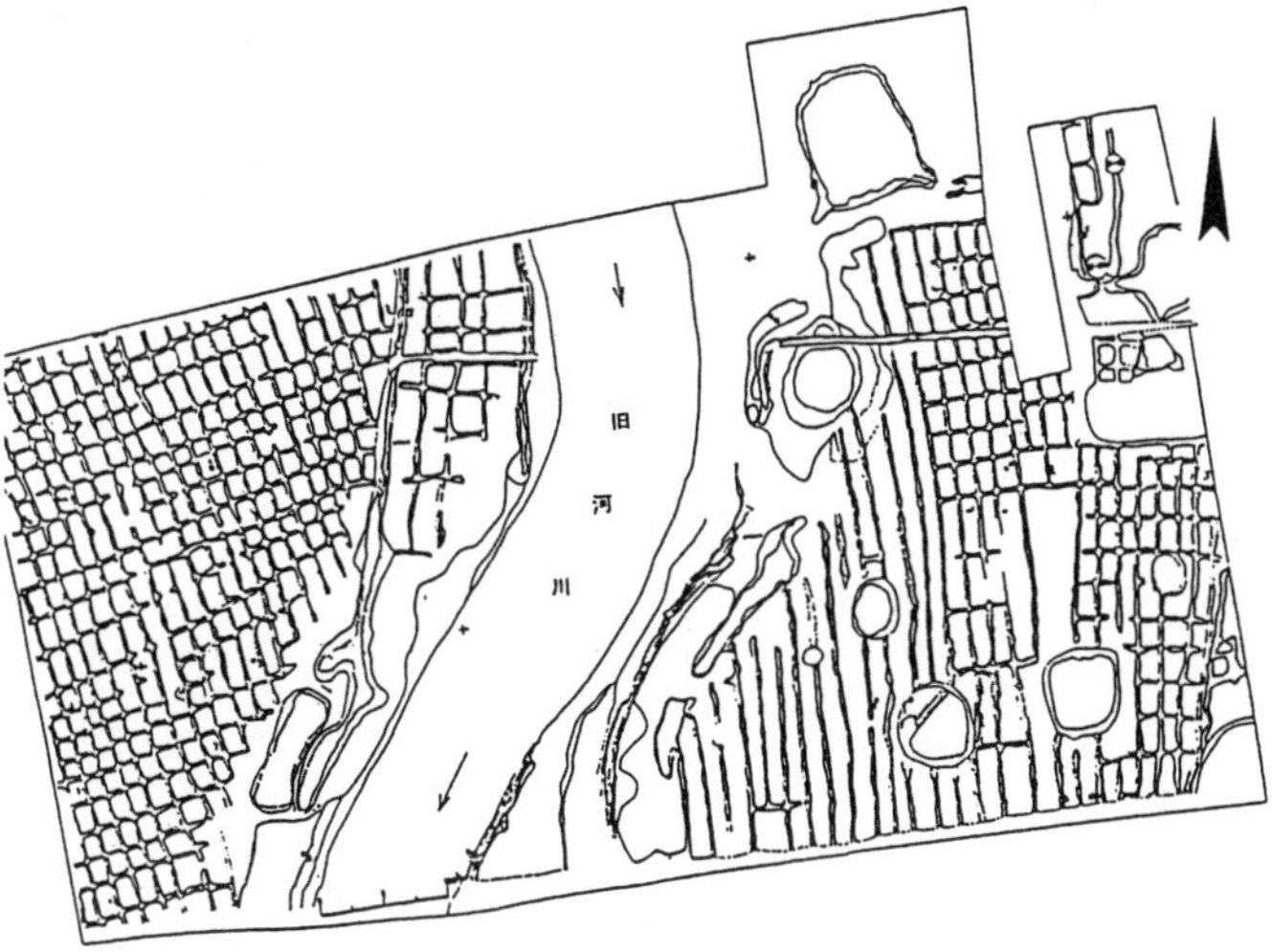

図8●古墳期の小区画水田．群馬県日高遺跡[9]．

群馬での発見を契機に日本全国でミニ水田の発掘が続き、時代も今や縄文後期までさかのぼることは確実視されている。群馬県のミニ水田は古墳時代から奈良時代はじめにかけてクライマックスに達し、その後次第にサイズが大きくなる形勢がやはり発掘から知られている。水源の豊富さが導いた変化だと思われるが、ナイル河谷やインド、西アジアの乾燥地帯では今も小区画灌漑畑が農業生産の基盤だ。

当時、私はミニサイズの水田の持つ意味がよく分からなかった。多雨気候の日本では陸稲が十分育つ。関東では今でもクロボク土の畑に陸稲が結構広い。後に自分で陸稲を栽培して、直播でも苗の移植でも十分収穫できることを確認した。もちろん灌漑で収穫の安定化や増加を図れるが、それにしても何故苦労して長い水路を掘り、水を引いてこなければならないのか？　それにどうして整然と畳を並べたような小さな区画を作らねばならないのか謎だった。

日本の稲作は大陸からか南島からか、いずれにしても輸入技術なので、こうしたミニ水田方式はイネと一緒に教科書として入ってきたのに違いない。多分中国から来たとして、それでは中国のその先はどうなのか？　整然と並んだ遺跡のミニ水田を歩きながらそんなことを漠然と思っていた。

タパヌリのミニ水田

遺跡から掘り出されたミニ水田を見た少しあとで、まことによく似たミニ水田を私たちは意外なところで見た。西スマトラのタパヌリ地方だ。タパヌリはマレー島嶼の山地部に住むいわゆるプロト・マレーと呼ばれる先住民の一群でバタック族の一支族、北スマトラから西スマトラに住む人たちを指す。そのミニ水田は遺跡ではなく現在のものだ。

スマトラの背骨をなすバリサン山脈の中には小さな盆地が続く。盆地底の小川まで続く扇状地性低地にミニ水田が広がっている。その構造はナイル河谷や日本の弥生・古墳期のものと大変よく似ている。ただ環境は全然別物だ。山は濃密な熱帯多雨林に覆われ、焼畑跡の藪が高い斜面のあちこちにある。環境の違いは畦の材料と作り方に出ている。

この環境では少し手を離すと空き地はどこも草や稚樹が生い茂る。水田の地拵えは、雨季始めにまずイネ科雑草のカヤツリやスゲを男たちが山刀で伐り倒す。そして谷川の水を引いてきて、伐り倒した湿地草原に水をかけ流す。一筆全体を大きな畦で囲んでおくので、雨水と水路から引く水で全体がやがて湛水する。大畦には水口と水尻が切ってあり、水深を制御できる。そのまましばらく置いて草が腐ると女性軍が出動し、半腐りの草の塊を斜面方向に並べる。長い縦方向の草畦を伸ばすわけだ。二、三メートルの間隔で隣にまた縦の草畦を伸ばす。彼女たちは縦畦をゴリゴリと呼んでいる。この作業が済むと、今度は縦畦の間を仕切る形で草を積み、横の草畦を作る。これはバラバラという。ゴリゴリとバラバラで仕切られた一単位の大きさは畳二、三枚のサイズになる。ゴリゴリとバラバラの接合部は少し隙間が空けてある。水口から入れた水はかけ流しの要領でミニ水田全体に回される。

これでミニ水田は完成だ。苗代は大畦の上に準備してある陸苗代だ。苗を植えるには植え棒か、ククカンビンという竹を二股に削った道具でイネの根を挟んで泥に押し込む。ククカンビンはマレー半島、インドネシア島嶼に広く見られる道具だ。その名前が山羊の蹄を意味することは実に示唆的だ。植え付けた苗が分蘖を始めるころに女性軍はまた出動して、草畦をひっくり返す。ついでに生えてきたカヤツリなども引き抜いて草畦に置く。草畦の腐朽を促進して肥料効果を高め、除草を兼ねる作業だ。除草は出穂前にもう一度行う。あとは穂摘みで収穫するだけだ《写真5》。

タパヌリ地方のこのミニ水田はスマトラ脊稜山脈の谷間に相当の広がりを見せる。この場合も、何故こんなミニ水田を作るのか分からず村人たちに理由を尋ね回った。小さくしないと稲が水の勢いで流されてしまうという答えが一番それらしい感じだった。扇状地の傾斜は一〇〇分の一を越えるので、雨季になると表面流去水が勢いよく流れる。ときには天井川の氾濫が水田を襲う。それで水勢を抑えるために小さな草畦をたくさん並べるのだと言う。またこうすると大畦囲いの一筆全体を平坦にしなくても田んぼ一枚ごとの水深を揃えることができる。この答えは納得しやすいものだ。しかし扇状地の傾斜が緩くなり谷底の川の後背低地となった所で同じミニ水田にする必要はないだろう。高谷さんが焼畑の特殊移行形だとする報告(11)をまとめたが、私には疑問が残った。

マレー島嶼はどこでもそうだが、タパヌリ地域も山奥の村に青目の村人がいたり、これは韓国人以外ではないと思われる村長さんがいたり、スリランカのヨーグルト入れに使う素焼きと同じ土器を作

写真5●タパヌリのミニ水田．上から、縦畦作り、
●田植えの済んだミニ水田、
●ククカンビン．

る村があったりして驚くことがしばしばだ。沿岸部の町には大抵カンポン・アラブといわれる地区があり、そこにはまだ出自のはっきりしている異人が多い。アラビア半島のハドラマウトやイラン、ヨルダン、トルコ出身者などが集まっている。イスラームの教師や建築士、製氷工場の経営者、弁護士などの仕事についている。タパヌリのミニ水田は自然環境とだけすり合わせて考えても、その系譜は分からないのかもしれないという印象を漠然と受けた。

デカン高原

タパヌリのミニ水田で受けた印象は、一九八二年にインドのデカン高原やガンジス河谷を訪れたときにかなり明瞭な方向性を持ち始めた。ナイル河谷を見る四年前である。デカン高原は有畜農業、とりわけ穀物農業について、栽培法、栽培地の形や灌漑法、犂や播種ドリル、中耕・除草の農具、混作、収穫法、調製法、調理法など生きた博物館というべき所だ。マドラスから訪れたバンガロール北郊のアララマリゲ村は応地利明さんの調査村で、私は桜井由躬雄さんと一緒にデカン農業のいろはを教わることとなり、その内容の豊富さに唸った。

詳細は後に譲ることにして、デカン高原で目を見張ったのは、例の小区画灌漑畑に稲、シコクビエ、アワを栽培するやり方だ。一例を図示しよう《写真6》。土地の高低にしたがい三メートル間隔で水路の畦畔を延ばし、その間を小畦で三メートル四方の区画単位に仕切る。灌水は低い方の区画から始

写真6●デカン高原の小区画灌漑畑．上は灌水をおえたところ、下はシコクビエの植栽．バンガロール北のアララマリゲ村．

める。水路の端を土塊で塞ぎ、末端の区画の畦畔に水口を切って水を入れる。十分に灌水すると、一つ上手の区画末端で水路を塞ぎ、その区画の畦畔に水口を切って水を入れる。この操作を繰り返して次第に高い方の区画へと灌水を進める。灌水が終わると植え付けが始まる。シコクビエや稲を混ぜて移植する場合やそれぞれ別個に移植する場合もある。イネもシコクビエもモンスーン季のカリフ作物なので、雨水だけで栽培することも可能だ。その場合は播種ドリルで播く場合もあれば手条播もある。雨水が不足の年はイネもシコクビエも畑作物として成熟することになる。シコクビエは散播の場合もある。

ここで見やすい事実は、イネも雑穀の一種として栽培されていることだ。中尾佐助氏が稲は湿地の雑穀だ、他の雑穀からイネを区別する理由はないと喝破した理由が分かる。中尾佐助氏はイネの移植について二つの見方を上げている。根栽文化複合の影響という見方と、シコクビエの移植の影響という見方だ。これは根栽文化に由来しているとの見方の方に魅力がある。シコクビエの伝播よりインドイネの栽培化の方が早い。

イネと他の雑穀を区別する理由はない云々については、雑穀というより他の穀物から区別する理由はないと私には見えた。先述のように穀物農業がどこかある一つの中心で発生し、世界大に伝播した結果なのではないかということだ。栽培化された穀物の種類は伝播先にある植物環境で違う。その波はファータイル・クレセントのムギに始まった。アフリカでシコクビエ、モロコシ、トウジンビエを栽培化し、中央アジア南部でアワ、キビを栽培化し[12]、その刺激はアフリカとインドと中国でさらにそれぞれのイネを栽培化したのではないか。

この考えは、まるで将棋倒しのような芸当だと中尾佐助氏が峻拒した一元的伝播説に当たる。現在の潮流は、これら穀物の栽培化は各地で独立に並行発生したという見方の方が流行しているが、一元的伝播説も世界では根強く生きている。

ジャイプール

カルカッタからサンタル・パルガナスの丘陵地帯を抜けると広大なガンジス河谷に入る。チベット高原とヒマラヤの融氷水やモンスーンの雨に恵まれた緑豊かな農業地帯である。稲と麦の広い農地が続く。乾燥ストレスは小さい。やがてヴァラナシ（ベナレス）あたりまで来ると水田のほかに小区画灌漑畑が現れ始める。耕地を三メートル四方ほどに区画して小水路から水を丹念に回す。冬はムギ、夏はそこに三角屋根型の狭い畝を立てて野菜、リョクトウ、キマメを植えた畑だ。さらに西へ向かい、アラハバード付近を過ぎると小区画灌漑畑が一段と増え、灌漑がない畑は乾燥農法で丹念に土を耕し、モロコシやトウジンビエが増える。

デリーから西南へ向かい、ラジャスタンのジャイプールあたりに来るとラクダが犂を引く光景が現れ、赤色砂岩由来の赤い砂土が町や村に押し寄せるのをナツメヤシの列が番兵よろしく守っている。

耕地は小区画灌漑畑か、バンド灌漑地になる。バンドというのは砂丘的な起伏地に土手を設けてジャケツイバラやユーフォルビアといった乾燥に強い植物で土手を固定しただけのものだ。灌漑といってもこれは雨季のわずかな降水を土中に溜めるだけで、起伏の低地がワジとなり、そのわずかにしみ出る水分でトウジンビエやモロコシを栽培する。

小区画灌漑畑は井戸灌漑が可能な所か、溜池からの水が来る所に限られる。井戸灌漑は深さ五メートルから一〇メートルの井戸を掘り、牛がその深さと同じ距離を地上で歩いて大バケツで水を汲み上げる。バケツを水面まで下ろす時は、牛が後ろ向きに歩いて井戸まで戻る。

こうした半乾燥地の砂質土で区画を作るのはごく簡単だ。ホームセンターで売っているような三叉のスコップで低い水路畦畔を立てるだけでよい。その水路に牛の汲みあげた水を流し、小区画畑にたっぷり灌水する。冬のラビ作はムギを条播か散播する。夏のカリフ作にはトウジンビエかモロコシを散播する。ただし灌水は数日毎に行わねばならない。乾燥に強いトウジンビエは灌水間隔を相当空けても大丈夫だ《写真7》。

写真7●ジャイプールの小区画灌漑畑．ムギを散播する．

3 仮説誕生

オアシスだ！

このような経過を経て、私は一つの仮説を抱くことになった。小区画灌漑耕地の集約栽培が絶対的必然性をもつのは砂漠気候下のオアシスである。そして歴史的な穀物栽培の古さや文化の古さを考えると、小区画灌漑の穀物農業は西アジアの乾燥ステップや砂漠のオアシスが起源地だろう。

日本の先史遺跡から出土するミニ水田、現在のスマトラのミニ水田、インドやエジプトの現在の灌漑小区画畑、これらはそれぞれ別個に発生した装置ではなく、異なる環境を貫き得た一つの農業思想と技術を伝えるものであるにちがいない。そして、その根本的な農業思想と技術は、西アジアの乾燥平原で新石器時代に発生したオアシス灌漑のムギ作農業に生まれ、その伝播先で雑穀の栽培化を生み、さらにイネの栽培化を生んだ。イネは多湿な森の世界にある日本やスマトラに伝播した際にも、乾燥平原に生まれた小区画灌漑農地というオアシス穀物農業の技術を伴った。日本の縄文・弥生・古墳期遺跡から発掘されたミニ水田は日本の優れた考古学業績で、これを見ていなかったならデカン高原やエジプトの小区画灌漑畑を見ても、私の仮説は生まれなかっただろう。

もうひとつの傍証は蹄耕だ。フィリピン、チモールからマダガスカルまで環インド洋圏に今も分布する蹄耕はこのオアシス農業で古くから行われ、それに付随した技術だった。このことは古代エジプトのレリーフやメソポタミアの文書資料に紀元前三千年紀の証拠がある。現在は環インド洋圏の稲作とセットになっているが、遥かな過去にはユーラシアからアフリカの農牧併存地帯に広く分布したと推定される。大型家畜を飼うとともにムギ、イネあるいは雑穀を栽培する地帯で簡便かつ手近な方法として行われた技術だっただろう。ただし蹄で耕やし得る立地は現在の遺存例から見ても灌漑地か天然の湿地だっただろう。

環境適応と伝播

このような仮説は、環境に対応して人間は技術を独自に生み出すものだという一種の公理に反していると見えるかもしれない。この反論はどこまでも押していくと環境決定論になる。私も元は環境決定論でいいじゃないかと思っていたし、今でもその色合いは私の考え方に相当強く残っている。私のいた京大東南アジア研究センターの自然部門では環境決定論が一種の公理だった。技術、といっても生態環境にかかわる技術だが、ある地域について見聞した技術を報告すると、そこの生態環境とうまく合っているか、他の環境技術と調和しているか仔細に検討され、攻められた。環境が絶対的枠組みで、技術もその歴史的発展も環境の枠組みの中で考えることが先決だった。これは地域研究を行う所として自然なことだった。地域の自然環境と、それに適応しようとする人間の知恵が独自の技術と文化を生み、制度を作り、全体が相互に作用し合って一つの独自な地域が生まれる。こう考えることはこまごましたデータを現場で集めて地域像を肉付けしていく上で、必要な操作でもあった。

もう一つのルールがあった。自分で歩いて見て聞き、それを材料として自分で考えたことは何を言ってもよい。しかし現地で見聞きしたのでなく、自分で考えたのでもないことは言うなというものだった。これは地域研究に限らずフィールド科学の王道であることは間違いない。行ったことも見たこともない所の話や、他人の解説を混ぜてしまうと、迫真力が消えるし、どこの話か分からなくなってしまう。突破口も見つけられない。他方、一つの地域に惚れ込んでコツコツとデータを集め、考え、全体像を彫琢していけば、やがて一つの地域の専門家になることはできよう。

しかし同時に伝播は無視できない要因だった。対象地域を固定して環境と調和した地域像を切り取ることで安住すると、異質なものの存在は視野から消えてしまう。でこぼこが均された平たい地域像になってしまう。こうなると探求の営力は消える。むしろ均質と見える地域の中に異質な存在を発見してこそ探求の営力を維持できるのではないか？　その異質なものは外の文化の混交を示すのではないか？　例えば元来イモやバナナ、サゴヤシと魚で十分生きることができ、かつ環境適応的に生活できるマレー圏の熱帯多雨林で、イネや雑穀など有性生殖に頼る厄介な穀物栽培を独自的に発生させる動機は限りなくゼロに近い。穀物栽培はイモに比べて成熟までの生物的過程が複雑だ。それだけ収穫は雨、風の影響、獣害を受けやすく、不安定だ。マレー圏の穀物栽培は外の穀物栽培圏から思想と技術の伝播を考えないわけにはいかない。

また逆に、マレーシア・メラネシアが原産地とされる作物や果実は実に多数のものが外へ伝播し、栽培されている。サトイモ、ヤムイモ、バナナ、サトウキビ、パンノキといった食用作物、ランブータン、マンゴスチン、ランサット、ドリアン、マンゴ、ジャンブーといった果実、チョウジ、ニクズク、ウコン、ビンロウジュ、キンマなどの香辛料その他、この地方原産とされる作物は長いリストになる。

文化や制度となると伝播の例は枚挙にいとまがない。例えばジャワの村々は誕生日だ、誕生日の忌み日払いだ、家の新築だと何かにつけてワヤン影絵芝居の徹夜上演を楽しむ。義理と人情の葛藤に苦しむ主人公に涙し、一切の矛盾を解決してくれる最高神の登場で場は拍手喝采の波となる。熱帯果樹の濃密な香りが漂うジャワの夜を強く印象づける芸能だが、その物語はすべてインド由来のマハーバーラタとラーマヤーナ叙事詩が骨組みだし、伴奏用楽器のゴングは中国由来だ。

地域、そこには環境以外に人間がいる。地域の生態環境を受け止めて生きるための考えと技術、つまり文化を作っていく人間の活動がある。ところ変われば品変わるで、独自の文化が育つ。しかしそこには違う環境で生まれた文化が浸透していることもまちがいない。その二つを見て初めて一つの地域が分かる。大先達の高谷好一さんはそこの所をこう言ったものだ。「東南アジアだけ見ていても東南アジアは分からん。」後に高谷さんと矢野暢さんが魅力的な枠組みを出した。それは「外文明と内世界」だった。世界には文明流という風が吹いている。どこの地域もその風にさらされ、孤立していることはできない。文明流ですべての地域は繋がり合っている。

また他方、世界大の風が吹いているといっても、個々の地域の独自性が消えてしまうわけではない。風の吹き方は緯度経度と地形で変わるし、生える植物もそれを食う動物も違う。食い物を探す人間も感覚運動器官の働き方が違ってくる。環境適応を図る人間の適応戦略、文化が違ってくる。文明流、つまり伝播は地域を繋ぎ合せる営力だが、環境適応がそれを多様化させ、生態環境と相互干渉的に結びついた独自の内世界を作る。

狩猟・採集で生きた長い時間の中で、世界の各地にはこうした内世界があちこちに発生していたと思われる。アフリカのコイサンやオーストラリアのアボリジニの生活を見ると、狩猟採集でも結構な御馳走が食える。イモやナッツ、ブッシュミートの貯蔵技術を持ち、真っ暗闇のなかで向かい合って歌と踊りを楽しみ、シャーマンが気の流れで悪霊を抑え、死後の世界について哲学的物語を語る。この状態で留まっておれば、実際そう選択した人々もいるわけだが、狩猟・採集時代に環境適応を果たした社会が農業生活に入ることはなかっただろう。しかし環境の違いを乗り越え、遥か遠くまで貫き通す強い風が新石器時代に吹いた。オアシス灌漑農業が伝播したのだ。

人は言うだろう。伝播仮説を抱くのは結構だ、しかしその道筋はどうなのだ。途中経過をすっ飛ばして地球大で伝播したと言っても寝語で、何の意味もないと。まことにそのとおりである。一元的伝播仮説で世界の多様な農業を包含できるのか、納得できる根拠があるのか、伝播の道筋はどうなのか、示さねばならない。私が自分の目で見た地域や作物や技術や道具は限られている。しかし少なくとも西アジアから南アジア、東アジア、マレー島嶼、メラネシア島嶼まで、多様な農業の骨格に共通する要素を洗い出さねばならない。考古学は素人だが、遺跡の情報は不可欠だ。少なくとも現場の環境を自分の目で見、発掘報告も見て考えることにしたい。

第2章　オアシス灌漑農業

1　ファータイル・クレセント

完新世の乾燥化

更新世の氷期が終わり、完新世に入ると世界的に気温が上り始めた。大陸氷床が消失して海水面は数十メートル上昇したと考えられている。この大規模な変化は世界的に気候変化をもたらしたが、その変化は所によって異なった。東南アジアのマレー半島やボルネオ、スマトラ、ジャワといった島々は更新世にスンダランドと呼ばれる広大な準平原で結ばれていて、乾燥気候が広がっていたと思われる。後氷期の海面上昇でスンダランドは沈水して浅いスンダ海で覆われた。水陸分布の大幅な変化で気候は湿潤化し、島々には熱帯多雨林が広がった。このような変化はスマトラやカリマンタンの沿岸部に広大に分布する熱帯泥炭をボーリングするとわかる。この熱帯泥炭は一万年ほど前から堆積が始まり、一〇メートルを超える厚い泥炭は主に樹木の遺体が構成するのだが、一番底の泥炭は乾燥イネ科草原の草本から成る(1)。

深い海で囲まれた地中海性気候の地域は水陸分布の大幅な変化はなく、完新世始めの温暖湿潤気候は不安定だった。社会は小グループに分かれて野生穀物やマメ、ナッツ、ガゼルなどの狩猟・採集に頼った。紀元前一万一〇〇〇年頃から一五〇〇年ほど続いたヤンガー・ドリアス期には寒の戻りがあり、再び乾燥化が進んだ。イランのザグロス山脈からレヴァント(シリアからヨルダン、レバノン、パレスチナ)へかけて、いわゆるファータイル・クレセント地方ではピスタチオ・カシの疎林が進出し、疎林の木の下にはエンマーコムギや二条オオムギ、ヒトツブコムギの野生種自生地が広がった。狩猟・採取民は野生穀類自生地の近くに定住地を置き、狩猟採集の組織化を進めて生き残りを図った。レヴァントでもザグロスでも野生ムギや野生マメの栽培が始まった。ヨルダン河谷のナトゥーフ文化がその代表だ(2)。ナトゥーフ文化の始まりは紀元前一万年から八〇〇〇年頃とされていた(3)が、最近は紀元前一万二五〇〇年頃には始まったと言う説(4)もある(地図2)。

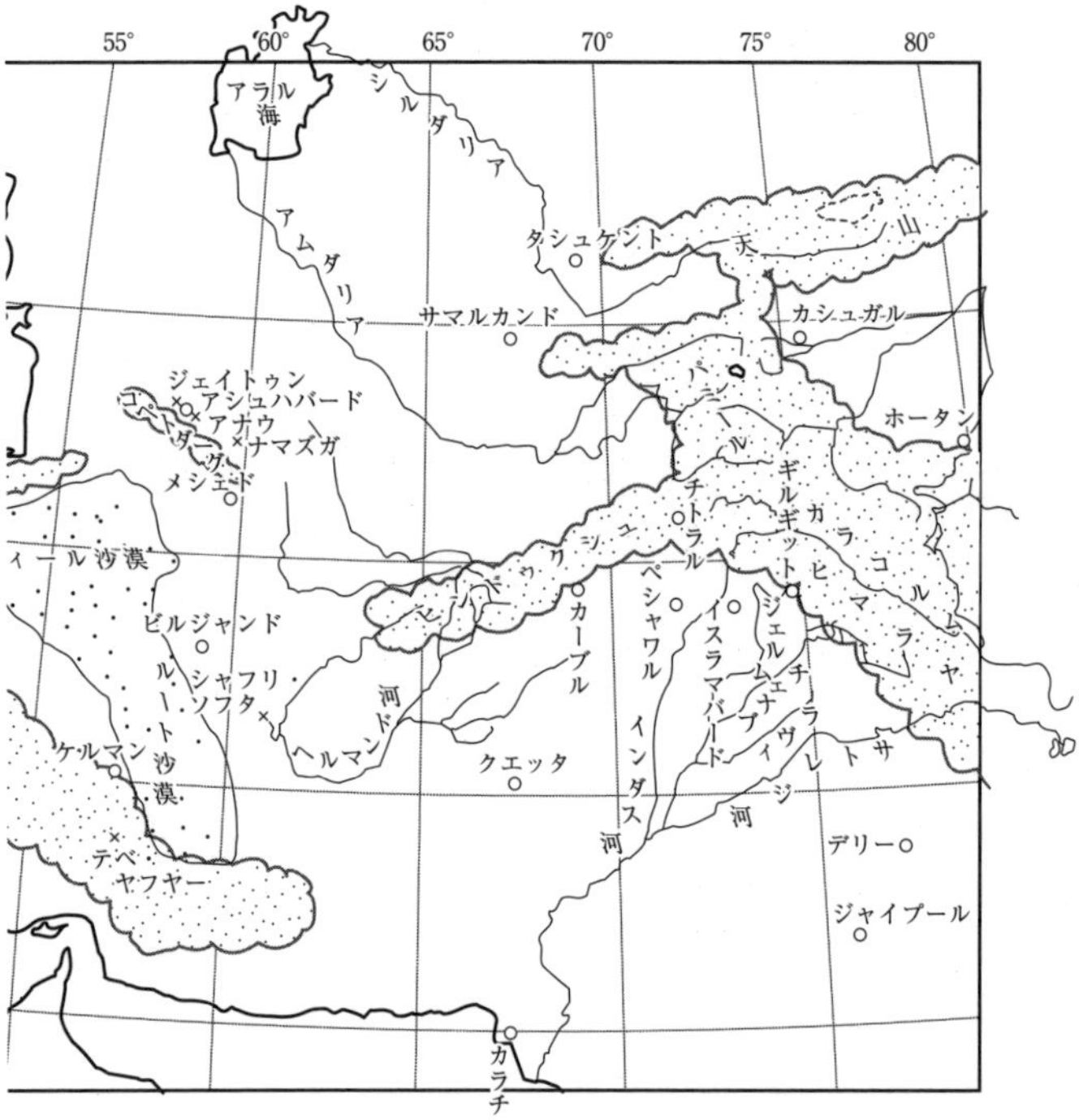

55°
60°
65°
70°
75°
80°
アラル海
シルダリア
アムダリア
タシュケント
天山
サマルカンド
カシュガル
パミール
ジェイトゥン
アシュハバード
コペトダーグ
アナウ
ナマズガ
メシェド
ホータン
チトラル
ギルギット
カラコルム
ヒンドゥクシュ
ィール沙漠
ビルジャンド
カーブル
ペシャワル
イスラマバード
ジェルム
チェナブ
ラヴィ
ヒマラヤ
ルート沙漠
シャフリ・ソフタ
ヘルマンド河
クエッタ
インダス河
サトレジ河
ケルマン
テペ・ヤフヤー
デリー
ジャイプール
カラチ

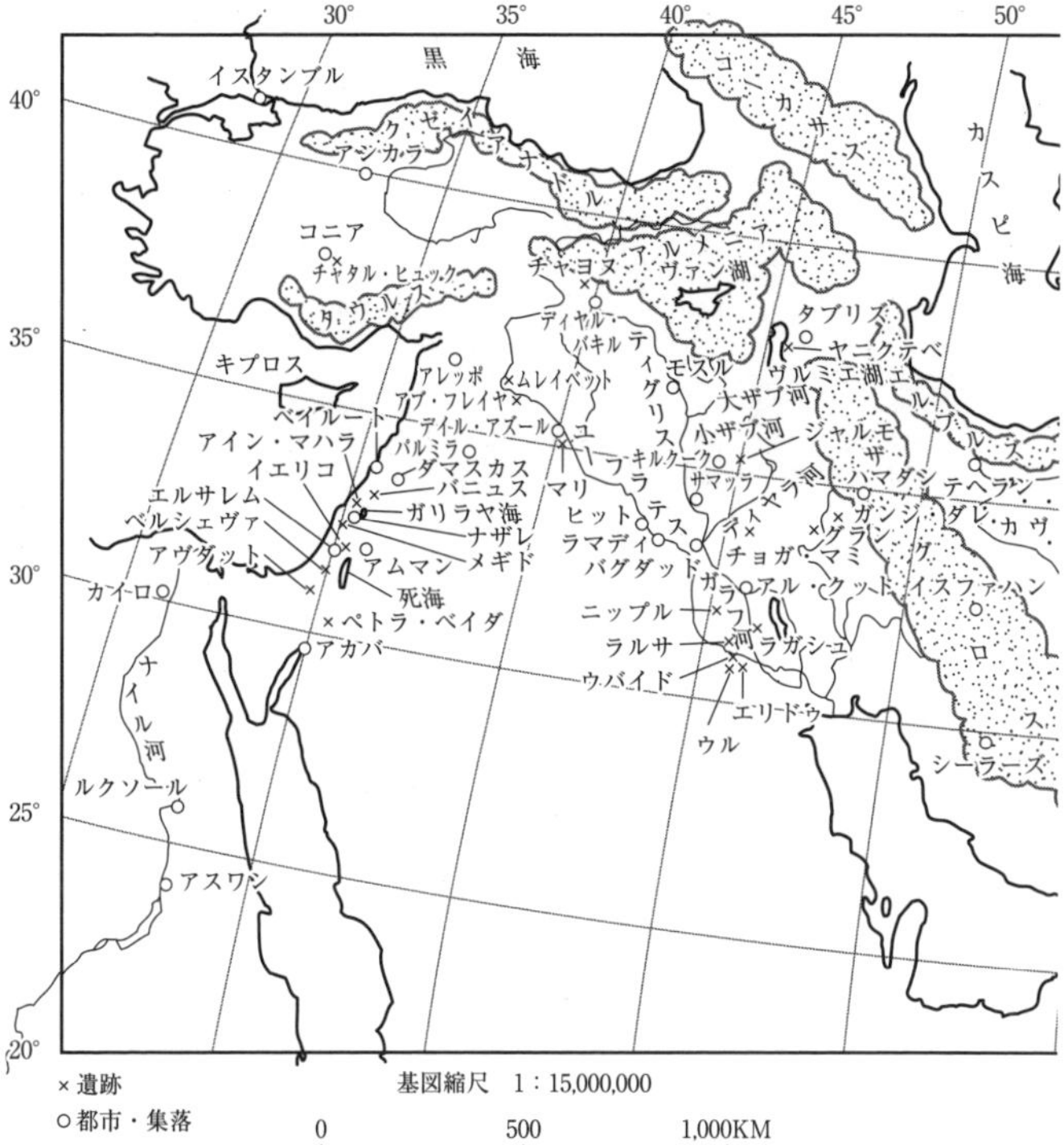

地図2●西アジア・中央アジア位置図

ナトゥーフ文化

野生穀類は実ると穂軸が折れて種子がパラパラと落ち、また頴（穀粒を包む皮）が固い。栽培型でもオオムギは皮麦が多い。そこで初期には穀粒を未熟な状態で収穫してベースキャンプの床に掘ったロースト用のピットで煎る、あぶるなどの工夫が行われたようだ。また穀粒の調製には摺り臼で摺る、窪んだ臼に入れて搗くといった処理が必要になる。そのための摺り臼や石臼、石杵、また収穫用の鎌やナイフ、貯蔵用の穴が発達した。こうした道具はそれ以前からあったが、紀元前一万年頃にはファータイル・クレセント一帯に共通の道具セットとして広がった《図1》[5]。レヴァントでこの文化はナトゥーフと呼ばれた。「野生穀物が自生する所をベースキャンプとして選定したナトゥーフ文化で鎌、サドルカーン、摺り臼、臼、杵が大量に出土する。大きな臼を床に固定したり、洞窟の岩床に刻み込んだり、また使い古して穴のあいた臼を埋葬地の目印におくとか、イェリコではいわゆる祠を作る材料に使うなど、植物質食糧を調製する道具一式がナトゥーフ文化で重要な位置をもったと推定される。[6]」鎌は独特の形が登場した。骨や木にV字溝を刻み、細石器の刃を嵌め込んだものだ。上端に仔鹿の顔を掘り出したものもある。細石器の固定にはアスファルトが使われた。また単体で深い鋸歯を刻んだナイフ型の鎌もある。

ムギはどうして食ったのだろうか。調理用の土器はまだ登場していなかった。想定されているのは

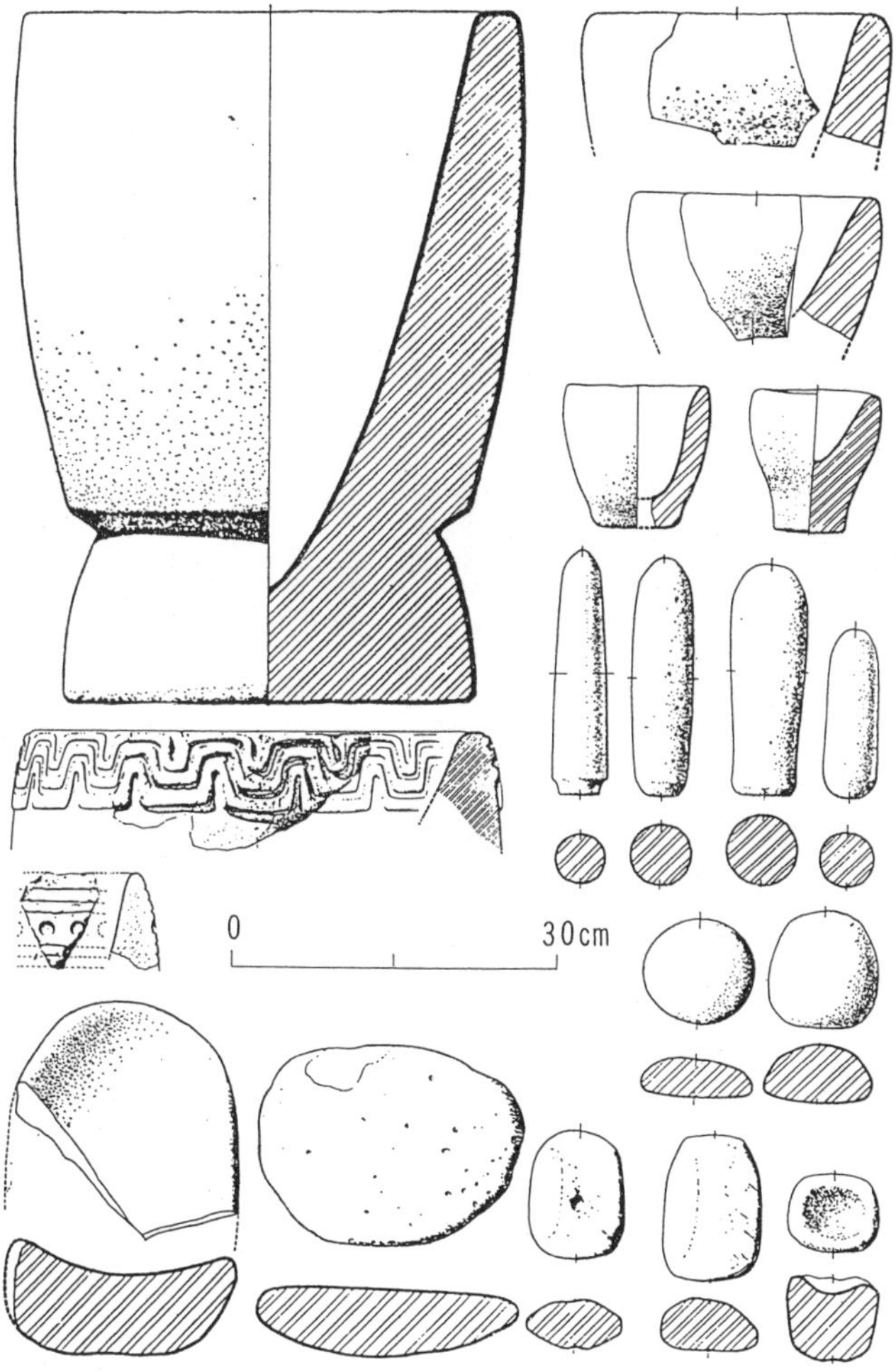

図1●ナトゥーフ文化の臼、サドルカーン、摺り臼、摺り棒．アイン・マラハ(5)．

摺り臼やサドルカーンといった粉挽き道具で荒粉にし、湯水で練ってお粥にすることだ。お粥以外にも方法はある。現在のアフリカで雑穀の粉でもイモでも湯で練って食うウガリという食い方がある。火にかける必要がないので、耐火性のない木の椀でも石の椀でも大丈夫だ。パン窯はナトゥーフの少し後の先土器新石器文化（PPNA）に円形のドーム型窯が出現する。石を積んで土で上に平たい面を作り、そこにダフを置いて下から火を焚く。現在普通のものは窯の底で火を焚いて上のドーム内壁に平たく伸ばしたダフを張り付ける。ムギの調理に土器は必ずしも必要ない。現在でもシリア砂漠の遊牧民がキャンプサイトにパン焼き窯を置いているのを見たことがある。ジャルモで出土したものに良く似ている《写真1》。また先述のロースト用ピットもパン焼きに利用された。

家畜馴化への歩みも注目される。遺跡から出土する動物の骨が特定の動物に集中するのだ。例えばレヴァントのアイン・マラハではガゼルやイノシシへの集中が見られた。北シリアのユーフラテス河北岸のムレイベットでは野生ロバ、ガゼル、原牛が、ザグロス山脈中段のザヴィチェミでは若い野生ヒツジ、ヤギの骨が高い割合を示すようになった。[7] 動物と人間の関係はどんなものだったのだろう。レヴァントの東にあるシリア砂漠にはカイト（タコの意味）と呼ばれる追い込み猟施設の遺跡がたくさん残っている。これは広い石囲いから誘導用の長い石積みをいくつもの方向にたこの足のように伸ばす。動物を追いこんでしとめたり、囲い込んでおいたと考えられている。狩猟的牧畜、つまり狩猟から牧畜への移行形態が想定される。その変化が紀元前一万年頃には始まった。

写真 1 ●パン焼き窯．上面に鉄鍋をおいてその上で焼く．シリアのマリ遺跡近傍．

イェリコ

ナトゥーフ文化の生活はまだ狩猟採集から完全に抜け切ったものではなく、天から降る雨と自生するムギという自然環境に依存したものだった。野生穀物は数ある食糧の内の一つであり、狩猟ゲームの場も草を求めて移動する動物群の後を追って移った。しかし栽培した野生ムギは重要な食糧だっただろう。挽き割りや荒粉のような、殻の多い穀粉を食うので、歯のすり減り方が激しいと言われるほどだ。また動物群を誘引するために野生穀類をばら撒いて栽培もしただろうが、非脱粒性の栽培型が出現したかどうかはまだはっきりしないようだ。遺跡の生活層が二、三層と小さいことから、定着生活も一般的ではなかった。このイメージだと、同じ環境の範囲つまりファータイル・クレセントには広がり得ようが、違った環境へ進出するインパクトが欠けている。

このようなイメージは緩やかな発展を前提とする見解だ。しかし、初期段階でも安定した湧水や河川の水、湖沼の水が利用しやすい所では、灌漑を用いたムギの栽培と定着生活、定着居住地をベースとした移牧や遊牧などへ急激な変化が生じただろう。急激に大きな変化が生じた例は死海西北端に近いオアシス集落のイェリコだ。死海は水面が海面より四〇〇メートル低い。その北に続くヨルダン河谷も海面下二五〇メートルの土地だ。アムマンやエルサレムから下って来るとむっとする暑熱が迫る。カシ・ピスタチオ疎林の外にあり、ムギは自生しない環境だ。

イェリコはユダヤ高地東側の緩やかに傾斜する沖積扇状地に位置し、大きなテルだ。広さ四ヘクタール、平地から二〇メートルほどの高さがある。紀元前八五〇〇年から六〇〇〇年ごろまで続く先土器新石器（PPN）文化の遺跡だが、途中無人化した時代を挟んで古いPPNAと新しいPPNBの二期に分けられている。その違いは住居の形にあり、前者は食パン型泥レンガを積んだ円形住居、後者は同じ形の石灰岩切り石を積んだ方形住居だ。PPNAの一〇〇〇年間に二五層の居住址が積み重なり、集落全体は厚さ三メートル、高さ四メートル、長さ七〇〇メートルに及ぶ石積み防壁で囲まれていた。一角には高さ八・五メートル、直径一〇メートルの望楼が設けられ、頂上へは二二段の階段で上った。塔に接して粘土で厚く塗り込めた貯蔵室が五個設けられ、内部に炭化穀粒が発見されたことから、これらは穀物貯蔵庫と判明した。穀粒は栽培型の二条皮オオムギとエンマーコムギ、他に炭化したヒラマメ、イチジクも含まれていた。(8) 防壁をめぐらし、望楼を設けて守らねばならなかったイェリコの富は栽培した穀物だった。密集集落は現在のオアシス集落に引き続く都市的居住の原型と見える。

イェリコの長期にわたる居住、そして進んだ農業の基礎は水だった。テルの南にある水路を西へ辿ると泉がある。その湧水を堰で分水し、水路で導いてテル周辺の農地を灌漑している。今はポンプも使って数メートル高い所まで水を揚げる方法で、緩い斜面上に灌漑可能面積を少し広げている。小規模な逆水灌漑だ。かつてのイェリコに逆水灌漑はなくても、その農地はこうした湧水で灌漑されていたのだろう。

栽培型、つまり非脱粒性のムギが出現した経緯は今もはっきりしない。丘陵のピスタチオ林に自生する野生ムギを採集する長い過程があり、そこで突然変異の非脱粒性ムギを発見して栽培するようになったという説が有力だ。しかしヤンガー・ドリアスの乾燥期にオアシスへ野生種を持って降りてそこで栽培型が生まれた可能性もある。

イェリコやその他ヨルダン河谷低地に多いＰＰＮＡ期の大きなテルは、湿地で栽培したムギに依存したもの、西アジアの初期農耕はＰＰＮＡの低湿地園耕に始まったという推定がある。湿地は更新世の河谷を覆っていたリサン湖の湖面低下で周辺に残されたものだという(9)。地下水位の高い湿った土で栽培型のムギを栽培する初期農耕が始まったという説だ。ただもう一歩踏み込むと、灌漑地での栽培を強調したい。ムギはイネと異なって常時湛水の湿地では栽培できない。基本的に畑地でなければ難しい。地下水位が高い湿地とはいえ乾燥気候下で表土は乾いて大きくひび割れ、固い大土塊になる。安定した栽培耕地とするには湛水湿地からかあるいは湧水から導水して灌漑を行う必要がある。最も簡単な方法は扇頂部から湧水を引く灌漑法だ。

湧水の源はすぐ西側を南北に走るユダヤ高地にある。ヨルダン河谷は年間雨量が二〇〇ミリメートル以下の乾燥地帯で、湧水や外来河川で灌漑しなければ何も栽培できない所だ。他方ユダヤ高地は四〇〇から五〇〇ミリメートルの雨が降り、その乾燥ステップにムギが自生していた。天水に頼る乾燥農業が可能だ。ファータイル・クレセントと言われる由縁だ。とはいえ夏のユダヤ高地はほとんどからからに乾いた短いイネ科牧草がかろうじて地表を覆う放牧地帯で、地表は一面のラクダ色、緑は町以外に見当たらない。冬季そこに降る雨水がユダヤ高地の石灰岩とチョークの地層に浸透して貯留され、ヨルダン河谷で年中泉となって湧き出す。

現在、ヨルダン河の源流に近いガリラヤ海（ティベリヤス湖）は地域最大の淡水湖で、南部のネゲヴ砂漠まで引かれた給水網を通してパレスチナ・イスラエルの水需要に応える最大の供給源となっている。ヨルダン河谷の遺跡はすべてがオアシス集落なのだ。ヨルダン河谷に位置するナトゥーフ期や先土器新石器文化の多くの遺跡はオアシス灌漑農業に依存したと考えられる。ナトゥーフ文化以前のレヴァントの遺跡は海岸地帯に卓越し、それらが以後はヨルダン河谷に集中する。これは湧水やワジの水、湿地の水を灌漑に利用したからだろう。しかしイェリコほど長期間居住の例は少ない。それを可能にしたのは堅固な防壁、望楼から侵入者を監視する防御体制だったということになる。ともあれこの地域は水源を確保する方法、水を引く方法が古くから発達している。その状況を見ることにしよう。

湧水がかりの川池

ヨルダン河谷を北へつめるとフラ盆地が開ける。盆地の周辺には湧水があちこちにあり、その水を溜める池から水を引く灌漑畑が広い。フラ盆地の東北隅にはゴラン高原の前山がクジラの背のごとき稜線を見せて横たわる。その端は峨峨とした石灰岩の断崖で、その一郭にヘロデ王が作ったという牧神パンの洞窟寺院がある。バニュス洞窟遺跡だ。ここはヨルダン河の重要な源泉の一つで、ギリシアのゼウス寺院、ローマ皇帝アウグストゥスの寺院跡などが点々とある。洞窟の下から勢いよく噴きでる湧水の滝があり、清冽な水がさらさらと流れる川へ続く。川は池のように区切られ、それぞれの川池が別々の灌漑耕地を潤している《写真2》。

夏の畑にはワタ、トウモロコシ、スイカが植っている。フラ盆地ではその他リンゴ、オリーヴの園地が広いのだが、盆地の東、ゴラン高原の南は元来シリア領で、今はイスラエルの一時的占領地である。イスラエル人入植者は果樹を植える気がない。ヘロデがアウグストゥス皇帝にユダヤの王を任じられたころは、オリーヴが重要な産業だったのだが。当時のユダヤ人入植者はゴラン高原地域に拠点としてカツリンの町を作った。経済基盤はオリーヴで、石碾で実を潰しプレスで絞ったオリーヴ油が町の産業だった《写真3》。

湧水トンネル

湧水を地下トンネルで導水する例も多い。有名なのはエルサレムの町の東端にあるヘゼキアのトンネルだ。紀元前七〇〇年ころに掘られ、旧エルサレムの城壁の外にあったギホンの泉から城壁内へ湧

写真2●バニュス洞窟下の湧水川池.

写真3●石碾．オリーヴの油絞りやムギの製粉に使った．カツリン．

水を導水したものだ。石灰岩の地層を刳り抜いた導水トンネルは長さ五〇〇メートル、幅七〇センチメートル、身体を少し斜めにすれば頭を打たないで歩ける。水深は四〇センチメートルほど、城内側に設けられたシルワン水場に生活用水をもたらした。

似たような地下トンネルはナザレの西南二〇キロメートルのテル・メギドにもある。これはPPN期に始まるテルで紀元前四五〇〇年頃にも金石併用時代の集落があった。紀元前一〇〇〇年頃にソロモン王国の拠点となり、エジプトやアッシリアと血塗られた戦闘が行われ、最終戦争ハルマゲドン伝説の舞台となった所だ。その城内から穀物貯蔵用の巨大なサイロとともに、直径二〇メートルの開口部を持つ貯水槽（シスターン）が発掘された。貯水槽は石灰岩の地層を三〇メートル掘り込んだ縦坑で、長さ一〇〇メートルの水平地下坑道を掘って城外の泉から水を引いている。泉はオーヴァーハングの石灰岩に隠れているので、攻めよせる敵から城内の水源と水道を隠すことが可能だった。

ワジ井戸

別の水源はワジだ。ワジの砂礫層に深い井戸を掘り込み、井戸の壁面は切り石やレンガで覆う。井戸は乾燥地帯で重要な水源で、遺跡の時代から現在まで多数の例がある。南部のテル・ベルシェヴァやテル・アラドの井戸は古い伝承がある。どちらもユダヤ高地を刻む涸れ谷のワジ川筋にあり、金石併用時代から初期青銅器時代まで、紀元前四〇〇〇年紀に遡る集落だ。城壁内の井戸はアラドの場合、直径六メートル、深さ二〇メートルに達する。ベルシェヴァの井戸はもっと巨大な一辺二〇メートル程のシスターン型で、壁面に石灰岩で螺旋階段を設けて底まで降りるようになっている。ベルシェヴァの井戸は旧約の創世記に現れる。ユーフラテス河畔のウルを両親とともに出発してカナンの地を求めたアブラハムがネゲヴの地をさまよっている時に、井戸を掘った。アブラハムは現地の族長に七頭の雌小ヒツジを差し出し、彼が井戸を掘ったことの証拠とすることを誓い合った。それがベルシェヴァの井戸だという。当時、この集落は既に大きな城壁都市で城内のシスターン型井戸は族長側が作ったものだろう。テルの城壁外にアブラハムが掘ったという直径三メートル、深さ六メートル程の結構大きな井戸が復元されている。

バンド灌漑

ワジの井戸と関連して見落とせない技術は地表流去水を集めるバンド灌漑だ。年間雨量一〇〇ミリメートルを下回るネゲヴ沙漠が生活の場だったナバテア部族の技術を再現する試験場がアヴダットにある。幅一〇〇メートル程のワジに石堤を積んで、いくつもの区画に区切っている。ワジの周りの斜面にも石を積んで時として降る雨水をワジに集める。一筆一〇アールの耕地に対して二、三ヘクタールの集水域を配置する。蒸発で損失も大きいが、それでも三〇〇から五〇〇ミリメートルの年雨量に相当する水を集めることができるという《写真4》。ワジ沿いにはシスターンもいくつか設けてある。

写真4●ネゲヴのワジ灌漑．オリーヴ、ピスタチオ、ムギを植える．アヴダット．

岩盤に貯水室を掘削し、上の斜面から石積みバンドで導水してきた雨水を貯める。シスターンに貯めた水はワジの耕地に放出するのだ。要するに広い岩漠の地表流去水を人工的に集めてワジの耕作を可能にするわけだ。この方法はワジの地下水を補充して井戸水を安定させることにも有効だ。

ナバテア族は元来アラビア半島西部から紀元前六世紀にこの地域に移動して来て、イェーメンからガザまでの交易ルートを支配した遊牧・交易の民である。拠点の一つがヨルダン南部のペトラだ。遊牧と交易だけでなく、ビザンチン時代、アヴダットのナバテア族はバンド灌漑のワジ耕地でブドウを栽培し、葡萄酒を醸造して輸出したそうだ。試験所の近くに七世紀の遺跡があり、そこにはブドウを踏む床、スクリュー式圧搾機が残されている。ペトラのすぐそばには紀元前七〇〇〇年紀のＰＰＮＢに遡るベイダ遺跡がある。バンド灌漑は想像を絶する歴史を持っているのかもしれない。

イラン高原――乾燥ステップとオアシス

エルブルズ山脈とザグロス山脈に囲まれたイラン高原は、雨量が二〇〇から三〇〇ミリメートル、冬は緑の草原だが夏はほとんどが土漠と塩湖の景観で、その中にタブリズ、テヘラン、イスファハン、シーラーズ、メシェドといった大オアシスが点在し、そこだけは土漠に豊かな緑を貼り付けたような光景だ。オアシスの水源は山地から流れ下る河川水と、地下坑道で導水するカナートやポンプでくみ上げる地下水だ。テヘランからメシェドにかけてのオアシスはエルブルズ山脈山麓の扇状地群にカナートを掘削したものが多い。他方、タブリズ、イスファハン、シーラーズ、またシーラーズに近い有名なペルセポリスなどは、ザグロス山脈を刻むチグリス河支流の谷川に依存するオアシスだ。ワジに掘った井戸水に依存する小オアシスも無数にある《図2》[10]。

乾燥気候のうえにテヘラン-シーラーズ以東では年平均気温が一六℃と暑い。人々は水辺が大好きだ。オアシスの人工庭園に庭木を植えこみ、噴水を作り、木陰に憩って冷たい空気を楽しむ《写真5》。歩道脇に水階段や水路テラスを作って水を流す工夫はすばらしい《写真6》。緑陰を映す谷川はお気に入りのピクニック先だ。

エルブルズ山脈の北側、カスピ海沿岸は対照的な環境だ。一〇〇〇ミリメートル以上の雨量があり、斜面はミズナラ、サクラ、カエデといった温帯落葉広葉樹林に覆われ、カキ、ミカン、リンゴなどの果樹が天然の降雨に頼って栽培可能だ。沿岸平野には水田が広い。一筆をやはり手畦で小さく区画している。山地に切れ込む谷には棚田が続く。エルブルズの高い峠に上がると景観は見事に一変する。これ緩やかな高原は凹斜面に天水のムギ畑があるほかは、背の低いイネ科草原の放牧地景観となる。これを下ると土漠とオアシス群から成るイラン高原の景観に戻る。

カナート

東西断面で見ると、西から東へ向かって雨量が減り、溶食で生じた東部の大シンクホール盆地は雨

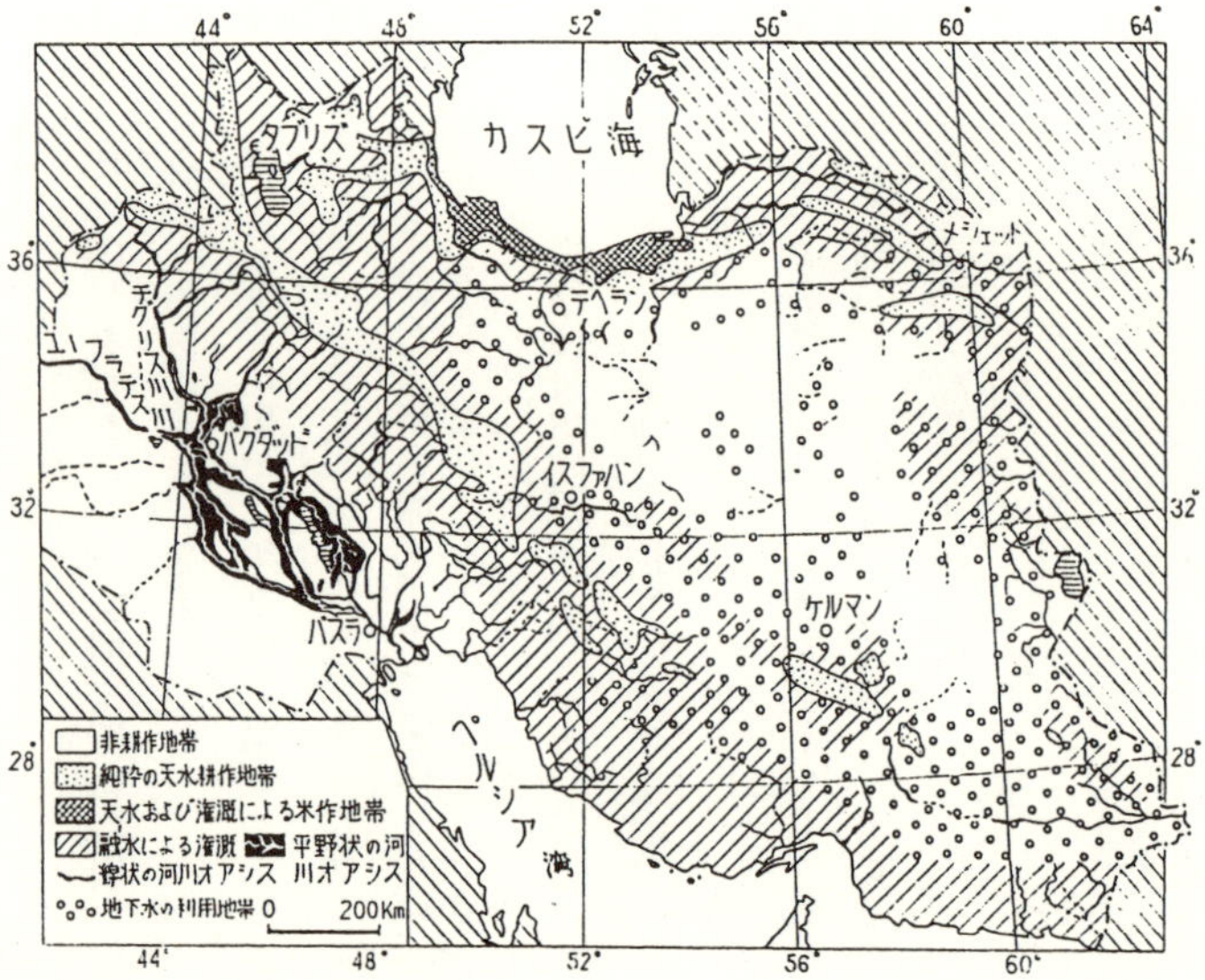
カスピ海
タブリズ
テヘラン
チグリス川
ユーフラテス川
バグダッド
イスファハン
ケルマン
バスラ
ペルシア湾
非耕作地帯
純粋の天水耕作地帯
天水および灌漑による米作地帯
融水による灌漑
平野状の河川オアシス
線状の河川オアシス
地下水の利用地帯
0 200Km
44°
48°
52°
56°
60°
64°
36°
32°
28°

図2●イランの灌漑[10].

写真5●噴水に憩う．シーラーズの街角．

写真6●水階段．エスターバン．

量が一五〇ミリメートル前後、マルトンヌの乾燥指数は五程度で、カヴィール砂漠、ルート砂漠など文字通り砂塵が舞う砂漠と塩湖が広大だ。しかしそこにもオアシス村がある。ルート沙漠の東、アフガニスタン国境に近いビルジャンド地方の山地谷筋にある伝統的オアシス共同体村を原隆一氏が報告している。(11) それによると、地表水と地下水二つの水源の内、主要なものは地下水利用のカナートによる灌漑だ。一般にカナートは山麓の扇頂に滞水層の中深くまで母井戸を掘り、その滞水層目がけて下方の扇状地から地下坑道を掘り進む。地下坑道は普通数キロメートルの長さにおよび、掘削土を出すために縦坑をいくつも掘る。地表にはその縦坑の入り口が延々と並ぶことになる。地下坑道で導水するのは地表の水路だと蒸発による水の損失が大きいからで、乾燥地帯の風土を強く印象付ける灌漑法だ。その始まりは鉄器が一般化した紀元前七、八世紀と推定されているが、もっと古いかもしれない。

原氏のフルク村の場合、二本のカナートが谷筋の上部で開口し、水路の水はワジ川を挟んで流れて段畑を潤す。上流は果樹園が集まり、下流は耕地が集まっている。村はその境に位置し、そこには水路の分水点がある。生活用水は取水が自由だが、灌漑用水は冬季を除いて厳しい慣行があり、持分に応じた水利権は水を入れる時間で計られる。つまり水路の分水点で堰を開いて水を流し、堰を閉じるまでの時間である。最小単位は二六分、最長は一昼夜、ほかに半日、半日の半分と四種の用水単位がある。そして水利権者全体に水を配るため二本のカナートの給水は一六日おきと一七日おきに行われる。個々の水利権者が勝手に順番を飛ばすなどということはできない。つまり輪番給水制度に従わねばならず、これは四月末から一二月末まで続く。
二六分などと半端な単位が何故使われるのか。今は時計だが、以前はサラダボウル大の銅製カップで時間を計った。カップは底に穴が空いた漏刻になっている。これを水面に置くと一三分で沈む。それを二倍した時間が二六分で、一フェンジャンというれっきとした単位だ。一フェンジャンの水は六ないし七アールを灌漑できる水量だという。

秋、播種作業が始まる。畑土は堅く乾いている。トラクターで耕起をして水を入れ、土が乾き始めた所で二牛引きの犂耕を行う《図3》[12]。まぐわを引いて砕土と均平を行い、種子をばらまく。冬の間は雨に頼り、何もしない。春から夏まで、コムギだと五回ほど灌漑する。収量は分水点に近い好条件の畑で一〇ないし一五倍、悪条件の畑では五ないし七倍だ。私のムギ栽培経験からすると、これはいささか低すぎる感じがある。

水利権は土地所有権と分離しており、売買できる。一年間の賃貸借がよく行われる普通の方法で、その単位も一フェンジャンから一昼夜（五三フェンジャン）までにわたる。一回だけの切り売りも可能である。そのほか、普通年はムギ畑を優遇するが、旱魃年は果樹園を守るため水がかりの悪い耕地は犠牲にするなど、集落全体で水を有効に利用しようという姿勢が際立っている。原則は単純だが、実行は多様な形をとり、繁縟なしきたりを生むことになる。

地表水も利用される。降水は少ないが、春先にはしばしば豪雨が襲い、木立のない斜面をシート・

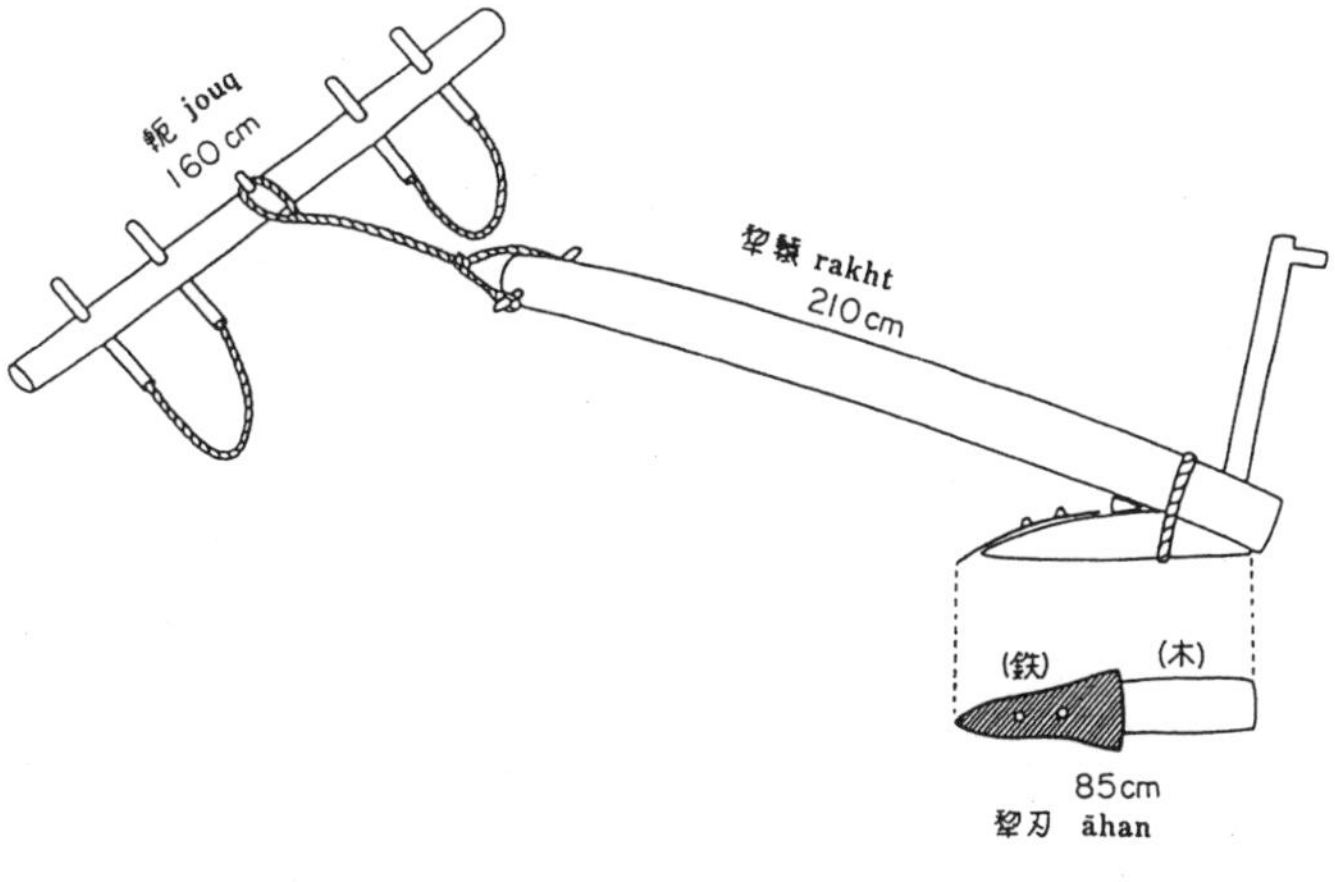

図3●フルク村のアード犂[12].

フローが流れ下る。農民は平地に盛り土で囲んだ一〇〇メートル×二〇〇メートル程の大きな囲いを作ってシート・フローをそこに集め、水が引いたところで犂耕して播種するという。ビルジャンドでバンデ・ヘサール（堰城）と呼ぶそうだ。またワジ川沿いの貯水池や貯水槽に貯め込む。その主要な目的は地下水に注水してカナートの滞水層を補強することだという。どちらもナバテア族のバンド灌漑と似ている。

この豪雨は大西洋・地中海から東へ進む西方低気圧によるもので、毎年二〇個ほどの低気圧がイランの山岳部からインドまで、さらに新疆や中国南部まで入り込むと言われる(13)。気象と植生の特性に巧みに適応した灌漑方法が作られているのだ。

管井戸灌漑

ルート沙漠、カヴィール沙漠の西ではザグロス山地の谷を流れる恒常河川が増え、狭い谷底低地には河川水で灌漑する水田地帯が出てくる《写真7》。イスファハンのザイアンデルート河やシーラーズのコル河には古い時代に堰がかけられ、分水水路が設けられて灌漑を行ってきた。広い平坦部もあり、従来その開発は富裕な商人層が掘ったカナートを中心に、開拓村が点在していた。大野盛雄先生の言葉だが、開拓村はカナート、ガルエ、集められた農民が三点セットだった。一九六〇年代に始まった国王による土地改革以後、最近増加しているのが個人所有の管井戸だ。一五メートルないし四〇

写真7●コル河流域の小区画水田．背後は丘のカシ林．

メートル下の滞水面に直径数センチメートルの管を打ち込んでポンプ揚水する方式だ。管井戸はカナートの母井戸よりも高い位置に設けられる。この結果、これまで放置されていた扇状地上部の耕地開発が進むこととなった。また個人所有だから、自由に用水を使うことができ、商品作物栽培が増えた。

農民の生活はガラッと変わった。変貌ぶりを大野先生の調査村ヘーラーバードで見せてもらった。商人請けの開拓村だったころ、農民はガルエに集住させられた。ガルエは高い城壁で囲まれた一辺八〇メートルほどの要塞である。四隅に円筒状の城櫓ボルジが立ち、その一つに地主の宿泊所と差配の住んだ櫓家がある。四方の壁下には農民の住む長屋が張り付いている。これは高さ二メートル程の土壁長屋で、農民一家族が三メートル×五メートルの区画に住み、これが三〇戸分繋がっている。各戸には入口が一つあるきりで窓はなく、壁をへこませた竈が戸棚替わりだった。それぞれのおもてに土壁を張り出した囲いがあり、そこがヒツジを入れ、パン焼き窯をおき、絨毯を織る場所だった。農民は割り替え制の耕地を耕し、ときには別の開拓村への転勤もあった。収穫物のムギは地主六〇、差配一〇、農民三〇の割合で分配された。

国王による白色革命といわれた農地改革は農民に土地を配分した。農民は豊かになった。今は平均八ヘクタールの耕地を持つ。耕作区と休閑区の二圃制で、コムギ三、オオムギ一の割合で栽培し、夏作物も増えた。休閑区は収穫後に耕起して放置し、来年の秋に耕起・均平の後、種子をばらまいて畦を立て、灌漑する。耕地は例の小区画だが、六メートル四方ぐらいである。夏作はビートとトマトが主で、シャベルに引き綱を付けて二人がかりで長い畝を立てる《写真8》。

農奴生活だった農民はガルエの傍にあった脱穀場の周りに各自の家を構えた。四〇メートル四方ほどの敷地を塀で囲い、その一隅はボルジ風の櫓にし、母屋、離れを建てめぐらす。中庭はザクロ、イチジク、カキ、ブドウ、クルミを植え込んだパティオを構えている。部屋は暑い陽光を締めだすため厚い土壁で囲い、窓は小さくして砂嵐を防ぐ。

解放後の元村長は眺めの良い高みに別荘を置き、周りはカエデ、ポプラ、ヤナギで囲い、庭にピスタチオやオリーヴを植え込んでいる。目玉は曲水の宴で、これは日本の典雅な遊びと異なり、曲がりくねった水路を末端の大きなプールまで泳ぐ。飲物を入れたコップを流し、人々は好みの飲物をとっておしゃべりに興じ、暑くなると水路に飛び込んで熱気を取り去る。快適なオアシスの生活だ。問題は耕地が平坦部まで広がった結果、塩害が出始めたことだ。オオムギを増やして対応しているが、半熟で刈って、あるいは立毛のまま遊牧民のヒツジに喰わせてしまう状況も現れている《写真9》。

河川灌漑

さらに西では地中海から流れ込む西方低気圧の影響が強まるので雨量は三〇〇ミリメートル近くまで漸増する。乾燥指数が一〇を超える所が広くなる。乾燥ステップでも休閑耕を施して二年に一回作物を栽培する乾燥農地が増える。しかし穀物生産の主体は灌漑農地で、天水地帯は飼料用のオオムギ

写真8●ムギ刈り跡と夏作の灌漑．どちらもヘーラーバード．

写真9●刈り跡放牧の渇きを水路で癒すヒツジ．ヘーラーバード．

や牧草を播いて放牧地にするのが土地利用の基本だ。カシュガイ、バフティアリ、バーセリ、アラブシーディー、遊牧クルドといった遊牧民の黒いテントもあちこちに点在する。カシュガイはトルコ系、バフティアリはペルシャ系の大きな遊牧グループで、これらの遊牧民は灌漑農地の麦の刈り跡地や、ワジ、高地の草場を求めて春から秋の間遊牧を行う。これらの飼料以外にオアシスで栽培されるアルファルファが家畜にとっておいしい御馳走である。家畜にとっても灌漑農地はなくてはならないものだ。

そしてここでは河川灌漑の可能性が高まる。ザグロス山脈の谷底盆地には通年水のある恒常河川や季節性河川が増え、取水しやすい所が多い。斜面は木のない土漠景観だが、盆地の集落は緑の灌漑畑や灌漑林地で囲まれている。集落は扇状地末端や岩壁の下にレンガ積み泥壁塗りの平屋が密集したオアシス型だ。要するに豊かな緑は人工空間に限定されることは東部と変わらない。

恒常河川からの取水は川岸が低いため至極簡単で、小型のディーゼルポンプとホースがあれば十分だ。ワジ川は河床に井戸を掘り、ポンプで水を汲み上げる。川岸より二、三メートル上まで揚水し、緩い傾斜地にかけ流しで灌漑する逆水灌漑が多い。トルコ国境に近いマクーからテヘラン近くまでこうした簡単な方法で灌漑する農地が続く。耕地はほとんどが例の小区画畑だ。

タブリズから西に向かうとアルメニア高原に入る。五〇〇〇メートルを超える火山アララット山がそびえ、石灰岩地帯に噴き出た玄武岩質溶岩で堰止められたヴァン湖やウルミエ湖がある。タブリズ西南のウルミエ湖東岸には紀元前五三〇〇年ごろのヤニク・テペ遺跡がある。これは東側の三七〇〇メートルに達する高山の広濶な山麓扇状地に位置する。扇状地にはワジ川が何本も走り、山麓低地をめぐる恒常河川につながる。この地域には河川水で灌漑する農地が広い。現在はポンプと跳ねつるべを使った揚水が多いが、遺跡の時代には小規模な堰で溢流灌漑を行った可能性が十分想定できる。溢流灌漑は最初に述べたマダガスカルのバラ族が行っている方法とほぼ同じで、小さな堰を川にかけ、川と鋭角方向に水路を掘って導水する方式だ。

ヤニク・テペ遺跡は栽培種のエンマーコムギ、パンコムギ、オオムギ、そして家畜化されたヒツジ、ヤギ、ブタの骨を出土した。穀物は壺に貯蔵された。定着農業と牧畜、それに土器はもう少し南のザグロス山地でこの遺跡より三〇〇〇年ほど古い時代に既に出現していた。ファータイル・クレセントで最初の土器は紀元前八五〇〇年頃のガンジダレーで出土している(14)。紀元前六五〇〇年頃のジャルモやテペ・グラン遺跡ではすでに高度に発展していた。器壁下部を鋭く膨らませた鉢や、淡黄色のスリップ(粘土液)をかけたうえに赤や橙色で見事な模様を描いた彩陶だ。

これらの遺跡はジャルモがイラクのクルディスタン、その他はイランのルリスタンと地域的に隣接し、いずれもザグロスの谷を刻む恒常河川に面している。年雨量三〇〇ミリメートル弱のわずかな雨は降雨時期が春から初夏にずれこみ、播種期の秋はまだ厳しい乾燥に耐えねばならない。河川に面する定住村に住んだ人々が河川の水をムギ栽培に利用するのは自然な成り行きだっただろう。

ジャルモ

上メソポタミアの主要都市キルクークの東にある有名なジャルモ遺跡はブレイドウッドらの報告[15]を見ると、ザグロス山地前山の尾根に位置する。チグリス河の支流タウク・チャイ川につながるチャム・ゴウラ・ワジの河床から五五メートルの断崖を上がった丘陵の波状平坦面にある。このあたりは四〇〇ミリメートル程度の年間雨量があり、カシ・ピスタチオ林帯で、天水による乾燥農業が可能な立地だ。遺跡は約三〇〇年間続いたと推定されている農業集落で、一一層の居住層が発掘された。ブレイドウッドはこれを人工一五〇人程度の初期農業集落、すでに狩猟・採集段階の集団サイズを超えた永住集落だと考えた。初期の家は粘土の版築で壁を作ったが、後期には壁の下部に川原石を並べている。版築の単位は厚さ四〇センチメートル、高さ一二から一五センチメートルにスサ入りの手捏ね粘土（現在のイラクでタウフと呼ばれる）を積み、数日乾かして次の単位を積む方式と推定されている。家はすべて方形で、普通、七室ほどの小部屋に分かれ、四室は貯蔵用に使われたらしい。壁にベンチを作り出した部屋もある。床は練り土の上に編みマットを敷き、各家の一室には浅く窪めた炉がある。室内や家の間などから多くのパン焼き窯が発見されている。室内に作りつけの場合、煙突も見つかっていて、部屋の暖房に利用していた様子も窺われるという。

植物遺物はヒトツブコムギとエンマーコムギの栽培型、二条オオムギの野生型と栽培型、ほかにヒラマメ、ベッチ、エンドウ、エギロプス属（タルホコムギなどを含む属）、それにピスタチオが出土した。パンコムギはジャルモでは出土していないが、チャタル・ヒュック、チョガマミなどでは出た。磨製石器は小さな摺り臼、大きなサドルカーン、深く窪んだ臼、石杵、顔料用のパレット、斧、大理石やアラバスターの腕輪、ビーズ、それに細石器を柄にはめ込んで瀝青で固定した鎌が出土した。また下層は土器がないが上層は土器があり、女神像テラコッタも多数出た。

動物骨はヤギあるいはヒツジが七割を占め、ブタあるいはイノシシがそれに次ぐ。どちらのグループも幼い骨の割合が高く、家畜として飼われていたと推定されている。

ジャルモは紀元前六七五〇年頃をはさんで数百年間存在したとブレイドウッドは推定した。その年代観について彼の率直な記述は面白い。この発掘が行われた一九四八年から一九五五年当時、炭素一四測定による年代測定をシカゴ大学で同僚のビリー博士が始めていた。その研究室や他の機関にも依頼して行った計二二点の測定値は五二六六年前から一一二四〇年前まで約六〇〇〇年の幅を示した。これは誰がみても明らかに幅が大きすぎる。ブレイドウッドは炭素一四測定による年代決定を拒否するか、測定値の中から現実的な値を選択するか、どちらか選ばざるを得ないことになった。彼は結局後者を選択することにし、遺跡の居住年代を八七五〇年前から八五〇〇年前と推定した。この値は測定値二二点の単純平均値よりも約一〇〇〇年古い。

彼は西アジア初期農業集落の段階を九二五〇年前から七七五〇年前に及ぶ時期と考え、ジャルモをそうした初期農業集落の一つと推定した。発掘者自身が遺跡内容を他の遺跡と比較し、炭素年代測定法の限界を意識しながら下した判断である。新石器農業の発生時期について重い意味がある。現場を見ていない素人が異論を言うつもりはない。ただ、報告書にある航空写真と詳細な地形図を見ていると、どうしてもある想像が浮かぶ。ジャルモ遺跡の立地は西側が急峻な崖で上メソポタミアの平原を展望するのに絶好の地点である。さらに東側は平坦尾根部が狭く絞られているので、遺跡は丘陵の中で島状に孤立している。これは望楼を置くあるいは集落を要塞化するのに絶好の地点だ。ヨルダン河谷のイェリコ遺跡が城壁に囲まれ、一隅に高い望楼を備えていたことを思い出す。ジャルモは天然の要害の地にある。しかし規模は比較的小さい。素人の勝手な想像だが、上メソポタミアの平原にもっと進んだオアシス農業集落があり、ジャルモはその圧力を回避するために辺境の要害地を選んだのではないのか。家の作りかたが初期農業集落というにはずいぶん進歩している。竪穴住居でなくて版築で作る方形の家とか、扉軸を上下の軸受けで固定する構造などだ。

アナトリア高原

ドグバヤジットで国境を越えてトルコに入ると、黒海に面するクゼイアナドル山脈と地中海に面するタウルス山脈に抱かれたアナトリア高原が広がる。アナトリア高原は雨量三〇〇から六〇〇ミリメートルと比較的雨が降る。年平均気温は東部で一〇℃を下回り、西と南へ向かって次第に温暖になるが、マルトンヌの乾燥指数は二〇を越える地域が広い。緩やかな平原はイラン高原よりも草量が断然多く、斜面の樹木も増える。天然の降水に頼って乾燥農業が可能、家畜の飼料用ムギと人間の食うコムギを混播して天水で栽培している。遊牧空間の性格が強くなり、家畜も牛の割合が増える。

環境の違いは高原に点在する村の形に現れる。村は石積み平屋の家がパラパラと広い間隔をおいててんでに並び、家の脇に必ず土天井の家畜囲いがある。大量の干し草、麦わら、テンサイが屋根という屋根すべてに積んであり、家の周りにも飼料がうず高く積まれている。脱穀場や、牛糞を高く積み上げた燃料置き場があちこちに雑然とある。まことに遊牧民の村というべきで、まるでテントを石積み家に置き換えただけの風景だ。石堰で取水して川岸の緩やかな傾斜草地に小区画の灌漑畑を作っているが、肩の部分に通した掘り込み水路からかけ流し灌漑の形で、マダガスカルの牧民バラ族のかけ流し傾斜水田と変わらない。灌漑小区画畑としてはいささか粗放である。いずれにしても乾燥ストレスの緩和が感じられる。

チャタル・ヒュック

比較的湿ったアナトリア高原だが、ヴァン湖から西へかけて内陸中央部は雨量が減る。その寡雨地帯にコニヤ盆地の有名なチャタル・ヒュック遺跡がある。コニヤ盆地は内陸の石灰質な堆積物から成る湖盆で、その中を恒常河川のチャルサンバ河が分流している。遺跡はそれらの二本の支流の間に位置し、川水を灌漑に利用した定着農業集落だったと想定されている。遺跡のテルは広さ約一二ヘクタール、高さ二〇メートルに及ぶ大きなテルだ。一二層に及ぶ居住層が発掘され、その年代は紀元前六二五〇年から五四〇〇年にわたる。しかしその下には厚い堆積層が未発掘のままで残り、面積も三〇分の一に過ぎないと発掘者のメラートは残念がっている。

「発掘された居住址は方形の家が互いに壁と壁を接して連結し、通りも横丁もないブロックを成す。入口は平屋根に開いた戸口で、人は屋根の上を行き来した。この戸口は炉と竈の煙出しを兼ねた。町の外側は壁で囲まれ、とくに要塞的構造はないが、敵と洪水に備えた。家は大きな居間と小さな貯蔵室から成り、床は泥を搗いて固め、カヤツリ草のマットを敷いた。

生活は灌漑農業と牧畜に依存した。栽培型のエンマーコムギ、ヒトツブコムギ、パンコムギ、六条ハダカオオムギが栽培された。植物質蛋白の補給にエンドウ、ベッチ、スイートピーが利用され、植物脂質にアブラナ、ドングリ、ピスタチオ、アーモンドも利用された。他にヤマリンゴ、ネズの実、ニレの実、フウチョウボクも出土する。主要な家畜は牛で、肉の九〇パーセントを供給し、輸送にも使われた。(16)」

チャタル・ヒュックが与える衝撃は多数の聖所、祠堂の出土だ。発掘された一三九室の内、それらは実に四〇以上に及んだ。そこには様々なデザインの宗教的レリーフや壁画、テラコッタがあった。角を突きだした牛頭像が至るところに祀られている。密集集落の背後で噴火するハサン・ダーグ火山の壁画、オス鹿やイノシシに挑んだり餌を与える壁画があり、椅子に座って出産中の女性とその両側に控える二頭の豹をかたどったテラコッタがある。首のない人間を襲うワシの壁画は鳥葬慣習を示すと推定されている。この遺跡は灌漑に支えられた農業と牧畜、それを基礎に展開した新石器時代都市の生活と宗教的精神を伝えている《写真10》《図4》[17]。蹄耕の図もあればもっと素晴らしいのだが。

土器は、最下層ですでにわらスサを混ぜて渦積法で作り、淡黄色の粘土スリップをかけたものや、無装飾平底の調理用土器が出土する。中期には薄手の黒色磨研土器や見事な彩陶が出る。粘土版印章もある。

銅の鉱滓、銅のビーズ、鉛のペンダントといった金属器もある。金属器の利用が早いのはアナトリアの特徴で、チャタル・ヒュックよりも一〇〇〇年ほど古いチャヨヌ遺跡で自然銅を叩いて作った穴開きビーズやピン、錐などが出土している。チャヨヌ遺跡はヴァン湖の西二〇〇キロメートルほどにあり、チグリス・ユーフラテス平原の最奥部にあるPPNB並行期の遺跡だ。金属利用が早く始まるのは自然環境に由来する。アナトリア高原は石灰岩に玄武岩質マグマが貫入して生じた自然銅の鉱床が各地にある。赤銅鉱の赤い露頭や緑のクジャク石、マラカイトは、いい石を求めて石を叩きまわった石器時代人の注意を引いたに違いない。自然銅は叩けば延びるので、とりわけそうだ。

溶融スラグがあることは銅の溶融が行われた証拠だが、これも塩湖周辺に析出するさまざまな塩類に関係する。その塩は単純な食塩だけではなく、石灰や苦土、ホウ酸を含んでいる。これらの塩類は

写真10●チャタル・ヒュックの祠堂．ポール上の牛頭像は男神、その右の壁かけレリーフは出産中の女神像．アンカラ、アナトリア文明博物館の展示．

図4●チャタル・ヒュックの塑像と絵[17]．上から、出産中の女神テラコッタ、火山と集落、鳥葬の絵．

現在も様々な鉱石の溶融に使われる。つまりこれらを混ぜることで鉱石の溶融温度が下がるのだ。技術の発生は自然環境に影響される部分が大きい。先史時代は特にそうだ。

2 メソポタミア平原

デルタ

チグリス、ユーフラテス両河に囲まれたメソポタミア平原はレヴァントとザグロスの高原、アラビアの沙漠に囲まれた長さ一〇〇〇キロメートル、幅一二〇キロメートルに及ぶ大平原だ。雨量四〇〇ミリメートル以下の乾燥気候だが、両河の水で潤され、ペルシア湾頭のエリドゥやウバイドに紀元前六千年紀の神殿都市が成立し、北部では見事な彩陶を持つハッスーナやハラフ文化を生んだ大オアシス地帯だ。

自然環境の上からこの平原はバグダッドの少し北、サマッラとヒットを結ぶ線で下メソポタミアと上メソポタミアに分けられる。下メソポタミアは地形的に比較的新しいデルタで、年雨量一五〇ミリメートル以下、年平均気温は二三℃前後、乾燥指数五以下の砂漠気候だ。チグリスとユーフラテス河はザグロスとアルメニア、タウルスの山地に降る冬雨と融雪水に養われ、四、五月に急激に増水して平原に流れ込む。下メソポタミアのデルタは勾配が一〇〇〇分の三以下で、流れ下った水は平原に溢れ、洪水で流路はしばしば変わり、季節的な湿地帯が広大だ。現在はバグダッド周辺やアル・クットに近代的な堰堤と分水路が設けられ、治水と安定水源確保を図っている。

一九五〇年代の下メソポタミアを描いた面白いドキュメンタリー作品がある。土地利用の様子がかなり具体的に書かれている。低窪地とポイントバー（洪水時の破堤堆積物）や自然堤防の高みが混在する湿地帯は依然として広大で、多様なニッチがある。そこは水文環境の違う土地を様々に組み合わせた領域に様々な部族が割拠できる環境だ。彼らは高みから低窪地にかけて、年々の水状況を予想しながら作物を植える。洪水年には高みの作物が収穫でき、旱魃年には低窪地が収穫できる。自然条件に頼るだけでなく、古くから葦と建築廃材と泥で堰を作り、分水路で灌漑や排水を進めてもきた。その半分天然、半分人工的な灌漑耕地は高みにムギを播き、低みにイネを植え、場合によってはナツメヤシの下で陸稲も栽培する。[18] 紀元前六千年紀のサマッラ文化や、ユーフラテス河南岸のエリドゥ文化はこうした灌漑耕地が基礎だったのではないか？

チョガ・マミ

砂漠気候、乾燥ステップ気候下で、新石器時代に灌漑を行った証拠は下メソポタミアと上メソポタミアの境、チョガ・マミ遺跡で初めて発掘された[19]。バグダッドの北東約一二〇キロメートル、ザグロス山麓の扇状地にあるマンダリの近くだ。遺跡は高さ二ないし五メートル、広さ四、五ヘクタールのテルだ。扇状地を流れる小さな尻無し川ガンジル川から取水する灌漑水路が何本も発掘された。テルはそれらの水路に挟まれている《図5》[20]。北側の四本の水路は幅二メートルの小さなものだ。沈泥で埋められるたびに同じ位置に作り直され、上へ上へと積み重なっている。水路から発見された土器片はこれらの水路がサマッラ期、紀元前六千年紀のものであることを示す。テルの南側から発見された水路（X）は幅一〇メートルのやや大きなものだ。大きな水路と小さな水路は主水路と支線水路の関係である。そしてテルから一二〇メートル南にはさらに大きな水路（Y）が確認され、土器片からウバイド三期（紀元前四五〇〇年）の水路と判定された。発掘者オーツはサマッラ期の相当の期間、ガンジル川の扇状地で主水路と支線水路網による灌漑が行われ、その終期近い頃からウバイド期にかけて水路網は大型化していった、つまり耕地の拡大が続いたと推定している。面白いことに、現在マンダリの北と北西の土漠を灌漑する水路が遺跡時代の水路とほぼ同じサイズ、同じ方向で扇状に延びている。

テルは泥壁で囲まれ、一角に望楼があり、集落に入る道は一つだけでクランク状に折れ曲がっていた。発掘された住居は葉巻型の日干しレンガで造られた方形の小さな部屋から成り、チャタル・ヒュックと類似した連結密集集落の形だ。植物質遺物は栽培型のエンマーコムギ、パンコムギ、ハダカ六

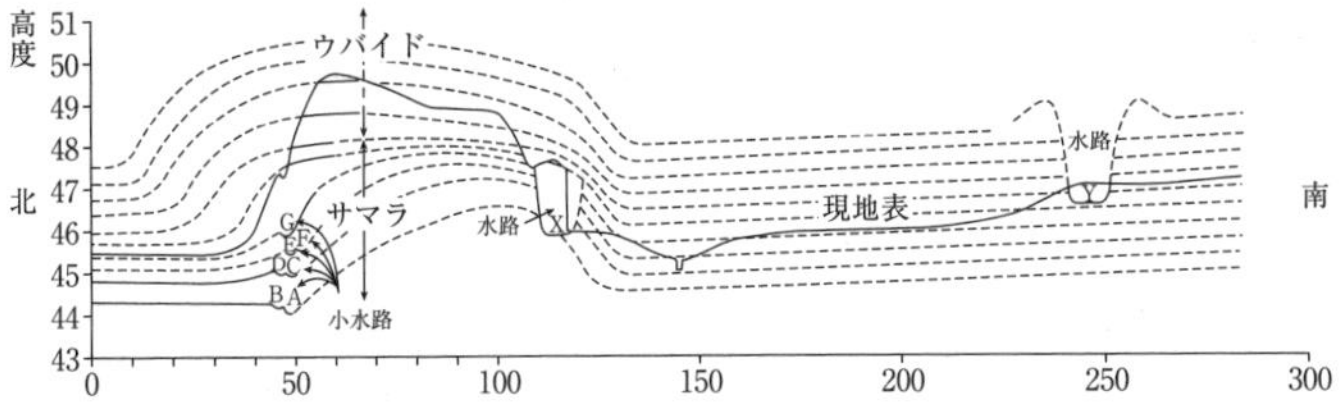

図5●チョガ・マミのテルと水路（A、B、C、D、X、Y）断面図[20].

条オオムギ、皮二条オオムギ、アマ、ヒラマメ、エンドウ、ピスタチオが出土した。動物では牛の骨が多く出土した。牛の骨が大きな割合を占めることはこの時代の下メソポタミアの特徴で、犂が出土することから五千年紀に雄牛で引く犂耕を行っていたらしい。犂は二種類あり、その一つは四千年紀に使われていた播種用の犂だという。

ザグロス山麓の扇状地で八〇〇〇年前の水路が発掘されたことは実に重要だ。灌漑の証拠を突き付けた意義は大きい。ザグロス山麓の多くの扇状地でこの種の灌漑が行われていただろう。簡単な堰分水と浅い畦畔水路による灌漑は今のものと変わらない。環境に絶対的に適応した骨格的技術は想像を絶する寿命を持っているということだ。

アブ・フレイヤとマリ

上メソポタミアはレスの緩やかな台地で、年雨量三〇〇から四〇〇ミリメートル、年平均気温も二〇℃前後で、乾燥指数は一〇を越える乾燥ステップ気候になる。イギリス委任統治時代の統計を見ると、上メソポタミアのモスールやキルクーク地方などは天水に頼った耕作地帯とされ、灌漑耕地はないことになっている。ただしこれは多少とも近代的で大規模なシステムでないと灌漑と認めないからで、実際は農民レヴェルの小規模灌漑が行われてきた。

チグリス河中流域は本流とその支流のディヤラ川、大ザブ川、小ザブ川が乾燥ステップ地帯を貫流し、紀元前六〇〇〇年紀のハッスーナやハラフ文化の遺跡が河川沿いに多数分布する。しかし河谷はやや深く、チョガマミやチャタル・ヒュックのように灌漑が容易だったかどうかはっきりしない。

ユーフラテス中流域は相当部分、シリアの台地・丘陵地帯を流れ、水深は浅く、両側に岸の低い河岸平野を作る。幅二、三キロメートル以下の狭い河岸平野には自然堤防の上に平屋根の村々が続く。そうした河岸平野で、ナトゥーフ期からPPNBまで続く右岸のアブ・フレイヤや左岸のムレイベットが発掘された。どちらもアレッポの東、アサド・ダム建設による水没を恐れて調査が始まった遺跡だ。

アブ・フレイヤはシリアだけでなく、レヴァント全体でも最大の新石器時代遺跡だ。耕地は当然河岸平野にあったが、南の台地に広がる乾燥ステップのワジも利用可能だったようだ。家の構造はイェリコなどと似て、初期の円形竪穴式から方形へ、PPNB相当期には泥レンガ積みの密集集落へと変化する。穀物処理道具も初期から同類の一揃いがあり、玄武岩製の摺り臼、摺り棒、サドルカーン、石杵、パチンコ弾、漁錘、細石器をはめ込んだ鎌がある。作物はコムギ、オオムギ類の採集野生種から栽培種まで詳細な報告がある。(21) ライムギの野生種から栽培種への変化も捉えられている。ムレイベット遺跡の内容はイェリコに類似し、望楼はないが、屋根にしか入口のない貯蔵室があり、発掘当時、最古とされた炭化穀物が出土した。

イラク国境近くにはテル・アル・ハリリの遺跡がある。川岸から〇・五キロメートル離れた土漠丘陵の端にあり、河岸平野から一〇数メートルほど立ち上がっている。テル・ハリリは紀元前三千年紀のマリ王国の王宮所在地で、メソポタミアからパルミラを経てレヴァントへ行く重要な交易拠点だった。王室記録文書庫からエジプト、クレタ島などとの交易を示す多数の粘土版文書が出土したことで有名だ。

テルの上には日干しレンガで造った水路が王宮の浴室や台所、トイレへ通じている。水路の端に貯水槽があり、その水は脇にある縦坑でユーフラテス河の水を揚げていた。揚程は六メートルほどだ。アブ・フレイヤがそうだったように当時はユーフラテス河がもっと近くを流れていた可能性があり、ユーフラテス河から直接水を上げたか、あるいは溝渠で導水してそこに縦坑を下ろしたものだろう。テルから見下ろすと、眼下の河岸平野は水路が密に走り、小区画灌漑畑の夏作物が豊かな緑の絨毯を敷いたようだ《写真11》《写真12》。塩が噴いて歩くとバリバリ音がする畑もある。水路にはヒツジ、ヤギの群れが水を呑みに来ている。

ナトゥーフ時代のムレイベットやPPNB時代のアブ・フレイヤにも同じ風景が見られたのではなかろうか。ユーフラテス河中流域は水郷地帯だったようだ。テルが高くなる前はもっと浅い縦坑で揚水可能だろう。乾燥気候下、キャンプであれ定住集落であれ、河床の比較的浅いユーフラテス河岸の住人がその水を度外視することはありえない。

結局、先史メソポタミア平原には次の三種類のオアシス地帯が想定できる。下メソポタミアのデル

写真11●ユーフラテス中流域、アルファルファ、トウモロコシ、ワタ、パプリカなどの夏作物．マリ遺跡近傍．

写真12●ユーフラテス中流域．灌漑中の小区画畑．デイル・アズール．

タに広がる季節的湿地帯、ここは湖沼と周辺の湿地や高みが混在する地形を灌漑耕地に利用した。次にザグロス山麓の扇状地に連なるチョガマミ型の灌漑地帯、ここは流れ下る河川に簡単な堰をかけて分水し、扇面の等高線沿い水路で灌漑した。三つめは上メソポタミアのユーフラテス河から直接もしくは溝渠で導水して揚水する地帯である。そしていずれも古い時代から始まっていたと想定される。

近代に行われた灌漑事業もおおよそこれらの枠組みを踏襲しているように見える。湿地帯西の、沈泥で河床の高くなったガラフ河にクット堰堤で分水したチグリス河の水を灌漑する事業は、湿地帯の高みに導水しようとしてきた湿地住民の方式を引き継いでいる。ディヤラ堰堤はザグロス山麓の扇状地帯を開発したチョガ・マミ方式の延長上にある。ユーフラテス河のラマディやヒンディヤ堰堤はユーフラテス中流域のアブ・フレイヤやマリの延長上にあるように思うのだ。

メソポタミア平原がこのような条件の違うオアシスから成っていたことは、ほぼ一様にナイルの氾濫水で覆われるナイル河谷と大きく違う。ナイル河谷は上ナイル、下ナイル統一後、神である一人のファラオが君臨統治することになったが、メソポタミア平原には異なる立地に適応を遂げた多数の都市国家が紀元前五千年紀に出現し、それぞれ別の守護神を持ち、神を祀るジッグラトの壮麗さを競った。その競闘的都市国家群を支えたのがオアシス灌漑農業の穀物栽培と牧畜だ。それはレヴァントやザグロスの山地で自生するムギやマメ類、ピスタチオ、牧草、生息するヒツジ、ヤギをオアシスで馴化することから始まった。イラン高原やヨルダン河谷、メソポタミア平原のオアシスにおいて、早い所ではイェリコのように紀元前九千年紀には始まっていた。それは驚異的な生産力をばねに急速に中東・西アジアの乾燥ステップとオアシスに波及し、パンコムギ、牛、ヒツジ、ヤギを取りこんだ農牧業の原型を作った。それにとどまらず、以後一万年近く、世界中の大多数の地域で農業という生き方をほとんど唯一の選択肢とするビッグバンを生むこととなった。

3 技術と法

灌漑耕地の原型を考える

オアシスの耕地が小区画灌漑畑であることはすでに繰り返し述べた。それではその始めはどうだったのだろう。新石器時代西アジアの耕地が発掘された例はないので、他の例から想像するほかない。それはピット栽培ではないだろうか？　つまり適当なサイズの穴を掘り、そこへ有機物を入れ水を注いで栽培する方法だ。始めは必ずしも栽培を意図せず、キャンプサイトや定住地で家畜の水呑み場、穀物の残りや食い残しを棄てる穴から発生したかもしれない。生ごみ穴から予期しない芽が伸び、実をつけて驚くことはだれしも経験のあることだ。ピット栽培は生ごみ穴の延長と考えればよい。

生ごみ穴と整ったピット栽培の間に漸移形が想定できる。それはマダガスカルの節で述べた水路連結ピットだ。小さなピットがたこあし状に延びた水路で連結されるものだ。これと非常によく似たピット水田が中国江蘇省蘇州市の草鞋山遺跡で発掘された。太湖東のクリーク地帯で、厚さ一・五メートルの青灰色土壌の下からレス層に掘り込まれた小さな窪みの列が出土した。窪みは細い水路で繋がっている。イネの植物珪酸体が多量に検出されて六〇〇〇年前の水田とわかった。これについては第四章で述べる。南京博物院と宮崎大学の藤原宏志氏のグループが共同して行った大発見だ。耕地は一面に広がるものという固定観念を打ち破った画期的発見だ。

一九九五年一一月に現場を見せてもらったときすぐ頭に閃いたのは、中国でいう区田の原型だということ、そしてオアシスの小区画灌漑畑の原初形にはこのようなピット栽培もあったのではないかということだった。

ピット栽培は中国で区田《おうでん》と呼ばれ、古代に相当流行したようだ。先述の『氾勝之書』に区田の記述がある。それによると、湯王（商王朝の初代の王）の治世に厳しい旱魃があり、宰相の伊尹は区田法を開発した。一畝（前漢の一畝は一八〇平方メートル、魏では五〇〇平方メートル）を細かく区画して三七〇〇の区を作る。各区に堆肥と水をたっぷり施し、一畝あたり二升（当時の一升は約一九〇CC）のアワを播く。収穫は一〇〇石となる。夫婦は一〇畝を管理できるので、収穫は一〇〇〇石に上る。一年に必要とするのは三六石なので、収穫は二六年分に足るとある。(22)これは毎ヘクタール三三トンになる。

信じがたい収量だが、中国では古代の区田＝高収量の記憶が時々復活するようだ。一九五〇年代の大躍進の時代、それに文化大革命の際にも喧伝された。大躍進時代の記録では、一尺まで深耕し、鋤き返し十数回、水やりを欠かさず肥料をたっぷり入れて、毎ヘクタール玄米三九トン、さらには六〇トンなどという数字がある。実際は他の水田で出穂したイネを狭い試験田に立錐の余地も無いほど植え込んだ結果で、記録狙いの一種の偽造収量である。

ピット栽培は別の利点がある。一面に畑を開くのでなく、小さな生産ユニットを点々と置く方式だから、どこでも適切な場所を選べる。ただし乾燥地帯では水のある所が絶対条件だ。オアシス集落だと水は問題ない。こうして最初の生ごみ穴から、栽培を意図した独立ピットへ急速な展開が生じたにちがいない。この段階では水は革袋でも、椀でも運べる。次いでそして急速に生じた展開は、人間の生活用水と家畜の飲み水を水源からキャンプへ導く工夫だろう。これはたこ脚型の水路連結ピットを作ることと同じだ。その工夫はただちにピットの増加へ、穴を掘る代わりに畦畔と小畦で囲った小区画灌漑畑の創出へ変貌しただろう。

一連の変化を急速に進めた原動力は、乾燥地帯で灌水して栽培するムギの生産力が驚異的に高いことだ。一粒のムギが一〇〇粒、二〇〇粒になる。これはカシ・ピスタチオ林の下でしょぼしょぼと生えるムギの比ではない。古代ギリシアの天水畑で栽培するコムギは推定平均三倍、アテネ周辺はオオムギで二・五倍、コムギで一・七倍という推定がある。[23] やはり天水に頼り、天候も良くないヨーロッパの中世では収穫量は播種量を辛うじて超えるか超えない程度、一三世紀イングランドで最も効率的な経営者として有名だったウオルター・オブ・ヘンリーの農場で三倍、近世になっても一八世紀に改良輪作が行われる前の全ヨーロッパで一〇倍以下だった。[24]

他方、オアシス灌漑畑は、ヘロドトスの記録で有名だが、アッシリアやバビロンで平均二〇〇倍、豊作時には三〇〇倍に達することもある、それは河による灌漑の賜物で、エジプトと同じく多数の運河があり、人力を使って跳ねつるべで水を畑へ入れるからだと述べている。[25] ローマの博物学者プリニウスにもカルタゴのコムギが一五〇倍、時に四〇〇倍になるという記述がある。[26] こうした驚異的な生産力が、農業社会のビッグバンを引き起こしたのだ。メソポタミアのオアシス都市国家では灌漑農業の技術書と社会秩序維持の規範が編まれ、この二つが一対で社会を支えることとなった。

耕作教科書

紀元前五千年紀に入ると、メソポタミアでは南部のデルタに神殿を中心とした大都市が続々と成立した。四千年紀末には楔形文字を記した粘土板が現れ、歴史時代に入る。膨大な粘土板の解読という困難な課題に取り組んだシュメール学者の汗と涙の結晶のおかげで、五〇〇〇年前の社会が朦朧とした霧を抜けて突然目の前に立ち現れ、しゃべり始めた。古代人の生活と技術、秩序維持の規範、神々と人間の関係、神話と歴史が言葉で語られ始めたのだ。その社会はチャタル・ヒュックやチョガ・マミで発掘された密集集落の社会に比べると社会編成ははるかに複雑化していたにちがいないが、社会の枠組みは同質だったのではないか。少なくとも農業のやり方と、土、水の保全を目指す規範においてはそうだ。

三千年紀末のウル第三王朝時代には『農民暦』あるいは『農夫の教え』として知られる農業テキストがある。耕作法を教える教科書である。シュメール学者クレーマー(27)と前川和也氏(28)の紹介に基づいて、一連の作業を見てみよう。

「昔、一人の農夫が教えをその息子に伝えた。畑の耕作に取りかかるとき」、と始まり、農業神ニンウルタへの賛歌で終わる。ニンウルタ神は下メソポタミア・ラガシュの農業神ニンギルスに由来するようだ。ラガシュやギルスはガラフ河沿いの地域にあり、ガラフ河はかつてチグリス河の本流だった。洪水堆積物や自然堤防の高みと湿地が混在し、現在のデルタ下流にある湿地帯と似た環境が想定される。葦の生い茂る湿地と高みの混在する地帯でチグリス河の治水を行って開かれた王室耕地の経営指導書らしい。

解読は所々空白があり、その解読には異論もあるようだし、解釈できない行もある。クレーマーの英語版に沿って見てみよう。段落の切り方と番号付けは私が勝手に行った。

（1）「畦畔の水口と畝・溝をよく見て、畑に入れた水が高くなりすぎないように注意せよ。水を入れ終えたら、水を吸った土の状態をよく見て畑にむらなく水をゆきわたらせよ。
雄牛の蹄をくるみ、畑の土を踏ませよ。雄牛の蹄で草を取り去ったら、畑を均し、細い木槌で土塊を打て。鶴嘴〈鍬？〉を振るう者に雄牛の蹄覆いを外させ、蹄の手入れをさせよ。

まぐわを引いて土の割れ目を塞がせ、その者に鶴嘴〈鍬？〉を持たせて畑の四隅をくまなく回らせよ。」
（2）「畑が乾き始めたら、従順な家人たちに道具を準備させ、くびき棒を堅固にし、新しい鞭を釘に懸け、古い鞭を職人に修理させよ。青銅……に道具……腕に……留意させよ。皮の首ひも、家畜追いの突き棒、口開き具、鞭を整えよ。」
（3）「必要な準備を整えたなら、仕事に集中せよ。犂を引く牛をもう一頭加えて二頭にする。その犂は普通の犂より大きい。一ブル〈六・四八ヘクタール〉に犂……。三グル〈一グルは三〇〇リットル〉のオオムギを一ブルに播くことにせよ。生活の基は犂にかかっている。畑はあらかじめバーディル犂で犂き、シュキン犂をかけておけ。
まぐわとレーキで畑を三度均し、槌で土を細かくし終えたら、鞭を取り上げよ。働く者たちの働きぶりを見張れ。……」
（4）「畑に犂をかける際、犂で古株を犂き割るようにせよ。犂先の覆いを取り……。犂先を広げて溝を掘れ。毎ガルシュ〈約六メートル〉に八本の溝を掘れ。溝が深いほどオオムギは丈高く伸びる。」

（5）「畑に犂をかける際、オオムギの種子を〈播種椀に〉入れる者を注視せよ。〈播種椀は犂の上にあり、種子は筒で犂先に落とされる。〉種子は二指の深さにむらなく落とさせ、毎ガルシュに一シェケル播かせよ。種子がうまく溝に落ち込まないときは、犂の舌〈犂先〉を変えよ。まっすぐに犂を進めたところは次に斜めに犂を進めよ。斜めに犂を進めたところは次にまっすぐに犂を進めよ。まっすぐな溝で区画をトゥル区画にせよ。ルー溝で区画をまっすぐにせよ。土塊をなくし、高い所は溝にし、窪みは低い溝にせよ。そうすればむらなく発芽しよう。」

（6）「芽が土を破って現れたなら、ニンキリム女神に祈りを捧げ、鳥をシッと追いはらえ。オオムギが播き溝いっぱいに生え揃ったなら、一番高い所の種子の高さまで水を入れよ。オオムギが船底のマット程の高さに伸びたなら、二回目の水を入れよ。けなげなオオムギに三回目の水を入れよ。オオムギが赤くなったなら、『サマナ病に罹っている』と言って祈れ。穀粒をたくさん付けたなら、四回目の水を入れよ。そうするとオオムギの収量は一割ふえるだろう。」

（7）「収穫は、オオムギの穂が曲がる前、まっすぐ高く伸びきった時に行え。刈る者、束ねる者、束を積む者三人で収穫させよ。落ち穂拾いの者に束を破らせてはならない。毎日収穫をする間、飢える日々のように、貧しい子供や落ち穂拾いの者のため畑に落ち穂を残せ。彼らは開けた湿地で寝るのと同じようにお前の畑で寝させよ。神はとこしえに恵みをくださるだろう。刈り取ったオオムギの少量を煎りムギにせよ。そうすればムギ刈りの祈りが毎日お前のために唱えられよう。」
(8)「風選を始める前に三〇グル入りのビンを作らせよ。脱穀場を平らにし、ビンをきちんと並べよ。オオムギ束を塚に積み上げ、五日間脱穀車をその上で動き回らせて脱穀せよ。塚を開く前にアラ・パンを焼け。オオムギを開く〈殻を取る、脱稃する〉前にそりの歯を皮で締め、瀝青で……。雄牛にそりを繋ぐ際、働く者たちに牛の餌を用意して雄牛の傍に立たせよ。」
(9)「〈脱稃した後の〉打穀ムギを積み終えたなら、打穀の祈りを唱えよ。打穀ムギを風選する際、ムギを放り上げる者たちを注視せよ。二人でムギを放り上げさせよ。ムギを風選する日、ムギを杖の上に置き、夜も昼も祈れ。そうすると強い風を得てムギと殻を分けられよう。殻と分けたムギ粒を貯蔵せよ。」
(10)「これはエンリル神の子ニンウルタ神の教えである。おぉニンウルタ神、エンリル神の信頼する耕作者、あなたを讃えることは善きことだ！」

第一節は灌水から始まって、蹄耕、砕土、均平、第二節は農具の準備、第三節は犂の準備と作業の指示、第四節は犂耕と、播種犂による播種条の数と播種量の指示、第五節は種子を土中に落とし込む深さと、交差耕と区画作り、第六節は苗立ちから出穂まで三回の灌水、第七節は収穫と、貧しい者に落ち穂を残すこと、第八節は脱穀と脱稃の作業、第九節は風選と貯蔵の作業、第一〇節はニンウルタ神への賛歌で終わる。

ここに描写された情景はオアシス灌漑耕地で行われた技術を簡潔にいきいきと伝える。それは現在も乾燥地帯で行われるムギ栽培の様子とおおむね合致している。それぞれの技術はそれに必要な一連の農具制作を伴っていたのだから、全体が持つ技術体系は膨大なものだっただろう。驚くのは細部まで技術が定式化されており、細心の注意を払った丁寧な作業が期待されていることだ。

灌水は畑の場合、普通、一定の時間を限って行い、水田と違って湛水状態を保つことはない。テキストでは四回灌水し、それぞれ地拵えの前、芽立ち後、伸長期、出穂期に行ったと推定できる。現在も西アジアから中東のムギ栽培で行われる方式はこれと変わらない。乾燥気候でこの灌漑法から生じる問題は土壌の塩類化だが、これも現在と同じだ。蒸発量が灌漑水量よりも多いので、塩類が毛管作用で上昇し、地表に塩が噴くのだ。塩類化に対処する現在の方法は、増水期の前に耕して一年休閑するとか、深い除塩溝を設けて灌漑流末水を除塩溝に排水する、またイネを輪作に組み込んで長期間の湛水で塩を洗浄することなどだ。『農夫の教え』の時代にも何らかの方法があったと思われ、それはテキストに登場しないが、除塩のために休閑は広く行われただろう。しかし結局洪水と沈泥による脱塩に頼らざるを得ず、次第に耕地の劣化を招き、シュメール都市国家群の衰亡をもたらした。

播種は雄牛の引く作条犂で六メーター四方の単位耕地に八本の播種条を切り、播種犂で条播をする《図6》(29)。前川氏の研究する別のテキストはもっと刻明だ。播種条の数は所によって八本から一二本までの変異があり、人力条播も行われた。播種犂で播く場合の播種密度は、長さ六メーターの播種条に

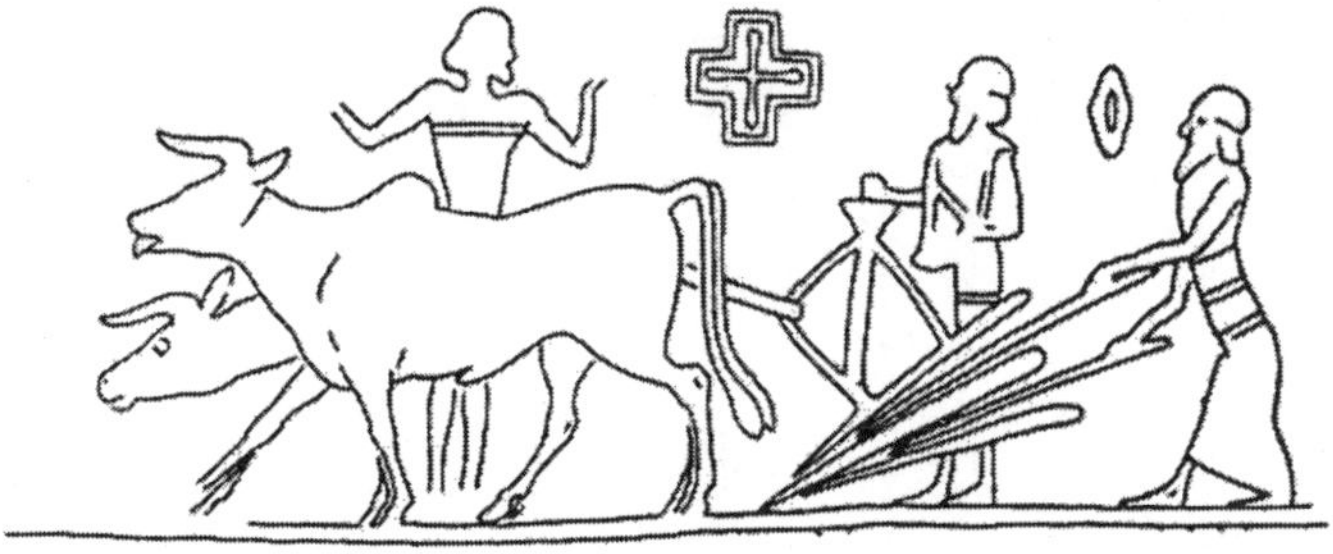

図6●バビロニアの播種犂[29]．紀元前二千年紀.

ついて二指＝三・三センチメートルおきに一シェ〈約〇・一CC〉の穀粒を播く。クレーマーのテキストで落とし込む深さとなっている部分が播く間隔と解釈されている。一二人の人力播種の場合、一二人の播き手が六メーターの横木で一列に並び、一人ずつが一本の播種条に規則正しくムギ粒を落としながら進んだと解読されている。一か所に播くムギは二、三粒とまで規定されているわけだ。

第五節は不明な部分がある。「まっすぐに犂を進めたところは次に斜めに犂を進めよ云々」の部分だ。この交差耕は地拵えの意図か、種子覆土の意図か？ 文脈からは種子覆土の意図と推察されるが、地拵えだとすると第三節の「畑はあらかじめバーディル犂で犂き、シュキン犂で犂いておけ」の次に来るべきものか。

「まっすぐな溝で区画をトゥル区画にせよ。ルー溝で区画をまっすぐにせよ」の部分も不明だが、縦畦と横畦で一筆を小さな単位に区画することを指しているのではないだろうか？ 播種、覆土を終えてから手畦を立てて小区画にするのは普通のことだ。

テキストには雄牛に与える餌を用意することが述べられている。前川氏によるとその量が所によって変わり、播種量と合わせた必要な種子合計量に基づいて耕地の種類が区分されていた。播種量自体は丁寧な地拵えのおかげで一ブル＝六・四八ヘクタールあたり一グル＝三〇〇リットルとほぼ一定とされる。そうすると雄牛への給餌量の違いは土地条件の違いを反映していると考えられる。

これに関連して、蹄耕の存在が注目される。とりわけ蹄耕に使う雄牛の蹄を何かでくるんで保護する記述だ。何から蹄を守るのか？　多分土の中に残る葦の根だ。こう考えるとこの指示は開拓耕地が沈泥の繰り返す湿地であることを意味する。蹄耕は現在もマレー島嶼で行われているが、水牛の蹄を覆う例は見たことがない。しかし谷地の湿田で蹄耕を行うことは大変な作業なので、小作農は刈り分けの取り分が一割から二割増える。前出の土地によって必要コストが異なる事例はうなずける。

収量倍率は普通三〇倍が期待収量だったようだが、オオムギでは七六倍とか、エンマーコムギではさらに高かったようだ。[30]　ヘロドトスその他の記録にある三〇〇倍、四〇〇倍には達しないが、それでも無灌漑地帯で数倍止まりだったことに比べると、驚異的に高い。現代のコムギの高収量国と比べて遜色のない値だ。ちなみに米は戦前の中国について天野元之助氏の報告だと五〇倍を超えることはまれだった。現代日本の稚苗移植水田では三〇〇倍前後だ。

ハンムラビ法典

灌漑水源はチグリス、ユーフラテス両河と網状に分流する多くの支流だ。増水期は二月から六月で、秋の播種期は水が少ない。そこで堰や閘門で制御して増水期の河水を旧流路や運河、貯水ダムに溜めこみ、水路で耕作地に導水するといった作業が必要になる。湿原アラブの葦と廃材と泥で作る分水堰や水路は住民の共同作業で建設と維持が可能だろうが、もっと大規模なものまで様々な規模の灌漑工事がデルタで進行した。それは粘土板や碑文に記録がある。下メソポタミアは縦横に運河網、灌漑網が掘削されてさながら水郷地帯の情景を見せる所もあり、ウルから神々の王ニンリルの都ニップルまで支流や運河を通って船でいくことができた[31]。

しかしこのような運河網、灌漑網は洪水、旱魃、河川の流路変更、多量の沈泥、運河や水路の切断、溢水による湿地化にさらされた。水路網を維持するには運河や水路の底をさらえて沈泥を絶えず掘り上げねばならず、大きな運河の両岸は小山のように高く盛り上がっているほどだ。灌漑水路網の建設と維持は巨大な労働力が必要だし、耕地の生産力を十分に発揮させることはもっと重要だった。王たちは灌漑農業共同体が育ててきた慣習を明確にし、紛争を収める判断事例を編纂した。紀元前二千年紀始めに編纂されたハンムラビ法典はそれ以前からあった規則をまとめた一つの見事な集大成だ。

ハンムラビ法典の序文は、神々からバビロン住民の牧者に命じられた統治者として、法典の目的を述べる。「余は彼らに平和な場所を探し求め、手酷い苦難を解消し……、以て強き者は弱き者の権利を剥奪せず、孤児と寡婦はその権利を受けるべく……。係争に巻き込まれ、その権利を剥奪された者は、……余の記念碑がその事例を明らかにせん。その者は判決を見出だし、おのが心に安堵すべし[32]」堂々たるものだ。

ハンムラビ法典は五〇〇〇年前の成熟した社会と明察を示している。内容は公的秩序維持に関する条項と、個人の利害に関する条項からなる。公的秩序の基本は、申し立ての立証と契約、虚偽による告発や偽証に対する厳罰、裁判官の裁定の保全、窃盗の罰、運送される寄託商品の保全だ。刑法、律令の律に当たる。現在の社会でも通用する内容だ。個人の利害に関する条項は民法、行政法に当たる。婚姻と離婚、遺産相続、姦通、近親相姦、殺傷、医師の手術過誤に関する条項、貴族、平民、隷属平民、奴隷の身分制、身分によって量刑が異なること、耕地の生産性と占有権の保全に及んでいる。[33]

この内容は灌漑耕地の作物と家畜と魚に大きく依存した住民の暮らしに即している。ありふれた紛争を対象に、伝統的な規則を編纂しており、限りなく自然法に近い。ハンムラビ法典のメッセージは、土地、水、水路といった資源は所有することに意味はない、公共資源だという主張にある。公共資源を生かして価値を産み出すこと、自然と人間の努力で作り上げてきた半自然の環境を適正に活用することを重視するものだ。

現代社会は資源を所有の対象としてとらえる点で規範がまったく違う。快楽を求める個人の欲望こそ社会発展の原動力とみなす。複雑膨大な法律体系は抑制できない物欲が法衣の中身だ。社会秩序は所有権の保障の上に辛うじて成立している。ブラジルやアメリカ南部の延々と有刺鉄線に囲まれた大土地所有はその典型だ。その中で環境破壊がどれだけ行われようと介入はできない。絶対排他的所有権が破壊者を守る。近代的功利主義社会の法律は環境破壊を止める手立てがない。

前出のベッカーの著書で法典の中身をみよう。ハンムラビ法典の時代にも王領地があり、私領地があり、所有権という観念があったことは間違いない。宮廷や市民の財産の保全は法典がとくに重視したことで、財産の窃盗、盗品の転売、盗品の所持、奴隷の逃亡の幇助は死刑を含む重い処罰を受けた。

しかし耕地や水路、水に関する所有権観念は用益権の占有を指すものだった。例えば王領地は租税支払や賦役義務の履行と引き換えに市民に授与された。耕地を授与された人は耕地の耕作と水路維持の義務を当然果たさねばならない。耕地を小作に出すことも可能で、その場合は小作人が同じ義務を肩代わりする。耕地を耕し、水路を維持して生産を行うことが重要で、その奨励と紛争解決を目指す条項が法典の相当部分を占めている。

例えば、畑を借りた人が耕作しなかった場合、その畑の収穫高相当分の穀物を支払わねばならない。放置した畑は畝を立てて持ち主に返さねばならない。ナツメヤシの果樹園作りは労力を要する作業なので、四年間は租税を免除して造園が奨励された。もし土地を借りて造園しなかった場合は、その土地から見込まれた収穫分を補償せねばならない。

畑の生産力の維持は重要な要件だった。怠慢のために耕地を劣化させた罰則は厳しい。例えば、管理不十分のため堤に穴があき、多くの耕地が水で押し流される結果を招いた者は、被害耕地の損失を穀物で償わねばならない。灌漑のために水路に水口を開いたが、不注意のため隣接耕地の収穫を失わせた場合、一ブルにつき一〇グルを補償せねばならない。

ハンムラビは灌漑運河の浚渫と保守にも当然大きな関心を寄せていた。彼の多くの手紙がこのことを示す。例えば、沈泥が堆積して貨物船が通れなくなったウルク運河の浚渫に指示を出している。ラルサへ洪水が近づいているときには、沼沢地へ通じる灌漑渠を開いてラルサ周辺の洪水回避を指示した。[34]

牽耕のために家畜の賃貸借がしばしば行われた。賃貸借した家畜の賠償規定もある。賃借した牛かロバがライオンに殺された場合、損害は持ち主が負担する。しかし、賃借した人がわざと牛を傷つけたり怠慢で死なせた場合、持ち主に牛を償わねばならない。借りた牛の眼を潰した場合は、牛の価格の半分を銀で支払う。つまり量刑判断の適正さに留意するのだ。[35]

家畜の刈り跡放牧は農民とヒツジ飼いの争いの種になることがしばしばだった。法典はヒツジ飼いが畑の所有者ときっちり取り決めを結ばないまま、作物が立っている畑にヒツジを入れた場合、一ブルにつき二〇グルの穀物を償うよう命じている。[36] これは普通期待される収穫の三分の二に上る厳罰である。

公共財の保全と活用を謳うハンムラビ法典の理念は四〇〇〇年の時間を超えて生き残っている。例えば次の例は現代イェーメンからの証言だ。[37] 小作契約についてこう言う。「小作人が不注意で耕地を放置あるいは誤用をしたのでない限り、契約期間内に耕地の返還を求めてはならない。不注意とは小作料と水路経費の不払いを指す。耕地の放置とは耕地の維持に関心を払わず、その手入れに欠け、畦畔の保守を行わないこと。耕地の誤用とはヒツジ・ヤギ放牧地の草を窃盗や侵入にさらすことと、水利権を失い、配水順で不利を被ることを指す。」まるでハンムラビ法典の条項をそのままなぞったような内容だ。耕地はほとんどが支配層の家族や族長の所有で、耕作は小作人が行う。小作料は収穫の五分の三から五分の四に達する。

イェーメンの水利権に関する判例もみよう。「意図的に水を盗みそれが二回目の場合、灌漑した耕地一エーカーあたり罰金四〇ルピーを支払う。」「畦畔の水口を怠慢で閉じなかったため、無意識に水を盗んだ結果を招き、それが二回目の場合、一エーカーあたり罰金二〇ルピーを支払う。」堰の破損はもっと罪が重い。「小堰、大堰、あるいは水路堤を破損し、そのために水利権者から持分の水を奪う罪を犯した者は五〇ないし一五〇ルピーを政府に支払わねばならぬ。加えてその者は被害者に相当分の穀物を補償し、堰と堤を補修せねばならぬ。」

この程度なら常識で簡単に解決できると思うのは間違いだ。ムハンマドは、水と火と草地は万人の共有物と言った。水は神が与えたものだ。無主の水が洪水の結果、人の所有地に入ったら他人はその水を使えないのはどうしてなのだ。私有水路を掘ってワジから水を引いてもその水は無主のはずだ。それだのにその水を灌漑に使う権利は水路掘削者にしか認められないのはどうしてだ。しかも他の人も無主の水を呑み、使い、家畜に呑ませることはできるとシャリアーにある。いかにして人が無主の水の所有者となり、所有者とならないのか。こうした訴えをどう裁定するか。さまざまな布告をみると、水利権に関する議論の複雑さは驚くばかりだ。公的共有の理念と私的占有の現実の間でどこに調和点を見出すか、これはオアシス灌漑農業社会が避けることのできない難問だ。神官君主と農民の間で水・土地の配分と紛争解決に当たった主水路監督官や判事の悩みは四〇〇〇年後の今と変わらないおもむきがある。

エンキ神話――豊かさと秩序

シュメール・アッカドの人々は神話、神への賛歌、叙事詩、英雄譚、エレジーなど多くの文学作品を残した。それらは法典に現れない人間の心の襞、使命感、誇り、戦争と平和、他地域との関係、測り知れない神の意志のままに翻弄される人間のはかなさ、死への不安をあらわに語る点で大変面白い。農業に関わる神話も数多い。共同体や都市が作り上げてきた耕地、運河、水路はいわば公共財である。建設者を誉めたたえる多くの神話や賛歌は公共財の恩恵を忘れるなというメッセージと考えることも可能だ。クレーマーの著書を覗いてみよう。

主要な七柱の神の内、主神は大気の神、嵐と洪水の神エンリルだが、エンリルはマスタープランを策定するだけで、それを実現して宇宙を見守り、地上の畑の豊かさと家畜の豊饒さを守る神として描かれるのはエンキである。エンキは天神アンの長子で、水界の深淵に住む水の神、また知恵の神でもある。『エンキと世界秩序』はエンキ神への賛歌である。「エンキはペニスを持ち上げてチグリス河に射精し、輝く水を満たした。それがもたらすワインは甘く、穀物は斑入り。エンキはチグリスとユーフラテスを結び、運河監督官を任命し、湿地と籐の茂みに魚とヨシを満たした。エンキは生命を育む雨を呼び、雷鳴の神を任命した。地上に眼を巡らして、エンキは犂と頸木の作り方を教え、牛をつないで聖なる溝を自ら掘り進んだ。エンキは耕地に穀物を茂らせ、畎畝の神を任命した。エンキは耕地を呼び、くさぐさの穀物を生みだし、収穫を山と積み、滋味に満ちたパンを守る女神を任命した。エンキは鶴嘴とレンガの型枠を司る女神を任命した。エンキは基礎を据え、レンガを積み、家を建ててエンリルのためにレンガ神を任命した。エンキは高い平原に向き合ってそこを緑の草で覆い、ヒツジ小屋を建て牛を増やし、牧神を任命した。エンキは都市と国々の境界を定め、その守りを太陽神ウトゥに任せた。エンキは布を織り、女の仕事を定め、衣服の女神を任命した。(38)」

ラピスラズリ・ロード

シュメール・アッカドの地と外の地域とは古くから交流があった。その様子も神話やその他の叙事詩に現れる。しばしば出る地域名はメルッハ、マガン、ディルムンである。メルッハは高価なカーネリアン、二種の木材、大船、雄牛、珍しい小鳥の産地であり黒い土地として知られていた。その船は銀と金を運んできた。マガンは銅、閃緑岩と他の二種の石材の産地だった。ディルムンは日の昇る所、杉の生い茂る所であり、ウル第三王朝時代の経済文書ではそこから金、銅、銅製品、ラピスラズリ、真珠、象牙の象嵌テーブル、象牙と象牙製品、貴石のビーズを輸入していた。

これらの土地がどこか、クレーマーの比定は、メルッハがエチオピア、マガンがエジプト、ディルムンがインダス流域からパキスタン西部のバルチスタンだとする。他方、交易圏をもっと小ぶりに考えて、これらの地名をバーレイン島やペルシア湾頭付近に比定する意見もある。シュメール・アッカドからの輸出品はもっぱら穀物とゴマ油、羊毛、丁寧な仕立ての長衣だった。

シュメール・アッカドの地は穀物や羊毛、魚、粘土レンガと葦こそ豊富だったが、王冠や王笏、宮殿を飾るのに必要なラピスラズリや金、銀、銅、石材、木材はない。そこで穀物、羊毛を戦略的輸出品として周囲の地域からこれらの贅沢品を輸入した。時として戦闘と脅迫を交えた交易を行い、また重要な拠点にはシュメール・アッカドの植民都市を置いていた。クレーマーの解釈では西南イランに推定されるアラッタの話は一例だ。アラッタは金、銀、ラピスラズリ、種々の貴石を産する所なので、ウルックの王がこれを属領にしようとして使節を送った。七つの山を越えた所にあるアラッタは貴金属や宝石・貴石が豊かで、貴金属加工や宝石の加工に優れた石工や彫刻師がおり、守護神としてイナンナ女神を戴き、シュメール語を話す神官王がいた。事実上、シュメールの植民都市だった。使節はウルックへ金、銀、宝石を運び、石工や彫刻師を送ってエンキの寺院を建てろと王を脅迫する。王はウルックが山なす穀物を持って来てくれるならと条件を出し、物語は両者の知恵比べに展開する。(39)

アラッタの位置について、考古学発掘はクレーマーの推定と反対方向、イラン東部を指し示すようだ。東イランのケルマン地方で発見されたテペ・ヤフヤーは紀元前四千年紀に凍石の加工拠点で、ジエムデト・ナスル期の土器、特に彩文土器が出土して、メソポタミアとの交易が証拠付けられた。少し東北のヘルマンド河デルタにあるシャフリ・ソフタからはラピスラズリ、カーネリアン、トルコ石の原石とビーズ、その加工工房が発見された。この遺跡は紀元前三千年紀中ごろに最盛期を迎えていたことがわかっている。(40)

ラピスラズリやカーネリアンの産地はイラン高原にはなく、アフガニスタンの東北隅バダフシャンである。一九六四年にオックスフォード大学が調査隊を送り、ケラノ・ムンジャン谷でラピスラズリの鉱区を確認している。この鉱区からコクチャ川を下ってアムダリアに出ると、西はトランス・オキシアナからイラン、東はパミール高原を越えてカシュガルへ出る東西の大幹線ルートに乗る。また南に下がり、アフガニスタンのサラン峠を越えるとすぐカーブルだ。ここはシャフリ・ソフタやテペ・ヤフヤーへの分岐点であり、東のカイバー峠を経てパンジャブ平原へ、またクエッタからボラン峠を越えてシンド平原へ行く分岐点である。メソポタミアの商人は穀物を戦略的商品として東西から財宝を集めたのだ。

ラピスラズリやカーネリアン、金、銀など贅沢品の交易拡大は需要の増加がなければならない。それには生活必需品に余剰の生じた社会、大きな権力の生じた社会が要る。しかし新石器時代に生きた一人一人の生活を切り開く最新技術は、贅沢品を媒介した交流よりはるかに早い時期に他地域へ伝播したに違いない。事実、矢じりの黒曜石はヴァン湖から、矢じりを固定する瀝青はヒットから広域に流通し、ナトゥーフ期、PPN期の遺跡から出土する。狩猟・採集から栽培へと向かった流れの中で、西アジアに生まれたオアシス灌漑ムギ農業は大きく時代を画する革新技術だった。技術とその文明は数次にわたる衝撃波となり、多くのロードを通って急速に遥かな遠方まで広がった。

4 伝播

穀物農業の起源中心地域は西アジアのファータイル・クレセントとメソポタミア地域だ。カシとピスタチオの疎林地帯に自生する野生ムギあるいは雑草型のムギから非脱粒性の突然変異種を見つけ、オアシスの灌漑耕地で栽培することから始まった。長期にわたる狩猟・採集の生活から栽培穀物と家畜に依存する農業という生活への大変革が始まった。特定の一つの起源地を見つけることはおそらく不可能だ。この地帯にある様々なニッチがそれぞれの貢献をして組み上げた変革だ。

植物考古学者のゾハリはこの地域の新石器時代農業を作った創始作物三種を挙げている。重要度の順にエンマーコムギ、オオムギ、ヒトツブコムギだ。エンマーコムギの祖先野生型はファータイル・クレセントの固有種で、そこに集中分布する。オオムギの祖先野生型はファータイル・クレセントに中心があるが、雑草型はクレタ島からアフガニスタンまで東西に広く分布する。ヒトツブコムギの祖先野生型はアナトリアからザグロスに分布する。(41) 野生型から栽培型へ直接進化するのか、雑草型を経て栽培型へ進化するのか経過は明らかになっていないようだが、ファータイル・クレセントに中心があることは間違いない。ゾハリはさらにこれらの作物の栽培化に随伴してこの地域で栽培化された五種類の作物を挙げている。エンドウ、ヒラマメ、ヒヨコマメ、ベッチ、アマだ。

旧世界で栽培化された主な穀物はほかにイネ、アワ、キビ、モロコシ、トウジンビエ、シコクビエがある。それらを差し置いて西アジア、中東のムギ農業を伝播の中心に置くのは何故か。逆の伝播、あるいは独立に進化したと考えないで一元的な起源の中心とするのは何故か。中尾佐助氏は一元的伝播論はとらなかったが、この地域を同氏の地中海農耕文化の中心と考えた。その理由として、同氏はこの地域の草原がイネ科の一年草である野生のムギ類を主力としていることを上げている。これは私のような植物学の素人でも気付くことだ。例えばイネはインドやマレー島嶼やオーストラリアにも野生イネが生えているが、その群落は他の多くの野草のなかに小じんまりとある。西アジアのいたる所、路傍の雑草まで野生のムギ類が卓越している状況は特別なものだ。

第二に、この地域の文化は、生命の元である水と双子で生まれている。これは乾燥気候がしからしめたことで、そこに住む人間が特別に賢明だったからではない。しかしその結果、灌漑技術、水を使う技術が古くから大いに発達した。水が作物栽培の成否を扼する農業にとって、これは鍵を握るに等しい。もちろん他の地域で後に大灌漑網を発展させた所も多いが、農民レヴェルの灌漑技術と組織の彫琢ぶりは断突だ。

実用目的だけでなく、感性的に水流を楽しむ面で自然を生活に取り入れたのもこの地域の貢献だ。

木々を植え込み流水を配した庭は、本来彼等が果樹園を作る方式から始まったものだろう。木陰に坐してきらめく噴水を見、吹き寄せるしぶきの冷たさを感じるのは無上の楽しみだ。愛と闘いの女神イナンナはナツメヤシとブドウ棚の木陰で恍惚と眠り、半醒半睡の中で園丁と情を通じ合ってしまった。アルハンブラ宮殿のヘネラリフェ庭園はヨーロッパ風な好みが忍び込んでいるが、主題は中央に並ぶ噴水のアーチだ。噴水アーチの下をそぞろ歩く楽しみはまちがいなく乾燥地帯の感性が母胎だ。曲水の宴は日本では着飾った貴族たちが和歌の才を競い、特権階級の優雅な遊びでほぼ消滅してしまったが、この地域では元農奴だった農民がパンツ一つで今も楽しむ水の宴だ。

第四に、これも乾燥環境のしからしめるところだが、灌漑水を節約する耕作技術が発達した。一筆を小さく区画して灌漑する方式はその一つの表れである。同じ面積でも大区画のまま灌漑するのに比べ、小区画にして灌漑すると必要水量は数分の一に削減できる。灌漑ができない場合は、土の持つ水分を保持利用する技術を開発した。何度も犂をかけ、マグワをかけ、ブラッシュ・ハローをかける乾燥農法はその表れだ。

第五に、家畜使用だ。家畜を使って犂やマグワを引かせる、草を家畜の蹄で踏みこませる、播種器を家畜に引かせる、脱穀にも家畜を利用する、あるいは水を揚げる作業にも家畜を利用するという具合で、家畜を農業労働力に組み込んだ耕作体系を完成させた。これも役畜にしやすい動物が多かったという環境があずかっている面が多分にあるが、ヒツジ、ヤギ、ウシの家畜化はこの地域で起こった。

第六に、これら耕作技術の分布は現在もこの地域に中心があり、播種犂のように消えてしまったものもあるが、かつてあったことはどこよりも古い文書に克明に記録されている。播種犂が消えたのは、ばら撒いた後に犂をかければ株が筋状に並び、条播と同じ効果が得られるからだ。一つの方法を変えても環境に適応して穀物栽培を行う方向は貫徹している。一つ一つの工夫は数千年前と同じ目的に整流され、全体として整った体系が変ることはない。この独自のまとまりは地域遺伝子が制御しているかのごとくで、さらに村の位置や家の材料と建て方、迷路の集合のような町のたたずまい、要するに生活環境全体のデザインにまで地域遺伝子の働きが及んでいる。デザインの根底は水の流れと調和を保つことにある。

長い伝統を持つこういう体系はなかなか変わらない。それは自然を変えられないのと同じことだ。この地域を訪れる旅人は文明起源地の後進的風景に驚くだろう。田舎町は小奇麗さからは縁遠い。どこも汚く、雑然としている。泥壁の家に人間と家畜が一緒に住み、ストーヴでは家畜の乾燥糞を焚いている。通りには牛車やロバ車が闊歩し、舗装のない道は風でほこりが巻き上がる。立木一本ない畑では原始的な作りの道具を牛に引かせて土塊をかき分けている。周りには土漠か荒蕪地かわからない未開発地が広がっている。他方昼日中、道沿いに小さな尻置き台を並べて大の男がべちゃくちゃ喋り、茶を呑んでいる。この風景に、もっと近代的な道具を使い、もっと働いて開発を何故進めないのだと思う人は多いだろう。だが自然環境と双子で生まれた文明はこれがまともな姿なのだ。根なし草の技術を寄せ集めた近代文明は高々二五〇年だ。彼等の生活文明は一万年ほど続いている。変わるわけがない。

農業の伝播方式はマラソン方式と駅伝方式が考えられる。マラソン方式は、中心と同じ農業が遠距離を一気に駆け抜ける場合だ。例えば、メソポタミアからインダスまでのコースでは多分マラソン方式の伝播だっただろう。まるで植民するようにオアシス灌漑農業がほとんどそのまま移植された。他方駅伝方式は伝播がいくつかの区間に分かれて進む。農業方式は区間ごとに変り、次の区間へ変化した農業を引き継ぐ。例えば、ザグロスのオアシスから河西回廊のオアシスまで、ヒンドゥークシュ山脈を挟んだこのコースは三区間に分かれただろう。短距離のマラソン方式の場合作物が変わることはないが、駅伝方式の場合伝播先で新しい作物を栽培化する。気候が異なり、生えている植物の種類が変わるからだ。南アジアと東アジアへの伝播を見てみよう。

第3章　南アジアへの伝播

1　オアシス農業の移動

メヘルガル

イラン高原やアフガニスタン高原は乾燥ステップと沙漠気候だが、海に突き出たインド亜大陸はモンスーン気候だ。夏はインド洋から吹く南西モンスーンが雨をもたらし、雨季となる。西岸は南西モンスーンだけでも一〇〇〇から二〇〇〇ミリメートルの雨が降る。内陸部にも七〇〇から一〇〇〇ミリメートルの雨がある。他方、一二月から二月までアジア大陸から北東モンスーンが吹くが、その影響は南端部とスリランカ東岸に限定される。三月から五月の酷暑期は局地的な擾乱が発達して突風が吹くが雨量は少ない。それで一二月から五月ごろまで一〇〇ミリメートル程度の雨しかない乾季となる。アラビア半島の影になるパキスタンから西部インドは年間雨量一〇〇から四〇〇ミリメートルで、乾燥ステップや沙漠気候だ。

南アジアの大部分は雨が多く気温も高い気候だから植物は勢いよく茂り、雑穀、イネ、ムギ、マメ類をはじめ、多数の作物を組み合わせた作付け、ゼブ牛や水牛を役畜に使う犂耕マグワ耕、雑草退治と水分保持を狙う中耕など、複雑精緻な農業が発達している。インド農業は古い歴史があるはずだが、考古学的発掘が少ないためランダワによるインド農業史の大著でも新石器時代の農業は記述がなく、紀元前二五〇〇年以降の金属器石器併用時代のハラッパ文明に遡る程度だった（地図3）。

しかし一九七〇年代以降新たな発見があり、新石器時代農業の輪郭が現れ始めた。その一つはパキスタンのバルチスタン地方カッチ平原で発見されたメヘルガル遺跡だ。遺跡はインダス河谷へ流れ下るボラン河が分流する台地に約二〇〇ヘクタールにわたって集落跡が点在する。[1] 遺物層は一〇メートルに及び、泥レンガ住居が積み重なることから定着村落が長期にわたって存続したことがわかる。発掘はまだ上部五メートルだけだが、その第一期の集落は紀元前六千年紀の先土器新石器時代のものだ。発掘者はその下に七千年紀の集落があるだろうと推察している。ともあれ第一期の層からは鎌の一部

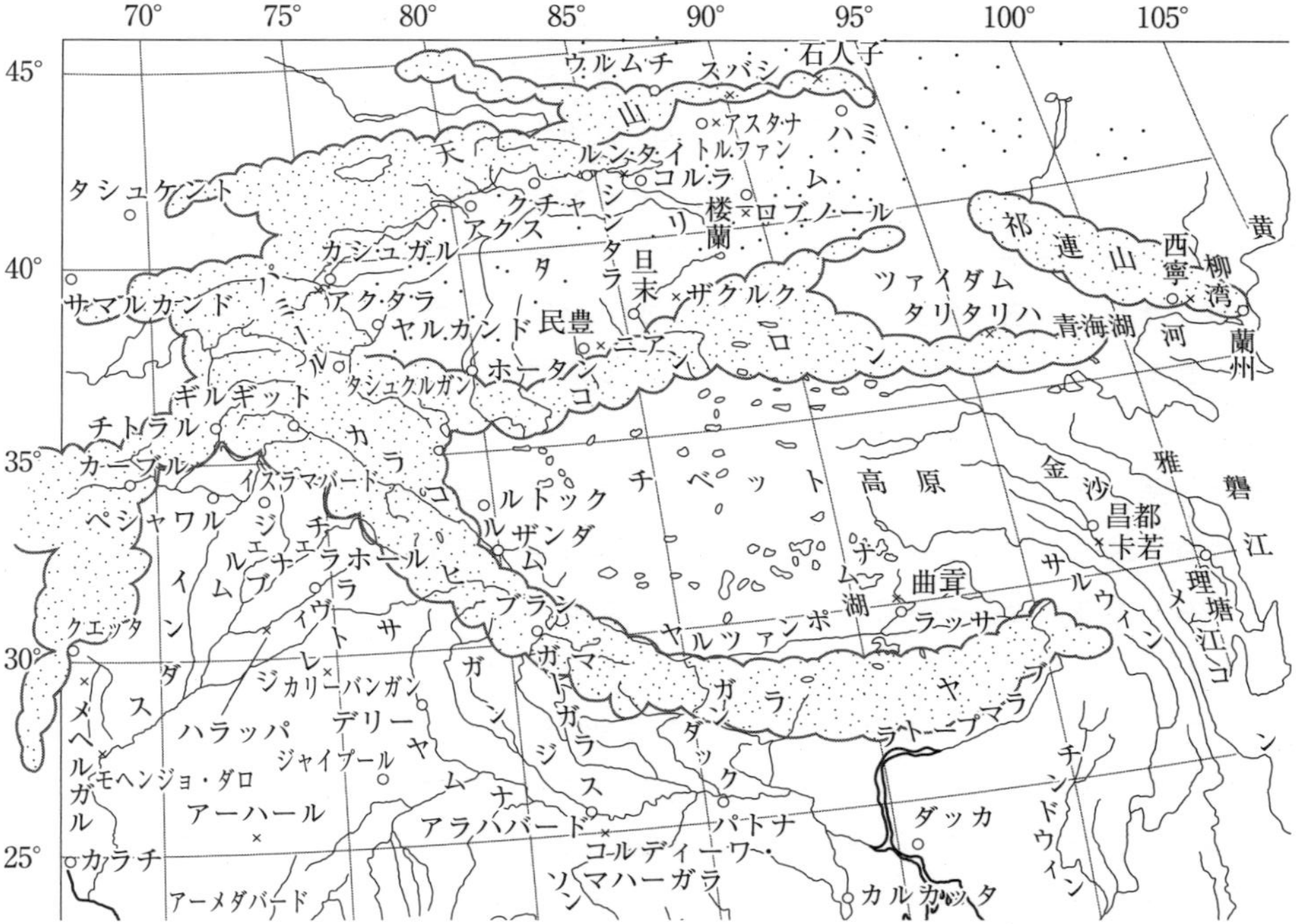
70°
75°
80°
85°
90°
95°
100°
105°
45°
40°
35°
30°
25°
ウルムチ
スバシ
石人子
アスタナ
ハミ
トルファン
天
山
タシュケント
コルラ
クチャ
アクス
楼蘭
ロブノール
カシュガル
タ
ク
ラ
マ
カ
ン
且末
ザグルク
祁
連
山
西寧
柳湾
黄
河
蘭州
ツァイダム
タリタリハ
青海湖
サマルカンド
アクタラ
ヤルカンド
民豊
ニアン
ホータン
タシュクルガン
ギルギット
チトラル
カーブル
カ
ラ
コ
ル
ム
イスラマバード
ペシャワル
ルトック
チ
ベ
ッ
ト
高
原
金
沙
雅
礱
江
昌都
卡若
サ
ル
ウ
ィ
ン
理塘
メ
コ
ン
ラホール
ザンダ
ヒ
マ
ラ
ヤ
イ
ン
ダ
ス
ナム湖
曲貢
ラッサ
ヤルツァンポ
ブラン
クエッタ
ジカリーバンガン
ハラッパ
デリー
ジャイプール
ガマ
ガ
ン
ジ
ス
ダ
ッ
ク
ブラフマプトラ
ガ
ン
ダ
ッ
ク
メヘルガル
モヘンジョ・ダロ
アーハール
アラハバード
パトナ
ダッカ
チンドウィン
カラチ
コルディーワ
ソンマハーガラ
カルカッタ
アーメダバード

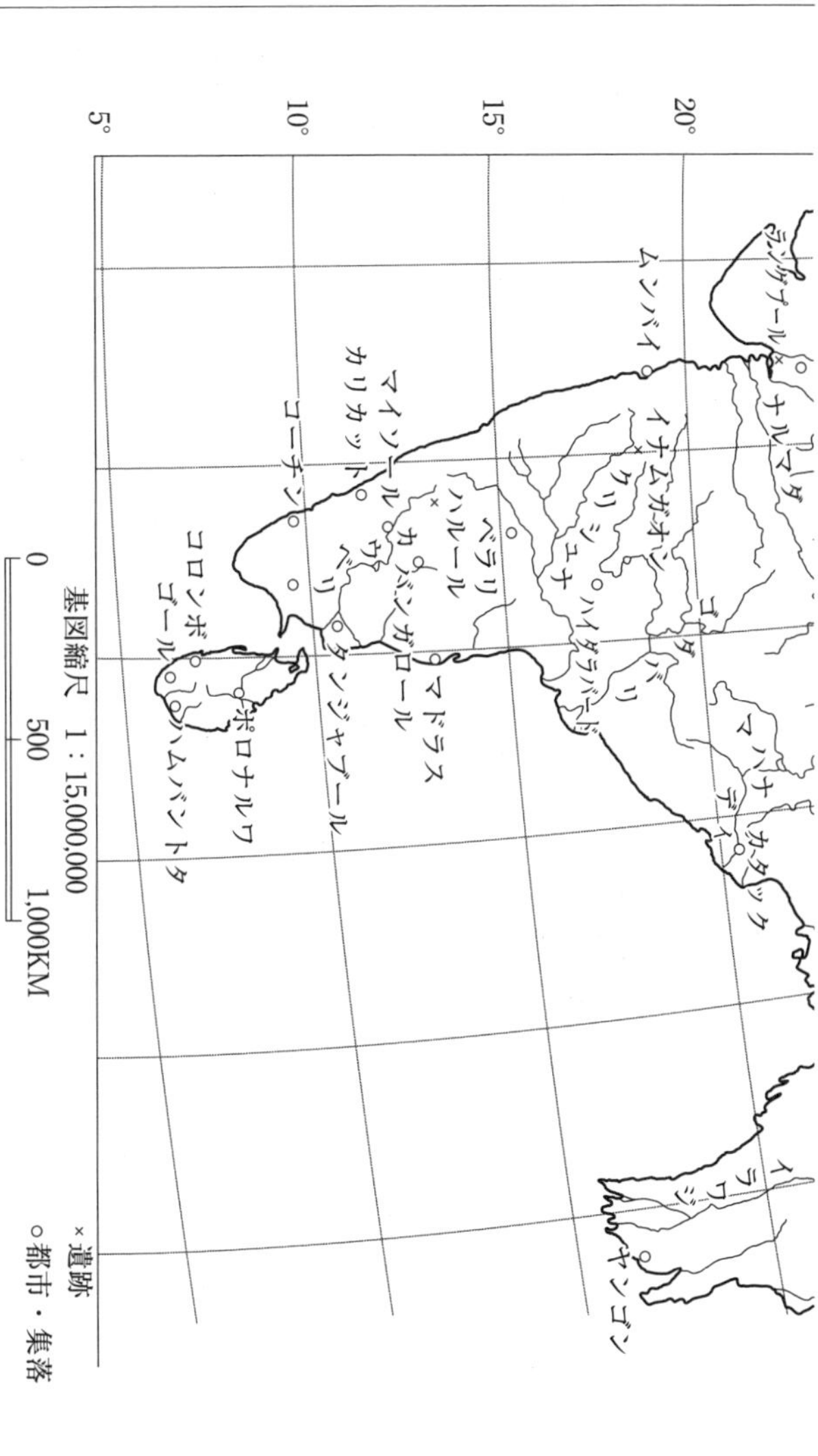

地図3●南アジア・中央アジア位置図

と摺り石が発見され、粘土塊に残る圧痕は栽培型の二条皮オオムギ、六条オオムギ、ヒトツブコムギ、エンマーコムギ、パンコムギと判定された。これらの穀物の野生種はこの地域に自生していないので、西アジアで始まったムギ農業が伝播したと考えられる。ナツメヤシの種子も出た。

また動物骨は狩猟の動物（ガゼル、野生羊、野生鹿、野生牛）から家畜の羊、山羊、牛への変化が生じたことを示す。水牛の骨も発見され、これは南アジアで最古の水牛の発掘例とされる。

先土器新石器時代の上層から発掘された方形の建物群は、ドアのない小部屋が多数並ぶ穀物倉だ。この地区にはまた大きな墓地があり、埋葬遺品からトルコ石やラピスラズリのビーズ、銅のビーズが発見されている。この時代の少し後の遺物層からは藁すさを混ぜた粗製の壺が出土した。

第二期は紀元前五千年紀の集落跡で、既に土器を持っている。第一期と同様の葉巻型のレンガで造った大きな方形建物の穀物倉が発掘された。内部は廊下を挟んで小さな矩形の部屋一〇室が配列され、部屋にオオムギ、コムギの圧痕が多数残っている。一室からは保存の良い二本の鎌が発見された。三個の細石刃をはめ込み、瀝青で固定したものだ。穀物倉に接した炉跡からは数百粒の炭化粒が発見され、コムギ、オオムギ、さらにワタが同定された。ワタは油か繊維を利用した。この時期には磨製赤色土器や幾何学模様の彩文土器が現れ、その制作には轆轤が使われたとされる。また穀物倉に接して凍石の工房が発見された。

紀元前四千年紀の初期から始まる第三期に、メヘルガルは轆轤を使った陶器の大量生産センターとなった。ラピスラズリやトルコ石、カーネリアン、海貝の加工工房がいくつも作られ、工具のマイクロ・ドリルが多数見つかった。この時期はラピスラズリ・ロード一帯で貴石加工産業が著しく進展した時代だ。メヘルガルの貴石加工技術は先述した東イランのテペ・ヤフヤー（紀元前四千年紀）、アフガニスタンのシャフリ・ソフタ（紀元前三千年紀）と相前後している。農業面でも新たな作物として普通系コムギ（スファエロコッカムコムギ）とエンバクが加わった。

メヘルガルの発掘によりハラッパ期を三〇〇〇年あまり遡る時代に有畜ムギ農業の存在が知られることとなった。その基盤の上に巨大な穀物倉や水浴池、整然とした都市デザインを持つインダス文明が成立したと示唆される。ところでインダス文明の栄えたパキスタンのパンジャブ平原やシンド平原、その基礎となったメヘルガルのカッチ平原は厳しい乾燥気候だ。インダス河谷で乾燥指数が一〇を超えるのはガンダーラ文化で有名なタキシラ、ペシャワールなどがあるポトワールのレス台地だけで、ここは灌漑もあるが、広く乾燥農業が行われている。他は乾燥指数五前後で乾燥農業は不可能だ。つまりメヘルガルで発掘された紀元前六千年紀のムギ農業はボラン川の水を利用する灌漑農業以外にありえない。西アジアのオアシス灌漑農業がそのままの形で移動したのだ。

ハラッパ期の耕作

乾燥気候はカッチ平原にとどまらない。パンジャブ平原は雨量一五〇ミリメートル以下、シンド平原は一〇〇ミリメートル以下が大部分で、乾燥ステップか沙漠気候だ。その環境で農業が可能なのはインダス川と五本の支流にバラージュをかけて分水した運河で灌漑されているからだ。インダス河谷全体がオアシスなのだ。現在の数字をみると、パキスタンの灌漑面積比率は八〇パーセント、灌漑水源の七一パーセントが用水路、管井戸が二五パーセントで、管井戸の地下水も実際には用水路で養われている[2]。

耕地は小区画が基本だ。これはハラッパ文明の遺跡からも出土した。ランダワの『インド農業史』に、南アジアで発掘された耕地としては最古のものの写真がある。ラジャスタン州西北部、涸れ河のガッガル河左岸にあるカーリーバンガン遺跡だ。紀元前二四五〇年頃の先ハラッパ期集落の城壁外で小区画畑の跡が発見された。三角屋根型の畝を立てた畑だ。この形の畑は現在夏作物を植える際のものとまったく同じだ《写真1》[3]。コムギとオオムギをラビ作（春収穫）に植え、湛水灌漑の始まるころ畝を立ててカリフ作（秋収穫）のワタとゴマを植える。ランダワはハラッパ期の耕作も同様だっただろうと示唆している。

耕作道具の実物は出土していないが、遺物がいろいろある。犂、牛荷車のテラコッタ、播種ドリルを陰刻した円筒印章、サドルカーン、摺り石、粉を捏ねる女性像などのテラコッタだ。ゼブ牛はバルチスタンからアフガニスタンの乾燥地帯で家畜化されたと考えられており、円筒印章にもよく登場する。このあたりのゼブ牛は実際雄大な体躯だ。

写真1●カーリーバンガン遺跡出土の畝と現代の方法[3]

ハラッパ期の栽培作物は系譜的に二群に大別できる。一つは二条オオムギ、六条ハダカオオムギ、パンコムギ、スファエロコッカムコムギ、ヒヨコマメ、ヒラマメ、リョクトウ、エンドウ、ジュジュベ、カラシ、キダチワタなどの群だ。これらの穀類は多くが西アジア由来だ。もう一つの群は雑穀だ。シコクビエは炭化種子がカルナタカ州の紀元前一八〇〇年のハルール遺跡から報告されている。モロコシはインド西部ラジャスタン州のアーハール遺跡（紀元前一七二五年）やマハラシュトラのイナムガオン遺跡（紀元前一三七〇年）から、トウジンビエはグジャラート州のラングプール（紀元前一一〇〇年）やカルナタカ州のハルール遺跡（新石器—巨石時代）から報告されている。これらの雑穀はアフリカで栽培化され、南アジアへ伝播したものだ。モヘンジョダロではイネの圧痕もある。(4)

インダス文明を特徴づける構造物は大規模な穀物倉だ。ハラッパのものは一五メートル×六メートルの倉が片側に六棟、中央通路を挟んで二列に並ぶ。各棟の床は横張り壁の上に置き、突き固めた地面との間に空間を作って通気を図り、屋根の端にも通気口を高く突き出していた。一二棟全体の敷地面積は八三六平方メートルに及ぶ。穀物倉は搬出入の便宜のため河から一〇〇メートル以内に置かれた。穀物の売買に当たる者は土版を荷受け證に使い、それに円筒印章を押した。ランダワはこのような穀物倉や円筒印章を用いる荷受け慣行はメソポタミア由来であると考えている。

2 新たな栽培化

インドのイネ

パキスタン全体とインド西部の乾燥地帯は西アジアのオアシス灌漑農業がほとんどそのままの形で来ている。作物、農具、地拵えの方法、小区画灌漑耕地、家畜利用、密集都市型集落、巨大な穀物倉と穀物輸出に至るまで西アジアの後にぴったりついて成長した形だ。地域が隣接しているし、乾燥気候も共通だからこの伝播はだれでも納得しやすい。ところでイネはどうだったのか？　インドのどこで登場したのか？

一九八五年に出版された報告(5)がおぼろげながら答えてくれる。それによると、従来の年代を四、五〇〇〇年遡らせる発見があった。地域はヤムナ河がガンジス河に合流するあたり、古典期インドの中心であるアラハバードのヴィンディヤ地域だ。ベーラン川の河岸平野で三つの遺跡が発掘された。どの遺跡にもイネが認められたが、その一つチョーパニ・マンドーでは野生型のイネが焼土塊から発見され、野生のウシ、ヒツジ、ヤギの骨も出土した。近くの他の二遺跡コルディーワとマハーガラでは土器胎土から栽培型のイネ籾が発見され、ウシ、ヒツジ、ヤギについても家畜への移行がみられた。

家畜小屋が発見され、これらの家畜の蹄痕が見つかったという。注目すべきは炭素年代で、チョーパニ・マンドーは紀元前九千ないし八千年紀、栽培イネの出た二つの遺跡は紀元前七千—五千年紀に位置づけられた。ただ、この報告に対しては冷たい評価が、とくに欧米の学者にあるようだ。

イネは元来湿地の植物だ。その種子は水中でも発芽できる。幼芽をちょうど潜望鏡のようにどんどん伸ばし、芽が水面上に出ると葉を伸ばし、そうなると根も伸ばし始める。要するに水で覆われたり、水が退いて湿地化したりする状況によく適応した湿地植物である。ヤムナ、ガンジス両河が合流する湿地帯を中心に野生イネが栽培化されたことは大いにありうることだ。

アジアのイネの栽培起化源地としてもう一つ上げられるのは揚子江中下流域だ。しかしそこに丸いコメも細長いコメも出土したということでいわゆるジャポニカ稲とインディカ稲の関係がはっきりしなくなった。以前は丸いコメはジャポニカで東アジアの系統、細長いコメはインディカでインドの系統とあっさりかたづけられたのだが、そうはいかなくなった。二つともインドと中国で別個に栽培化されたのか、どちらか一方が栽培起源地で他方へ伝わったのか？　もう一つややこしいことに、丸いとか細長いとか形は区別に使えないという話になっている。佐藤洋一郎氏の本『イネの歴史』を読んででもうひとつよくわからないのだが、野生稲の段階から二つは別物ということである。分子遺伝学的探求の結果をまちたい。この時点では、穀物農業の伝播圧の下、ガンジス・ヤムナ流域と揚子江・淮河流域の二つの地域でアジアイネが栽培化されたと考えておく。

インドは野生稲が広く分布している。ガンジス河谷以外に沿岸部からデカン高原まで、季節的な池、湿地、路傍の溝などに群生している。水田の中にも栽培稲と混じって生えている。抜こうとすると種子が飛び散って、始末の悪い雑草だと農民には評判が悪い。東南アジアでもよく見る状況だが、中国本体部ではあまり見ない。これは気温の違い以外に、選択圧が強いことによるのだろうか？

野生稲があることは必ずしもそこで栽培化が起こったことにはつながらない。どこからか栽培稲が伝播してきたときに、野生種も一緒に来たかもしれない。ヴィンディヤで出土した稲をありそうだとみるか、ありそうもないとみるかは、環境と栽培化圧力の捉え方にかかるように思う。私の仮説はオアシス灌漑ムギ農業の強い伝播圧を前提にしている。それはパキスタン西部までは作物もそのままに伝播したが、ヤムナ・ガンジスの夏雨湿地帯で、湿生植物の野生イネに出会った。そして強い栽培化圧力のもとで野生イネを栽培化した。

作物は花芽の付け方が環境に適応して異なる。ムギは低温後の長日で花芽を作る植物で、冬雨気候に適応している。他方、夏雨気候では高温後の短日で花芽を作る植物が適応して生育している。イネはその一つだ。ほかにアワ、キビ、アフリカで栽培化されたシコクビエ、モロコシ、トウジンビエなど雑穀といわれる作物もそうだ。

アワ・キビの栽培化については次節で阪本寧男氏の仮説を紹介する。アフリカの雑穀は野生型が西岸の森林から乾燥サバンナを東岸まで、また北から南まで広く分布する。作物学者ハーランはアフリカには明らかな中心がないので非中心という概念を出している[6]。比較的はっきりしているのはシコクビエで、その栽培化起源地はエチオピアからウガンダが定説だ。トウジンビエは赤道北側の乾燥サバンナに野生型が広がる。モロコシは非中心の典型だが、ハーランはスーダンからチャドを図では示している[7]。

私にはアフリカの雑穀の起源地がどこかという議論の意味がわからない。ナイル流域のムギ栽培の影響を受けて乾燥サバンナ一帯に雑穀の栽培化が起こったのではないかとひそかに思っている。灌漑ムギ農業の影響を示す傍証はないことはない。小区画畑の広大な広がりをマリのドゴン族地区で見たことだ。一メートル四方の浅い窪みを掘り、真中に低く塚を盛る。その上にモロコシを植える。天水灌漑の工夫だ。長大な崖下集落には巨大なシスターン型の井戸が作られている。また現場を見ていないが、ナイジェリアには緩傾斜の谷底に小川の水を引いて灌漑する小区画水田やピット水田が相当広いようだ[8][9]。ピット栽培はエチオピアにもあるという（伊谷樹一氏による）。タンザニアのマテンゴ族は別種のピット栽培を行う。ピットの中に植えるのではなく、掘り上げた井型の畝に植える[10]。蹄耕もタンザニアの氾濫原で大規模に行われているそうだ（伊谷樹一氏による）。ケニアではナイロート系部族ポコット族が小区画灌漑畑で雑穀を栽培するのを見た。ムギ農業の伝播圧の下にアフリカの雑穀の栽培化が生じたことを示す傍証は多々あるのではないか？

アワ・キビ

中国では仰韶文化やさらに古い磁山、裴李崗期の遺跡からアワやキビが主要な穀物として出土する。それでアワ、キビは中国東北部で栽培化されたという意見が強かった。他方、ヨーロッパの初期農業でもギリシアやウクライナの古い遺跡から出土することがわかっている。それで従来は、中国で栽培化されてヨーロッパへ伝播したのか、その逆か、あるいは別個に栽培化が生じたのかはっきりしなかった。四半世紀ほど前に坂本寧男氏のグループがアワ、キビの栽培化起源地は中央アジア・アフガニスタン・インド北西部地域とする仮説を出した。根拠はこの地域の品種に遺伝子的な変異が大きいこと、遺伝的に未分化なグループが集中することだ。この地域でまず栽培化された品種が遺伝的に分化しながら東西に伝播したのだという[11][12]。この仮説だとアワ、キビが東アジアとヨーロッパの両方で古くから栽培されてきたことがわかりやすい。この地域は西アジアのムギ農業の伝播圧が高い所でもある。

ただし問題はある。インドの遺跡でアワ、キビの出土が明らかでないことだ。雑穀の出土例はシコクビエ、モロコシなどアフリカ由来のものがハラッパ期の遺跡から出る報告ばかりだ。また、キビを指す言葉がサンスクリット語でチナカ、ヒンディ語でチェナ、チーン、ベンガリ語でチーナ、グジャラート語でチノと、ヴェーダ期以後の名前は圧倒的に中国からの伝播を示唆する[13]。

呼び名について阪本グループが栽培化起源地帯で行ったもっと詳しい報告[14]がある。その地域では様々な呼び名があり、名前の起源地でもある様相がうかがえる。それによるとカラコルム山地のバルチスタン、フンザからギルギット、チトラルにかけての狭い地帯でギルギットを境に東西で呼び名と形質ががらっと変わる。東ではアワがチャ、チーナ、キビがツェツェ、西ではアワはグラーチ、グラース、キビがオリーンなどだ。西側での呼び名は由来がわからないが、東側の呼び名は中国の古典でアワの名称にチ（稷）、ツ（粢）があり、キビにチュ（秬）などがあるので、中国との関連が強いことは間違いない。形質の違いも意味がある。西側のアワは背が低く、分蘖が多くて穂が小さい、東側では背が高く、分蘖せず穂が大きいという。この違いは、西側のアワ、キビが飼料用作物としての利用もあるが東側では主穀である傾向と関連があるようにも見える。

この地帯はカラコルム山脈の融雪水で潤され、耕地は小区画の灌漑畑が一般的だ。オオムギ、コムギも栽培されている。鎌刈り収穫、牛蹄脱穀、放り上げ風選、水碾による製粉などの技術はオアシス灌漑農業のセットメニューだ。

阪本グループの成果はオアシス農業の伝播を唱える私の仮説にとって重要な環となるものだ。整理してみよう。アワ・キビが栽培化された地域は西アジアとの接触が古くから密接でオアシス灌漑ムギ農業の伝播圧が強い所だ。そこからの拡散が問題になるが、夏雨作物のアワ・キビはムギ栽培を受け入れていたカッチ平原やポトワール台地などでは大規模には展開しなかったようだ。むしろガンジス平原を下り、ガンジス・ヤムナの河成湿地で同じ夏雨植物のイネの栽培化を引き起こしたと思われる。

アワ・キビはさらに中央アジアの沙漠、ステップを東西に走り、中国北部で初期新石器時代の主穀となった。その伝播圧の下に淮河・揚子江中下流域で中国のイネが栽培化された。これは次章で触れる。ハラッパ文化はいわゆるインドへのアーリアンの侵入で衰退した。難民となったハラッパ文化の住民はデカン高原に移住した。そこではアフリカのサバンナ由来のモロコシ、トウジンビエ、シコクビエとともにイネ、アワ、キビをオアシス農業の技術枠組みで栽培することとなった。

3 デカンでの展開

サバンナ気候

デカン高原は地質的にゴンドワナランドに属し、分裂漂流を始める以前はマダガスカル、アフリカ、オーストラリアと一体だった。基岩は古い花崗岩、片麻岩、砂岩でその浸食面が緩やかな起伏を作り、所々風化残りの岩体が突兀とした崗を立ち上げている。花崗岩地帯はマダガスカルやアフリカとよく似たラテライト質の赤土が分布する。ラテライト質赤土地帯は肥沃度の面で特別高くないが、塩害や洪水害は免れられる。犂やマグワを使う耕作もやりやすい。西北部のデカン・トラップという地質的亀裂地帯は白亜紀に玄武岩が噴出し玄武岩台地が広がる。そこはレグールあるいはグルムソル、ヴァーティソルと呼ばれる黒い重粘土の土が分布する。グルムソルは肥えているが、乾くとひび割れ、湿るとべとつく土だ。水田には良いが、畑にする際は土が耕しやすい季節を選定し、土の状態をよく見ないと犂・マグワの使用は難しい。

熱帯に位置するデカン高原に至ってオアシス灌漑農業はこれまでと全然異なる環境に出合った。西岸部は熱帯多雨林気候、乾季の乾燥が厳しい内陸部は乾燥モンスーン林やもっと立木の疎らな熱帯サバンナ気候だ。河筋は結構多いのだが、デカン高原の河に水が流れるのは雨季の数カ月に過ぎない。ゴダヴァリ、クリシュナ、カウベリなど大きな恒常河川では一九世紀半ばから井堰灌漑水路が、二〇世紀にはダム灌漑用水路が作られてきたが、これらの流域でも水路灌漑の比率はまだ四〇パーセント程度だ。主要な水源は現在でも溜池と井戸である。天水依存の地域は広大だ。

熱帯環境でしかも畑状態で穀物を栽培するのは農民にとって大変な仕事だ。ともかく猛然と生える草と競争せねばならぬ。乾季の強い乾燥に対抗するには溜池が要る。土の状態に細心の注意を払うことも重要だ。激しい雨に叩かれた地表土は単粒構造になり、その後の乾燥で煎餅のようなクラストになる。そのまま放置すると次の雨がクラストの上を流れ去り、土に蓄えられない。地表流去水が集まると土壌侵食も生じる。そこで雨があれば必ずそのあと畝間の土を引っ掻いてクラストを破り、雨水を土の中に浸透させる。同時に除草を行う。こうした作業が必要なのだ。そのため地拵えを丁寧に行い、発芽率の高い播種法を工夫し、生育途中に土を和らげ草を取る中耕除草作業を何度も繰り返す。家畜利用を組み込んだ精耕細作の体系を作り上げた点で、デカン高原の農業は他に類がないと応地さんはいう。ただし公平に見ると華北と双璧をなすというべきだろう。

溜池と管井戸灌漑

草対策の第一は水田にすることで、そうすれば広葉雑草は抑えられる。しかしデカン高原の灌漑水源は十分でない。少ない水をできるだけ上手に使うため、水条件で耕地を細かく分ける。天水畑、井戸灌漑地、管井戸灌漑地、溜池と管井戸両方による灌漑地、溜池灌漑地と多彩だ。人々は谷筋に溜池を作り、それらを互いに細い水路で結んだいわゆるシステムタンクに雨季の水を溜めこむ。地形図を見るとその様子がわかる《図1》[15]。応地さんの調査したアララマリゲ村（カルナタカ州バンガロール市の北）は総面積七四五ヘクタールの内、溜池が一四五ヘクタールを占める。日本の東播台地のような所だ。溜池はそれぞれの集水面積が異なるので水の溜まり方が違う。それらを水路でつないで溜まり方を均し、流末水を再利用する。

溜池の樋口は池底にある。土堤から突き出た桟橋の端にレンガと三枚の板石で作った設備があり、底の板石に穿った穴が樋口だ。木か石で作った栓を引き上げると樋口から水が板石下のダクトに流れ込み、堤体の下を通って堤外の水路へ流れ出す仕掛けだ《図2》[16]。デカン高原の溜池は樋口が土堤の

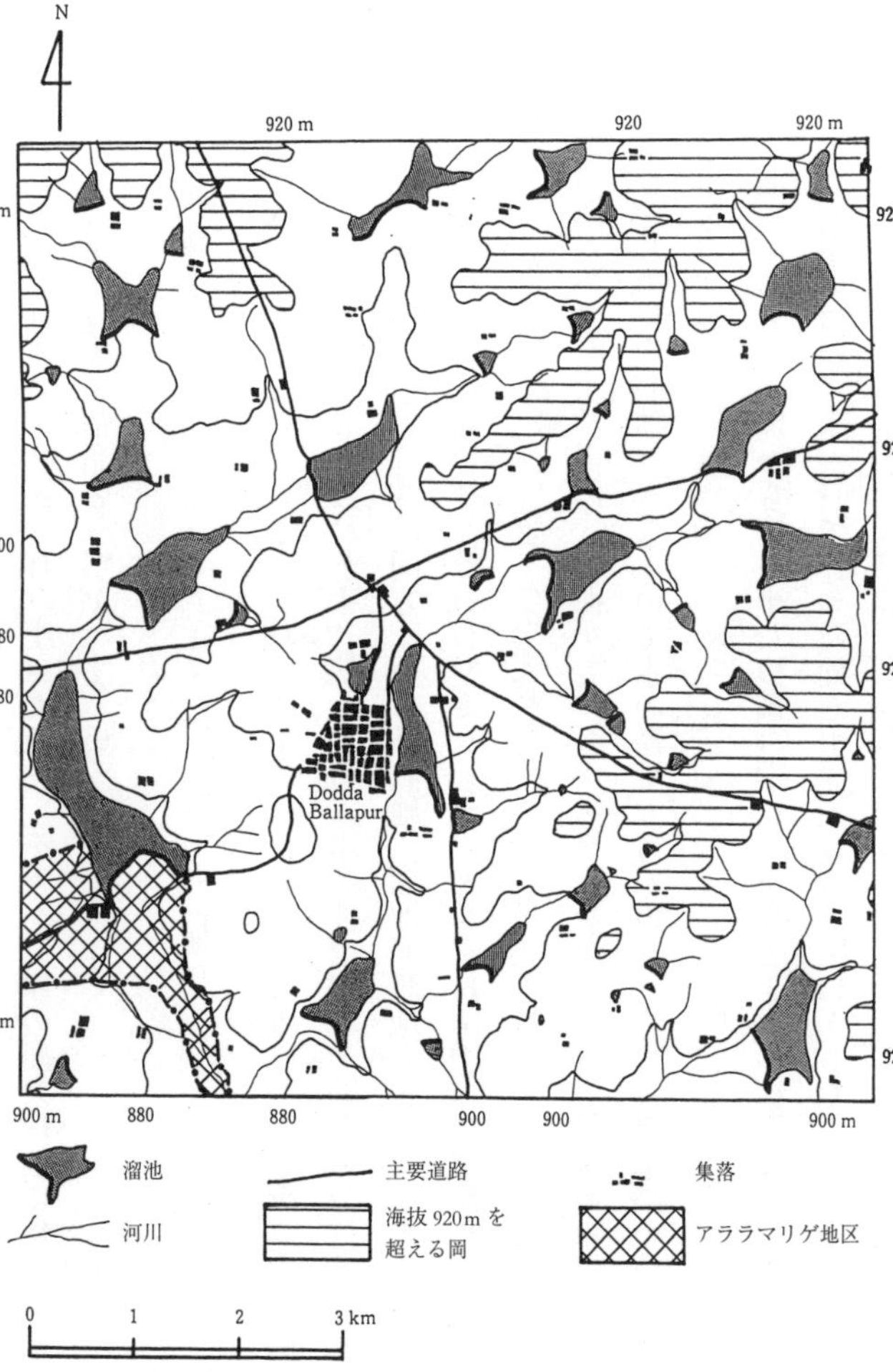

図1●デカン高原の溜池[(15)].

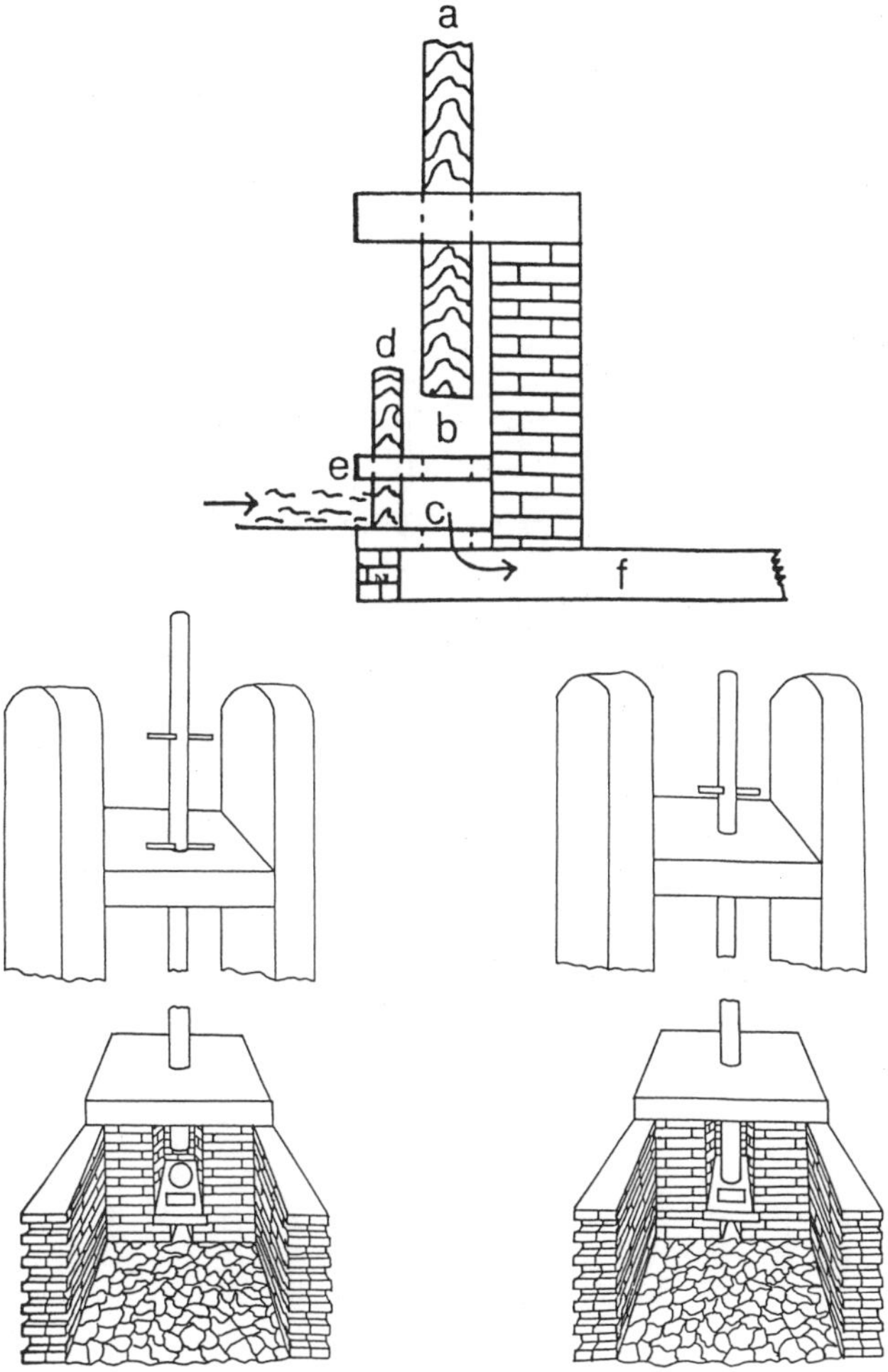

図2●パルラヴァ朝（4～8世紀）築造の溜池の樋口．タミルナド州ラーマナタプラム(16)．上は側面図．主制御ピストンａを板石の円孔ｂ、ｃに差しこむと樋口は閉じる．ｄは低水時の補助制御板．下は前面図で左は開、右は閉の状態．

上になくて土堤から少し離れた池底にある。土堤に樋口があると村人が勝手に樋口を開けて水を盗むからだ。

土堤に部屋を置いたようなシスターン型の樋口もある。これはスリランカに多い形だが、南インドにも少しある。二世紀に南インドのカンチープラムに興ったチョーラ朝がスリランカ北部を占領した際に、スリランカの溜池技術者を連れ帰って作らせたという。スリランカの王は民がチョーラ朝の灌漑工事に参加するのを禁止した逸話がある。この話は溜池灌漑技術がインドよりも進んでいたのだとスリランカ人の自慢の種だ。スリランカの建国伝承では紀元前五世紀にインド・アーリアン部族の長ヴィジャヤがスリランカ西岸中央部に侵入し、王朝を作った。やや確かな歴史的事実の時代に入るのは二世紀頃からで、一八〇〇ヘクタールを灌漑するミネリヤタンクなど巨大で精巧な溜池の建造がアヌラダプラからマハヴェリ・ガンガ流域で進展した。しかしスリランカの考古学的発掘は仏跡に限られており、新石器時代の農業を窺う材料はない。事情はデカン高原もあまり変わらない。

アララマリゲ村の話にもどる。溜池の樋管出口に近い一等地は園地が優先され、ビンロウヤシ、ココヤシ、バナナを植える。次の二等地は灌漑イネとサトウキビで、この二つが灌漑地の夏作で大きな面積を占める。それから灌漑シコクビエだ。これらの灌漑耕地はどれも小さく区画されている。溜池が重要な役割を果たしてきたことは溜池の多い風景を見ると納得できる。ところがしつこく村人に尋ねると、灌漑地が増えてきたのは一九六五年頃からだ。変化の原因はイランでもみた管井戸による灌漑だ。管井戸は三〇ないし六〇メートル下の化石地下水を汲み上げるので水供給が安定している。それ以来、天水畑が灌漑耕地に変わり始めた。移植シコクビエも灌漑イネも一九六五年頃に管井戸灌漑地が増えてからで、それまでこの村の耕地は天水畑が主体だったというのだ。それじゃ溜池は何の役も果たしていなかったのかと尋ねると、灌漑の役目は果たしていたという。この矛盾した答えが示唆することは灌漑という言葉の意味が変わったのだ。以前は作物が枯死する前に灌水が可能な程度の状態を灌漑と呼んでいたようだ。管井戸灌漑で十分な灌水ができる状況を見て、以前灌漑耕地と呼んでいた畑は天水畑だと認識するようになったということだ。

溜池灌漑がずっとこんな状態だったと言うのは言いすぎで、一時は満々と水を湛えて公称通りの広い田畑を灌漑していただろう。だが上流側の土堤がない溜池は堆砂が進んで実際上使わなくなり、かつての池底がモクマオウやユーカリの林地になっている場合も多い。

管井戸による灌漑が進んだ状況でも、村人の言う水田はこちらの目には灌水畑とみえる。灌漑とは湛水状態を続けることではないと知るべきなのだ。畑状態で経過する水田も相当にある。そういう状況だから苗を移植してスタート地点で差をつける作戦が草対策の一つだ。イネとシコクビエは分蘖傾向が強く、初期の背丈の伸びが遅い。移植はその不利を補う方法だ。モロコシ、トウジンビエは背丈が早く伸びるので、普通は種子の直播で大丈夫だ。

伝統的な灌漑井戸は巨大だ。平均的なサイズは直径一〇メートル、深さ一〇メートルぐらいもある。

周りの壁はレンガできっちりと覆い、底へ下りる階段もある。上端に滑車を突きだし、大バケツを吊る。牛が前後に往復してバケツを上げ下げし、上がったバケツから水を水路に流す《写真2》。揚程が小さい場合は跳ねつるべを使う。人間が竿の上を前後に動いて水を上げる《写真3》。

もっと西のラジャスタン州だと水平歯車と縦歯車を組み合わせたペルシア式水車が増える。吊るしたロープに縛り付けた多数の水容器で揚水する。家畜は前後にではなく、井戸の周りをぐるぐる回る。

畜力利用の精耕細作

デカン高原の畜力を利用した精耕細作の状況をみよう。伝統的な天水耕地の地拵えはイネも雑穀も基本は同じで、六月始めの雨を待って五、六回犂をかけて草の根や種子を退治し、雨水を土中に浸透させる。伝統的な犂は長床のアード、つまり溝を掘るだけで土を反転する発土板はない。それでも犂身の後部を分厚くして深く掘ることができる。様々な形がある。《写真4》《図3》。これを二頭の雄牛で引かせて犂耕を繰り返す間に二回ないし三回マグワ（耙）をかける。マグワもいろいろな種類がある。普通は太い材木に鉄歯を櫛の歯状に取り付けたもので、歯の数は一二本程度だ。ほかに梯子を横にした形のものや、長い箱を地上に置き、上に人が乗って二牛に引かせるものがある《写真5》。マグワかけは犂き起こした土塊を小さく砕き、大きさを揃え、土を鎮圧することが狙いだ。竹や枝条を重ねて上辺を木竹で固定したブラッシュ・ハローもあり、これは中国では耮という。播種後にやはり

写真2●灌漑井戸．タミルナド州タンジャヴール近郊．

写真3●跳ねつるべ．タミルナド州マハバリプラム．

写真4●犂床の高いアード．タミルナド州タンジャヴール近傍．

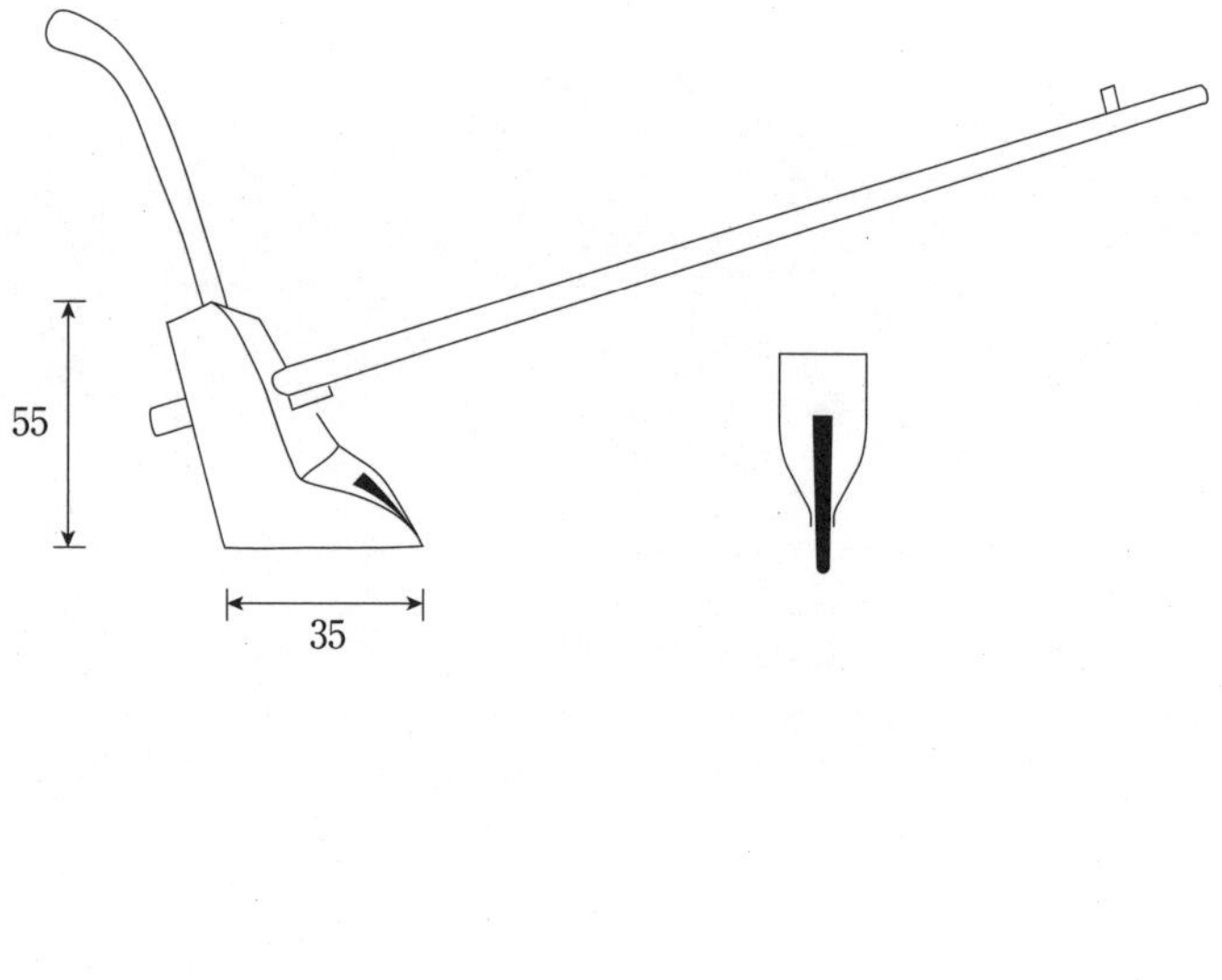

図3●犂床の高いアード．タミルナド州タンジャヴール近傍．

写真5●上は一二本歯のマグワ、下は梯子型マグワ．同右．

二牛で引き、種子を覆土するのに用いる。

灌漑耕地の場合、最初に灌水し、一週間の内に犂耕を三回、マグワかけを一回行って地拵えは終わる。ただしサトウキビの後イネ、シコクビエを植える灌漑輪作地だと、サトウキビの根をハリジャンの女性たちが人力で取り除いた後、男たちが灌水、犂耕、耙耕して小区画耕地を仕立てる。

地拵えが済むと播種だ。七月のモンスーンの雨を待って播種する。播種法は散播、手条播、播種ドリルによる条播があり、水条件により選択する。灌漑水源から遠ざかるほど、粗放な方法になる。水源に近い移植イネ、移植シコクビエの場合は畑苗代に散播し、地拵えを終えた本田耕地を小さく区画し、灌水して移植する。水源から遠くなると条播、散播がふえる《写真6》。

伝統的でまた特徴的な方法は播種ドリルによる条播だ。最も簡単な播種ドリルは播種ボウルとそれにつながる数本の竹パイプから成る。播種ボウルにはパイプの数に見合う穴があけてあり、落とし込んだ種子がパイプを通って条溝の中に落ち込む仕掛けだ。写真はマグワをかけた後、四管ドリルでコメを播く様子である《写真7》。播種が終わるとブラッシュ・ハローで覆土する。写真の耕地は畦囲いの天水田で、播種時に水は全然ない。湛水するかどうかは雨任せである。

別の例は五管ドリルで、一度に五条播種ができる。牛を操る者、播種犂（クルゲ）の柄を取る者、播種ボウルに種子を落とし込む者三人で操作する《写真8》。これはシコクビエ播種に使う。フジマメやササゲなどのマメ類やヒマ、飼料用モロコシなどを混播する場合は、一本パイプの単管播種ドリ

写真6●条播シコクビエ.

写真7●播種ドリルのゴルカラパイでコメを播く．下は芽立ちした畑状態のイネ．マドラス西のカンチープラム．

写真8●シコクビエの播種ドリル、クルゲ．下はその播種ボウル．バンガロール北のアララマリゲ村

ル（シャッデ）を短いロープで播種犂に結ぶ。一本のパイプに女性一人がつき、播種犂の条溝沿いに滑らせて混播作物を条播していく。混播作物が一種類なら女性が一人、二種類なら二人が先ほどの播種チームに加わる（写真10参照）。混播作物の播種ドリルを別にするのは、播種ボウルに開けた穴のサイズが違うからだ。種子の覆土はブラッシュ・ハローやマグワを牛に引かせて行う。

多管ドリルの利用が盛んだが、これは比較的最近のことという聞き取りもある。それによると一世代前は地拵えの後、シコクビエを散播し、単管ドリルのシャッデで混作作物を筋状に播いた。その後マグワをかけてシコクビエの株立ちを筋状にし、ブラッシュ・ハローで覆土したという。播種ドリルの存在はハラッパ期の円筒印章にもあるが、多管ドリルの盛行は案外新しいのかもしれない。華北で多管ドリルが一般化するのは漢代だ。

生育中、牛に様々な道具を引かせて中耕除草を行う。その道具は実にヴァラエティーに富む。普通のマグワ以外にいろんな道具が用いられる《写真9》。所によって呼び名は様々で、形も少しずつ違う。要するに刃がコの字型になった中耕具で畝間を削り、また畝上の作物の脇を中耕する。これは草を除きクラストを破るには十分だ。畜力耙耕以外に手除草ももちろん行われる。驚いたことに女性たちは除草した草を家畜の餌に持って帰る。

一二月、鎌で根刈り収穫し、脱穀場に束を積み上げて牛に踏ませるか、石ローラーで脱穀し、風選する。穀粒は穀物箱や大甕に蓄える。雑穀は石臼を回して粉に挽き、湯で練って団子にする。ウガリ

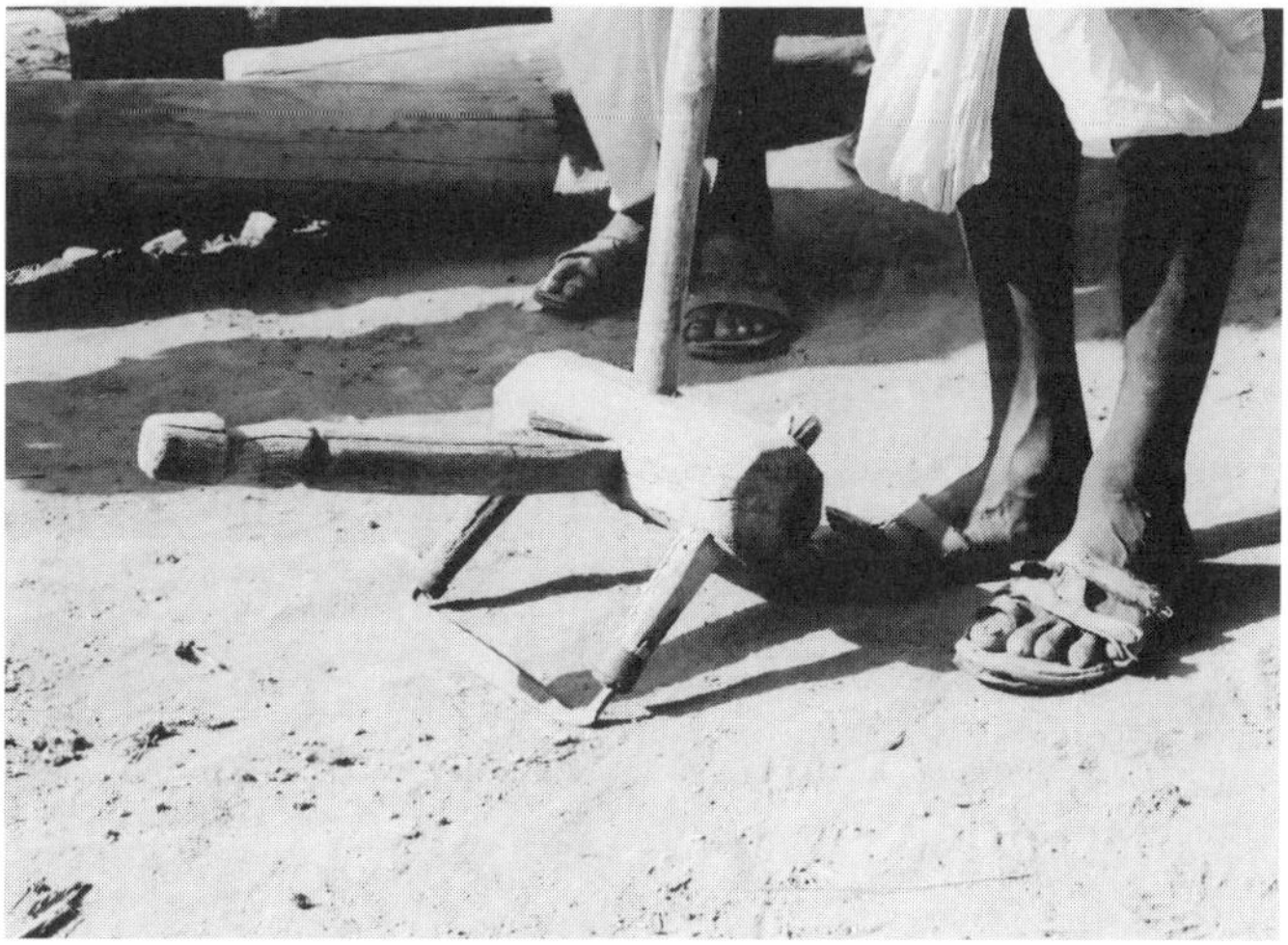

写真9●中耕・除草と農具．上はワタ畑の中耕・除草、下はその刃．

写真9（つづき）　上は作物の両脇を中耕するもの．下は畝幅いっぱいのもの．バンガロール周辺．

食だ。

砂質な赤土地帯で使う播種ドリルは、前出写真7、8のように種子落としの竹パイプがそのまま溝掘り具になっている。これは粘土質の土にはとても役に立たない代物だ。北西部のデカン・トラップ地帯の農民はもっとしっかりした道具を使う《写真10》。八角形の材に三本の溝掘り犂刃（中国でいう耬鋤）が固定されており、二牛に引かせて三本の溝を掘る。この三脚犂にロープで連結された単管の播種ドリル（ここではアックリコルベという）を背後の三人の女性がそれぞれ一本ずつ支え、三脚犂の溝に滑らせながら種子ボウルに種子を落とし込む。播種する作物はモロコシ、トウジンビエ、アワである。このタイプの改良型もある。三脚犂のそれぞれにパイプを立て、播種ボウルに連結する《写真11》。これは中国の三脚耬に当たる。

ともかく改良意欲は大変強い。ハイダラバード近傍地域は重粘なヴァーティソルが十数万ヘクタールも分布し、雨季は休閑するところが八割を超える。排水不良で水溜まりが広く、土がべとついて耕起ができないからだ。やむなく雨季が終わりに近づいた一〇月に地拵えをして三脚犂と単管ドリルで播種する。これが伝統だった。これを改良して雨季作をやろうというのだ。方法は雨季前の二月初めに犂をかけて大土塊をおこし、四月のプレモンスーンの雨で大土塊が小さく砕けたところでもう一度犂をかけ、七五センチメートル幅の畝を切る。七月にモロコシとキマメを列で混植する。その際に改良播種ドリルで深く播く。最初の雨は表土を浸潤させるだけで止まり、種子は雨無し期間後の本格的

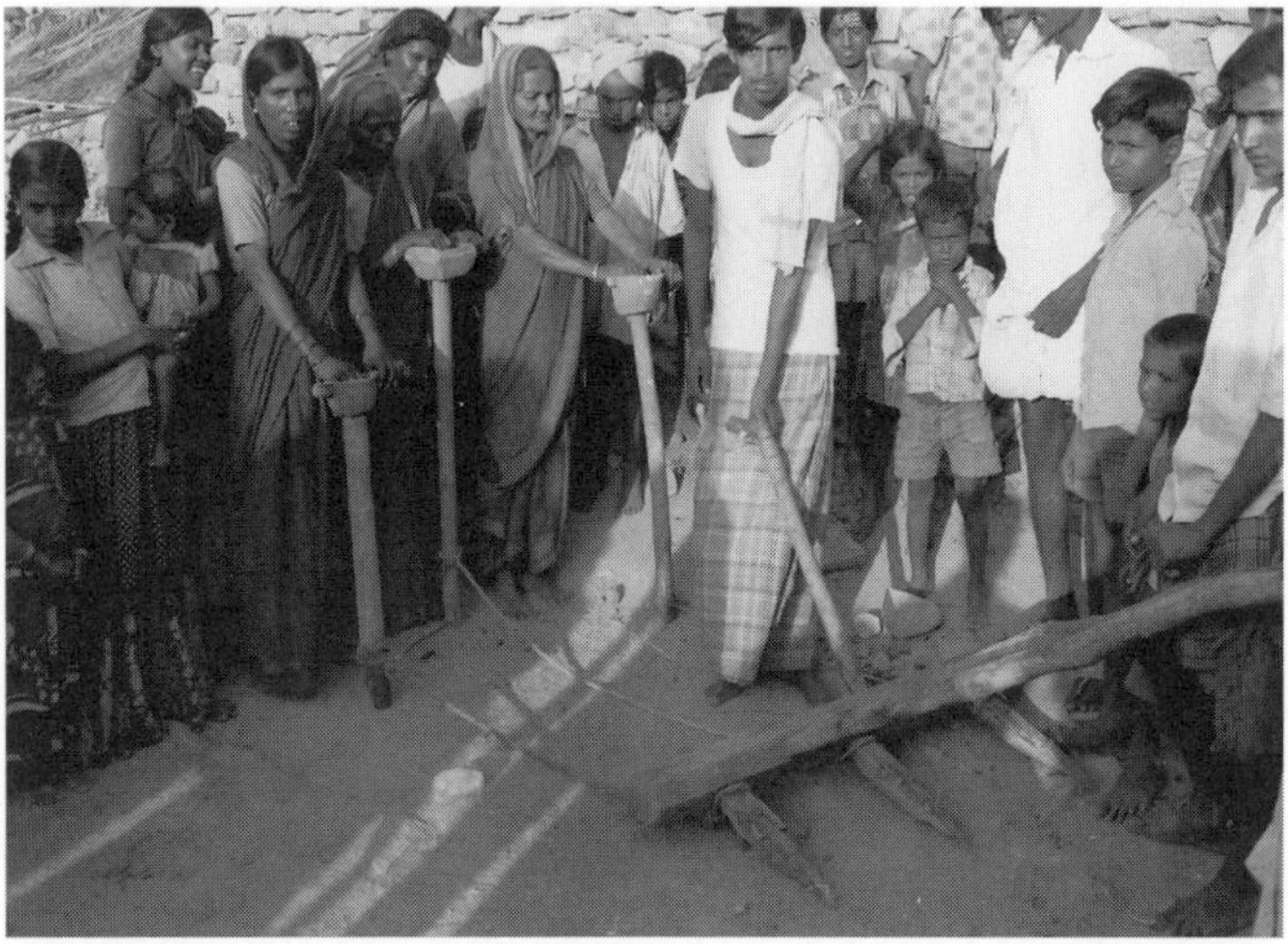

写真10●三脚犂と単管播種ドリルの組合せ．ヴィジャヤナガルの王都ハンピ遺跡近傍．

写真11●改良型三脚播種ドリル．ティッパンという．ハイダラバード近傍．

モンスーンで順調に発芽する。農民は仔細な観察を行って、何をどう変えればいいのか考えている。

以上の瞥見からも窺えるようにデカン高原の農業は地拵えや農具の構成が西アジアのオアシスムギ農業と共通で、その系譜を受け継ぎさらに中耕除草具を発展させたことは明らかだ。灌漑は絶対必須ではないにしてもきわめて重要だ。農業とは灌漑だという姿勢、それに溜池、井戸、跳ねつるべなど西アジア由来の施設と道具や、灌漑耕地を小さく区画する点でやはりオアシス灌漑小区画畑のデザインを受け継いでいる。ただ作物は変わった。アフリカ由来の雑穀と、アワ、インドイネが大きな比重を占める。イネはサバンナ気候下の乾燥農業体系に取り込まれた雑穀の一種として栽培されている。

西岸湿潤地帯

デカン高原も西部の西ガーツ山地に来ると高度が高くなり、南西モンスーンの影響も強まるため、雨量は一五〇〇ミリメートルを超える。山地の植生は落葉樹が混じる熱帯多雨林になる。谷地田周囲のヤブや屋敷地は乾燥地帯と違って緑が濃くなる。斜面下部にココヤシ園が広がり、屋敷地でもビンロウヤシにコショウをからませ、ジャックフルーツ、カシューナッツ、カカオ、バナナ、タロイモが茂っている。これらは湿潤熱帯の作物群だ。時々乾燥モンスーン林の代表であるチークも混じる。ジャワによく似た景色だ。

農業風景はデカン高原中央部の乾燥農業とずいぶん異なり、圧倒的にイネの比重が高まる。それも割れる。そうなったところで収穫する。

イネの二期作だ。一期目は南西モンスーンの雨で水は十分足りる。六月に苗代を作り、七月から八月に移植、一一月に鎌で収穫する。二期目は北東モンスーン期に当たるが、天水だけでは不足するので、谷川に堰をかけて分水し、水路で田まで水を引く。一一月、一作目の収穫が終わった田にすぐ苗代を作って播種し、二作目のイネを一一月下旬に移植する。二月末には田に水がなくなり、土は乾きひび割れる。そうなったところで収穫する。

景色はジャワと似ているが、水田の地拵えを尋ねるとジャワと相当異なり、さすがにインド的な煩縟さだ。一期作目の地拵えは六月、この時デカン・トラップの粘土質の土は堅く乾いている。モンスーンの雨で田に水がたまり始めると、犂をかける。この犂は四角枠型犂で反転用の発土板（犂ヘラ）がつけてある《図4》。この粘土質の土にはさすがに枠型反転犂を使うわけだ。この犂を三回かける。それで十分だと思われるのだが、さらに別の犂をかける。これは発土板のないアードだが、犂床の下面が大きな凹面になっている《写真12》。泥中に残る土塊を上から抑えながら砕き練る意図だろう。長柄はくびきの上にかけ、犂床の角度を変えられるよう長柄をかける位置が調節できる。この犂を二回かける。そしてさらに均平板を二回、交差するように引きまわす。まことにインドの地拵えのやり方は彫刻とレリーフが無数に彫り込まれたパゴダの塔を思わせる煩縟さである。

丘陵斜面には抜開地があちこちにある。林やヤブを切って焼くが焼畑ではない。ココヤシ園地を作る際の切り替え畑だ。ココヤシを植えたばかりの数年間は備中鍬で土を耕してシコクビエやイネを播

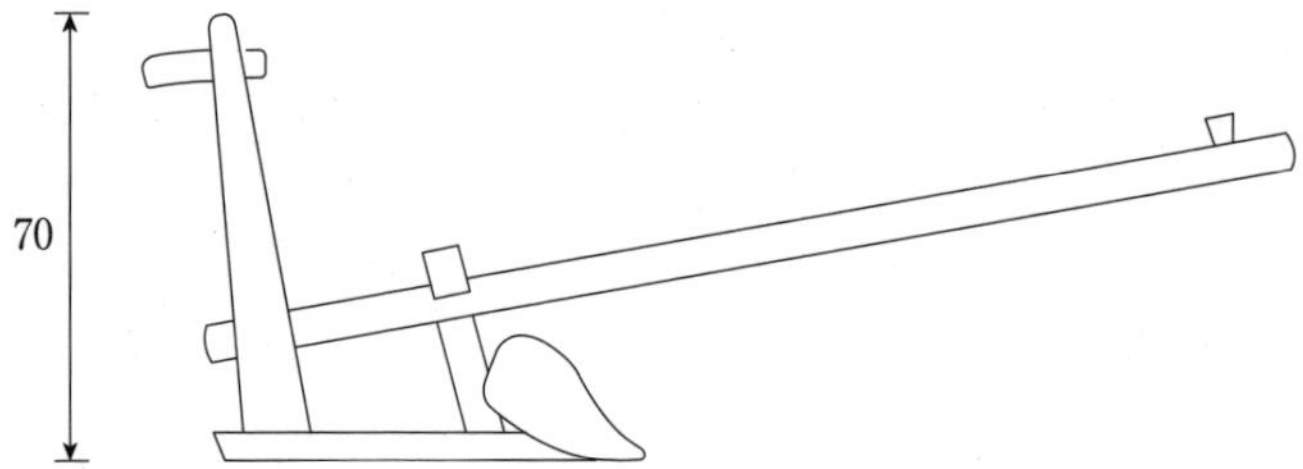

図4●方形枠型犂ワッサネギル．カルナタカ州メルカラ．

写真12●アード犂トゥルネギル．図4と同地点．

く。湿潤マレーの焼畑だと土を耕すことはない。二次林を早く回復させて草を殺すことがマレーの焼畑の技術だが、西ガーツ山地の切り替え畑は土を耕すことが骨身に沁みた人々のやり方だ。

マラバール海岸低地に下るとマングローブ海岸の背後に細い感潮湿地が南北に延びる。そこにはかつて木曽川デルタに広くあったものと同じ掘り上げ田が広い《写真13》。水位の低い五月に泥を掘り上げる。掘りつぶれは魚池にする。南西モンスーン期に池は淡水になり、他の季節は塩水だ。村人はいつでも陣笠のような筌で魚とりに忙しい。掘り上げ田は七月に天水でイネを植えるのだが、その前に先述と同じく四回の犂耕を行い、均平板で代掻きをする。煩縟な地拵えはインドの農民の骨肉となっている。

感潮湿地の背後は沖積低地だ。水田とクリーク沿いにココヤシやビンロウヤシ、ゴムなどの園地が広い。タロイモも多い。水田の地拵えは掘り上げ田と変わらない。イネの植え付けは移植と散播と両方あるが、省力効果の高い散播が多い。移植にするか散播にするかは技術インフラの面と同時に社会の性向が関わる。マラバール海岸の散播は西のムギ作圏の影響と、また園地、漁、商売と生活の忙しさが関わっていそうだ。

写真13●マラバール海岸の掘り上げ田．カルナタカ州マンガロール北．

4 スリランカの省力農業

スリランカの気候と耕作方式の分布はインド亜大陸の縮少版のおもむきがある。乾燥地帯と湿潤地帯が近接していて、環境と耕作法の関係を見やすくしている。また大人口社会のデカン高原と比べて少人口社会で、人口規模と農業の形の関係を考えさせてくれる。

スリランカの西南部はマラバール地方同様、南西モンスーンを真正面から受けて多量の雨が降る。ベンガル湾をわたって来る北東モンスーンもかなりの雨をもたらすので、雨季が二回あり、熱帯多雨林気候になる。これら湿潤地帯は低地にクリーク沿いのココヤシ園が広がり、海浜の背後にはバックウオーターと言われる湖沼や湿地地帯が広い。環境と農業景観はマレー半島やスマトラ、ボルネオなど湿潤マレーと共通している。農業のやり方もそうだ。水牛に水田を踏ませて地拵えをする蹄耕とか、コメの脱穀は穂束を人間が踏む方法とか、よく似ている。コロンボ南のカルタラを皮きりに全土で蹄耕が行われているのを見たときには、湿潤マレーから湿地稲作を特徴づける蹄耕が伝播したのだと思った。しかし後に私は考えが変わった。蹄耕は東から西へではなく、西から東へ伝播したと考えが変わった。「発端」で書いたとおりだ。

スリランカ全体を見ると、蹄耕は乾燥地帯台地の溜池灌漑水田から湿潤地帯へ広がった状況を示している。そして散播が広い。蹄耕と散播の組み合せは穀物栽培の初期形へ先祖帰りの観がある。

乾燥地帯

スリランカ東部・北部の乾燥地帯は年雨量が一〇〇〇ミリメートルから一五〇〇ミリメートルあり、乾燥地帯といってもデカン高原より格段に雨が多い。とはいえ年平均気温は二七℃前後に達し、植生は熱帯モンスーン林だ。地形はデカン高原と同じように緩やかな波状起伏地形で、浅い谷筋に無数の溜池がある。紀元前からの古い大きな溜池もある。農業環境はデカン高原とよく似るが、大きな違いもある。耕作の骨格を村々での観察から組み立ててみよう。

伝統的農地はチェナ（天水畑）と浅い谷筋の水田である。チェナは焼畑と訳される場合があるが、短期休閑畑とか天水畑という方がよい。屋敷地の畑もチェナに含められるからだ。九月末から一〇月始めにマハ季（北東モンスーン）の最初のシャワーが来ると鍬で耕し、トウモロコシを最初に点播し、それが芽立ちするとシコクビエ、イネを播く。一〇月末に雨が途切れ、このときに先に播いた作物は根がしっかり張る。そうするとリョクトウ、ササゲ、タマネギ、カラシをばら播き、チリーの苗を植える。生育期間中の草取りは手鍬でやる。このあたりの状況はデカン高原の畜力を大いに利用する方式とかなり異なる。播種後三カ月で大体の作物は収穫する。耕作は二、三年続けた後数年間休閑する。もう一つは水田だ。一〇月末に雨が途切れた後、マハ季の本格的雨が始まる。その雨で村の溜池に水が溜まり、浅い谷筋の水田稲作が始まる。溜池は灌漑面積が八〇ヘクタール以上の大タンク、それ以下の小タンクに分類される。浅い谷を締め切る形で切り石やラテライトを積み、堰堤が築かれている。水は数個の樋口から堰堤下のダクトを通って灌漑水路へ引かれる。水をもらえる水田は登録水田に限られる。溜池が満水に近づくと、村の水役が村人と灌漑局の役人を呼んで会議を開き、樋口をいつ開くか、田ごとの播種日程を決める。溜池が満水すると水田に水を入れて地拵えが始まる。普通はまず犂で土を起こし、次いで水牛蹄耕で草を踏み込み、代掻きをする。水牛は三頭から四頭の首をつないで一群とし、一群ごとに一人が追う《写真14》。普通、三群から四群の水牛で蹄耕をする。蹄耕をもう一度繰り返してクマデで土を均し終わると、手畦で小さく区画し、田面に浅い排水溝を掘り、排水して発芽籾をばら撒く。浅い排水溝は湛水時の水深を均一にするためだ。水深にむらがあると発芽率が落ちる。ばら撒いて二、三日後、田面に数センチメートル水をはり、種子を土中に落ち着かせる。

蹄耕やばら撒きを行う理由を尋ねると、手間がかからない、作業が速く済むからという。溜池の水の信頼性がデカン高原より高いスリランカでは、水牛蹄耕に必要な水が確保できる。これは何度も犂耕、耙耕を繰り返す方法よりも遥かに能率的だ。ばら撒きが移植より能率的なのも明らかだ。それならすべての稲作圏がばら撒きかというとそうはいかない。発芽籾をばら撒くには植え付け期に安定した水のかけ引きができねばならない。スリランカの水田は地形的、水文的自然環境と溜池築造によっ

写真14●スリランカの蹄耕．ハンバントタ東．

てその条件を整え、古くから発芽籾のばら撒き方式だったと思われる。

品種を選ぶ際、溜池の水がかりを注意深く予測せねばならない。成熟まで水がもつかどうかを見込んでイネは三カ月半で成熟する早生種を選ぶ。赤米が多い。水に余裕がありそうだと四カ月半の中生種を播く。収量が高いからだ。年による雨の遅れもあるのでこれらの品種はどれも非感光性品種だ。溜池がいっぱいにならない時はその年のマハ季作は植え付けない。ばら撒いた後、除草はしない。草対策は深水にしたり排水したりで抑制するだけだ。このころはチェナ(天水畑)の除草に忙しいからだ。

収穫は二月に始まる。鎌で刈った穂束を脱穀場へ運び、地拵えと同じように水牛の群に穂束を踏ませて牛蹄脱穀を行う。その後風選した籾を貯蔵庫へバラ積みする。貯蔵庫は籐で編んだ大きな籠を石の台の上に置き、屋根は藁をかぶせる《写真15》。

乾燥地帯のチェナはヤラ季(南西モンスーン)にも植え付けられる所が結構広い。地拵えはマハ季と同じように行い、チリー、ゴマ、マメ類、カボチャ、ニガウリ、ヘチマ、トウガン、ササゲ、トマトなどの夏作物を植える。

この状況を拡大する計画が進んでいる。ヤラ季に谷筋の水田でイネの二期作を行う、もしくはマハ季稲作とヤラ季夏作の二毛作を目指す計画だ。骨子はマハ季の稲作をできるだけ早く、水田がまだ乾いている状態で始め、モンスーンの雨で必要な水をまかなう。溜池の水はできるだけ節約して残し、

写真15●貯蔵籠．籠の下部は牛糞塗り、上部は籐編みのまま．シコクビエの場合は全面を牛糞で塗る．西岸プッタラム南．

ヤラ季に回そうという考えだ。湿潤地帯の土地利用改良計画には見られない動きで、人々の意識が乾燥地帯中心に形成されてきたことを強く示唆する事柄だ。

水牛は蹄耕に必要なので全国的に飼われているが、その飼い方は乾燥地帯と湿潤地帯で違う。湿潤地帯では村内や村の周りで水牛を飼い、その水牛で蹄耕を行うが、乾燥地帯では移牧で転々と移動しながら水牛を蹄耕に貸し出す。蹄耕用の貸出しが最も忙しいのは一〇月と五月で、マハ作とヤラ作の水田地拵え時期である。多数の牛持ちは一五〇頭ほどをカウボーイに追わせて蹄耕の注文に応じる。こうした移牧水牛で蹄耕をやる時は首を繋ぎ合せないで、バラバラの群れを水田に追いこむ。

移牧を必要とする別な理由もある。放牧地の確保だ。最も条件が良いのはイネの刈り跡放牧なので、収穫の終わった水田を求めて移牧する。マハ季は自分の村の水田もイネが立っているので、川や溜池の土手、使えなくなった溜池の底にある草を探して歩く。ヤラ季は作付しない水田が広いので、刈り跡放牧で十分だ。それで乾燥地帯には移牧水牛を入れる牛柵があちこちにある。水牛の持ち主に雇われたカウボーイが移牧中の水牛を管理する。カウボーイはミルクを絞り、その販売金が収入になる。ミルクを買うのは主にヨーグルト職人だが、カウボーイの奥さんが作って売ることもある。水牛所有者の収入は蹄耕用の貸出料で、播種量の二倍が相場だ。乾燥地帯の様子はいかにも有畜農業の色合いが濃厚である。

湿潤地帯

他方、南西部の湿潤地帯は南西モンスーン季（ヤラ）にも雨が多い。洪水もしばしば起こる。沿岸低地や丘陵地帯の谷底低地は湿田が圧倒的に広い。泥炭質の水田もある。ここでは溜池は不要で、むしろ洪水防止が重要だ。排水も進めねばならない。沿岸低地は河が運ぶ多量の砂で河口部がどんどん海へ伸びるので、排水が悪化し、また砂層を浸透してくる塩水で塩害が拡大している。結果として湿潤地帯の低地はマハ季の稲作一回だけというのが常態だ。水の手当てができる上流部の乾田ではマハ季とヤラ季の二期作が可能だが、面積的には少ない。

南西部の湿潤地帯の稲作の一例を見よう。水田は川や谷川から取水する灌漑水路もあるが、狭い谷底低地の下流部は先述のようにほとんどが北東モンスーン季（マハ）の一作のみだ。地拵えは九月に始める。腹まで沈むような泥の深い湿田だと男たちが裸で田に入り、ホテイアオイ草をひっくり返して回る。それで終わりだ。足首以上は沈まない程度の湿田だと農民数人の鍬組が一列に並び、鍬で泥を起こしてカヤツリなどの草をひっくり返す。二週間後にもう一度鍬組が出動して鍬打ちを繰り返す《写真16》。鍬打ちを水牛蹄耕で置き換える場合もある。

谷底上流部には乾湿田も現れ、そこは水を入れて犂で起こし、その後数群の水牛で蹄耕を行う例が増える。草が腐ったところで、女たちが均平作業をする。この風景は湿潤地帯のちょっとしたみもの

写真16●湿田の地拵え．深い湿田は手で草・泥をひっくり返す．下２枚の半湿田は鍬打ち．南西部ゴール東．

だ。鍬で泥の表面に浅い排水溝を切り、一筆をいくつかの区画に分ける。その後鍬に体を預けて足を左右に振って表面を均すのだ《写真17》。小溝で区切られた三メートル四方ほどの小さい区画はパティという。パティに分けることは乾燥地帯の水田でも水深調節のために行うが、湿潤地帯では排水促進の意味あいが重い。地拵えが終わった田を見ると、畦で区画するのではなく小溝で区画する形だ。小区画灌漑畑やスマトラのゴリゴリバラバラ水田とちょうどネガポジの関係にある。排水することで灌漑を適切に行うのだ《図5》。同じ方法はかなり広域に分布する。インド東北部の多雨地帯のアパタニ族、フィリピンルソン島のボントック族などだ。多雨多湿地帯に同じ技術が伝播している。

地拵えが終わると水を落として一〇月始めに芽出し籾をばら播く。成熟期間は三ないし四カ月の早生種を選ぶ。生育期の草対策は深水と排水を繰り返すことだ。広葉の雑草はこれで抑えられる。稗は抜く。一月、二月に水を落とし、鎌で収穫したイネ束を水田や川沿いに作った脱穀場へ集めて脱穀する。脱穀方法は一風かわっている。長い手すりを設け、それに掴まって足裏で揉むように穂束を踏む。乾燥地帯のような牛蹄脱穀ではない。最後に籠から落として風選する。脱穀方法や発芽籾をばら播く方式、水田表面に浅い排水溝を施すことはマラバール海岸一帯と共通している。

湿潤地帯の生活は稲作だけだと苦しい。生活を支えるのは多雨林環境の産物だ。まずココヤシがある。村はココヤシ林の中に隠れているようなおもむきだ。ココヤシは樹冠の下にロープが張り巡らされている。汁液を集めるタッパーは一本のココヤシに登ると、作業のあいだ次々と隣の木へロープを

写真17●湿潤地帯散播田の仕立て方．南西部ゴール東．

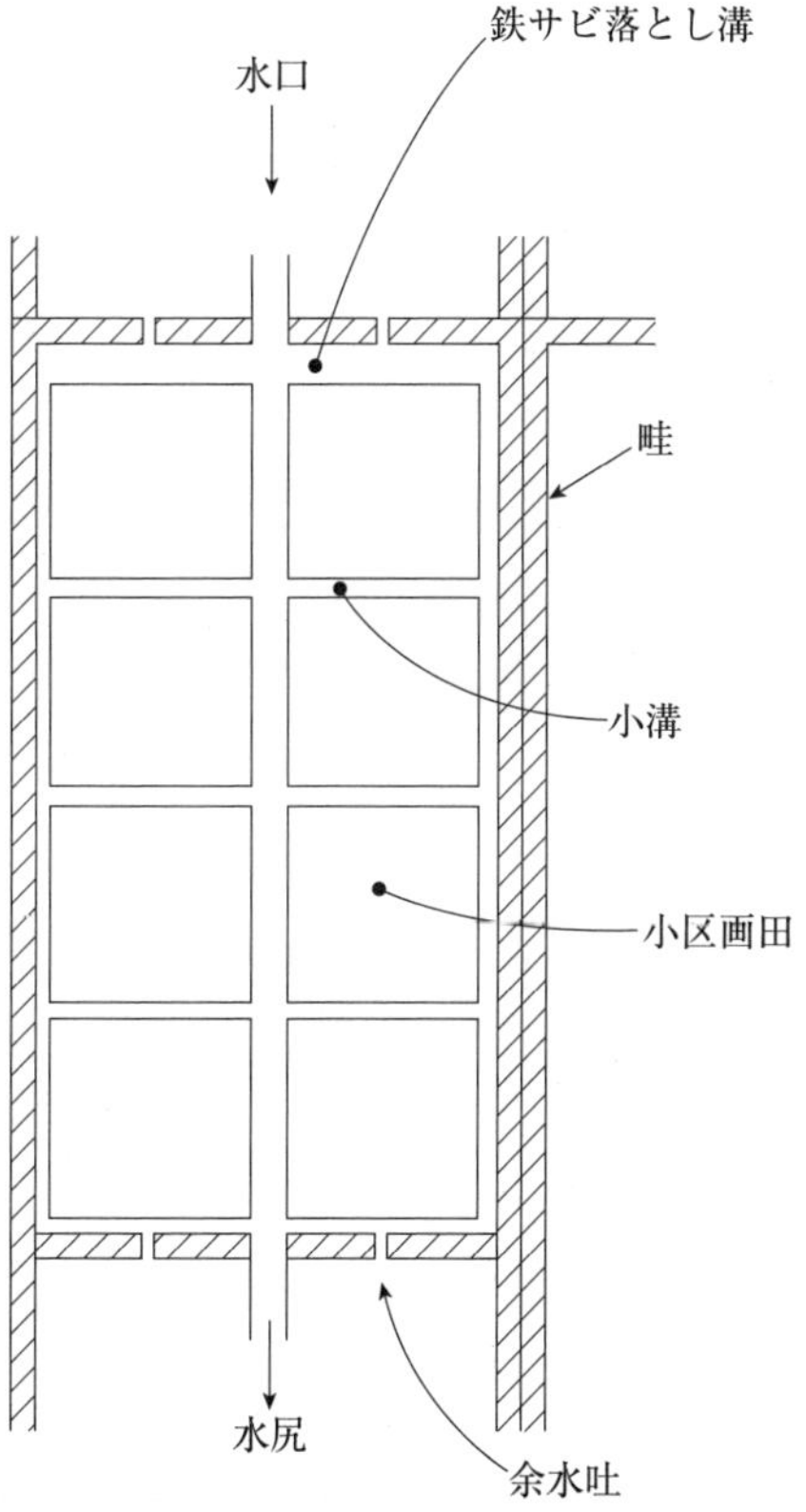

図5●スリランカの小区画水田．畦囲いの中を小溝で区画する．畝間灌漑畑に通じる発想．

伝って移り、終わるまで地上に下りない。ココヤシの花柄を切って出てくる汁液を集めて回るのだ。タッパーは汁液で一杯の壺を下におろし、鋭いナイフで花柄の古い切り口を切り飛ばし、花柄を棒でしごいて新しい壺をくくりつける《写真18》。汁液集めはマハ季を除いて毎日行う。ヤシ六本から四・五リットルの汁液が採れ、既に発酵している汁液（トディ）を蒸留すると八分の一量のアラックになる。アラック産業はタッピングやロープ作り、アラックを入れる樽作り、樽の運搬など村人に現金収入の方途を提供する。ココヤシはアラック以外にコプラとココナツミルクも売れる。

ポルトガルやオランダの武装商人たちが交易に来た頃の主な商品は熱帯多雨林のニッキと中央高地のアラビカコーヒーだった。一九世紀後四半期にコーヒー園が病気で全滅した後を受けてイギリスはチャとゴムを主要な商品とした。チャは高い山地まで栽培できる点でスリランカ中央部の地形と気候に合った。ゴムもチャも熱帯多雨林気候の環境を商品化したものだ。

湿潤地帯では植物や土の種類、水のあり方、それらの利用法が乾燥地帯と異なる。乾燥ステップで発展した穀物農業のやり方と異なる状況が出てくるのは当然だ。湿潤環境は端的にいうと、穀物には合わず、樹木作物やイモに向く。林や湿地では畜力利用よりも人力作業の方が合っている。土や作物と会話を重ねて農的宇宙を創るよりは珍しい品物の交易ネットワークに生きる環境だ。

スリランカの穀物農業をデカン高原と比べると、それぞれの乾燥地帯、湿潤地帯の技術は良く対応している。灌漑の方法や乾燥地帯での溜池の発達程度、イネと雑穀を主とした作物の種類などは実に

写真18●ココヤシのトディ集め．コロンボ南．

よく似ている。他方、違いも目立つ。デカン高原であれだけ発達している播種ドリルや畜力中耕除草具がスリランカでは姿を消し、蹄耕や鍬耕作、ばら播きが一般的だ。これは何を意味するのだろうか。デカン高原ではメヘルガルを通して入って来たオアシス農業の技術要素が根強く生き残った。手本への愛着が数千年来変わらなかった。しかしスリランカでは姿を消したものも多い。この差をもたらしたのは人口規模の違いだったと思われる。オアシスムギ農業は非常に労働集約的技術体系で、人手がかかる。しかしそれは同時に多数の人口を抱える社会で労働機会を創出するのに有効だ。播種ドリルや中耕除草具は労働を節約する効果ではなくて、煩縟なまでに手をかける、時間をかけて見事な作物を育てる技術であることがインドでは評価されたのだ。他方インド・アーリアンが移住したころのスリランカはインドよりも格段に小人口社会で、省力技術が歓迎されただろう。煩縟な方法は棄てて、古い技術ストックの中から蹄耕や散播法を選び取ったのだ。どちらも格段の省力技術である。

水牛蹄耕はデカン高原では少なくとも現在は見ない。ただしマラバール海岸のコーチンには水牛蹄耕の記録があるそうだ。多分デカン高原でもかつては存在したと推定される。しかしそこではもっと人手とひまのかかる見栄えのよい地拵え法が選択されていったのだ。

第4章 東アジアへの伝播

1 アワ・キビの東遷

西アジアの乾燥平原に発生したオアシス灌漑農業はその高い生産力をばねに、完成度の高い最先端の文化として急速に伝播した。ムギ作圏から遠くない中央アジア・アフガニスタン・インド北西部が重なる地域には、その衝撃でアワ・キビの栽培化が始まった。先に触れたように阪本寧男氏のグループが中国から見た西域を栽培起源地とする仮説を四半世紀前に発表した。

この仮説は大変画期的である。アワは中国の黄河文明を支えた作物で、華北や東北の新石器時代初期の農業はアワ栽培と豚飼育が中心だった。そのアワが西域から伝播したものだということだから、農業にとどまらず人間と文化の往来を考え直さねばならないほど大きな意味がある。見ようによっては驚天動地の説である。しかし国家の枠を取り払い、人は移動する動物だという自然な見方に戻ると、むしろわかりやすい仮説だ。その場合には生物的、農学的な意味づけがしっかりしていればそれを受け入れてその後の適応と発展を考えることになる。

ムギは冬作物である。つまり低温の時期を経過した後で日が長くなると花芽ができる。他方、アワ、キビやイネは夏作物である。高温時期を経過した後で日が短くなると花芽ができる。中央アジア、東アジアはどこも夏作物に好適な夏雨環境である。雨のない中央アジアの沙漠には、崑崙山や天山の融氷水に養われるオアシスが山麓部に点々とあり、オアシス灌漑農業が移動するための踏み石が連なっている。天山北の草原地帯は古来遊牧民の回廊、東西を往来する軍馬の道だ。チベット高原の湖沼やワジ川も地球の屋根に生きる農・牧民の移動生活を支えてきた。これら東西を結ぶ大動脈を通って穀物農業が急速に伝播したと思われる。だが西域を行く大動脈にその痕跡は残っているのか? 古い農業遺跡の出土例を知りたいのだが、中国語の発掘報告以外は少ない。時代はとびとび、遺跡の内容も様々だがいくつか例を拾い上げてみよう。合わせて現在の状況も述べる(地図3、4)。

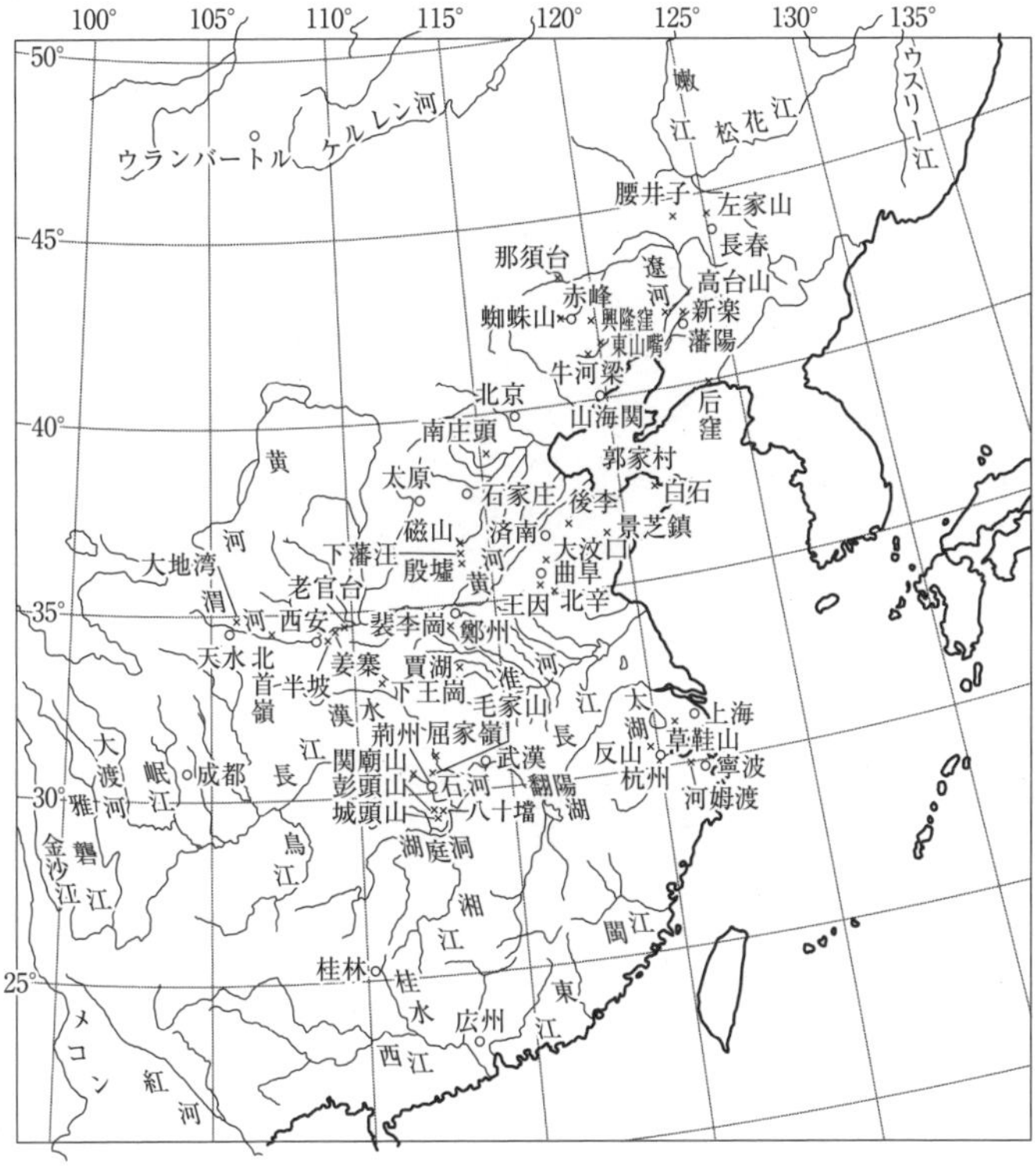

基図縮尺　1：14,000,000
0　150 300 450 600 750KM

×遺跡
○都市・集落

地図4●東アジア位置図

オアシス・ルート

タクラマカン砂漠の周辺部には天山南路に西からカシュガル、アクス、クチャ、ルンタイ、コルラ、トルファン、崑崙北路にサシャ、ホータンなどの古いオアシスが並ぶ。そこに古来シルクロードを往来してきた様々な民族がいる。現在もタジク、ウズベクなどのイラン系、満族、蒙古族、漢族などのモンゴル系、それらの混血で生じたウイグル、カザフなどいろんな顔がある。多民族空間だ。カシュガルでイスラームの聖者廟を訪ねたとき、墓守りの発した言葉が忘れられない。上海から来たと言うと、墓守りが尋ねた。「それは日本か?」

オアシスの広さは背後の山が高いほど広い。融氷水が乱流する河原から取水した水路が集落を密に縫う《写真1》。多分最も大きいカシュガルは市域が京都市洛中と同程度で、周囲の農地がその一〇倍近いサイズだから相当に広い。集落や道沿いにポプラ、ヤナギをびっしり植え込むので、炎熱の沙漠からオアシスに入ると温度が一気に五度ほど下がる。農地はもちろんすべて灌漑耕地で、穀物はムギ、ムギ後に筋播きしたトウモロコシ、あるいは水をはってばら播いたイネなどだ。カボチャ、ジャガイモ、ハミ瓜その他の野菜と果采、アンズ、ブドウ、ザクロなどの果樹、家畜用のアルファルファ、それにワタ畑も広い。

カシュガルの近くではスフ(疏附)県のアクタラ(阿克塔拉)など四か所で新石器時代末期の銅石

写真1●天山の雪山（上）と焉耆オアシスの水路（下）.

併用時代の遺跡が発見されている。摺り臼（磨盤）、摺り棒（磨棒）、収穫用の石ナイフと石鎌などが出たが作物は出ていない。[1]

カシュガルから八〇〇キロメートルほど東のルンタイ（輪台）では、竪穴の土坑に数十人の遺骸を合葬し、円形に土を盛った墓多数が調査された。盛り土からコムギ系のムギ穂と粒が、また副葬品からアワ粉で作ったクッキー状の食物が発見されている。この墓地群（輪台群巴克溝口文化[2]）は炭素年代が二六〇〇年前から二九〇〇年前（年輪校正）だ。副葬品では毛織物と、取手が一つの水さし型壺（中国では単耳帯流罐という）が多い。コルラの博物館には崑崙北路の且末県ザフルク（扎呼魯克）古墓から発掘されたミイラが展示されている。まるで今眠り込んだかにみえるあどけない金髪の少女と若い女性で、イラン系の容貌だ。少女は毛皮の頭巾で後頭部を巻き、赤いジョーゼットの布で身体を覆い、傍にはフェルトの頭巾や皮鞋がおかれていた。今も見るウイグル族の女性たちの身なりと変わらない。このミイラは三〇〇〇年前のものとある。また角杯やヒツジの皮、ロバの皮も出た。時代は後漢に下るが、民豊県のニア（尼雅）遺跡では男女のミイラが発見され、女性ミイラがつけている帽子は西域でよく見る円筒形のものだ。アワ、ムギ、ムギ穂、ウリも出土した。[3]多数の木簡には西方の文字が記されている《写真2》《写真3》。

コルラのすぐ東にあるボステン（博斯騰）湖は琵琶湖とほぼ同じ大きさで、コバルトブルーの水を湛えた淡水湖だ。そこへ北西から流れ込むユルドゥズ川の河谷斜面は天山に降る雨を受けて針葉樹の

写真2●タジク族の娘．タシュクルガン．

写真3●モレーン地帯の放牧地．パミール高原カラクリ湖．

多い森林と草原が広い。様々な民族がこの環境で牧・農・漁の生活を行っている。牧畜はヒツジ、ヤギが多いが、牛、ラクダ、馬も飼う。牛は犂耕、ラクダは毛、馬は騎馬遊牧のためだ。農地は谷川から取水して等高線沿いに延ばした水路でかけ流し灌漑を行っている。作付けは二年輪作で、コムギのあとにコーリャンかゴマを播き、翌年はワタを播く。家畜用のアルファルファはコムギと混播だ。コムギ跡を五、六年間牧草地にすることもある。どちらも夏の間は六回ほど灌漑する。穀物は鎌で根元から刈り、脱穀場に積み上げて石のローラーを引き回す。脱穀が済むとフスマと穀粒の混じったものを風選する。熊手やスコップで放り上げて風選を仕上げる。コメ、ムギ、雑穀、ナタネみな同じ方式だ。以上のように少なくとも今の方法はオアシス農業の技術をほぼ踏襲している《写真4》。

湖の北西岸一〇キロメートルに和碩県シンタラ（新塔拉）遺跡がある。古い河道址の近くに低く立ち上がったテルだ。テルの周囲は泥レンガの壁で囲まれていたようだ。出土品で目を引くのはきれいに整形された石の摺り臼（磨盤）、摺り棒（磨棒）と、多数の彩陶片だ。炭化したアワ粒も出土している。年代は三五〇〇年前とされる(4)。

ボステン湖から流れ出る水は孔雀河となって沙漠を流れ、楼蘭遺跡を経てロブノールに消える。その手前で発見された三七〇〇年前の多数合葬の古墓からは被葬者の頭の脇に置かれた小籠からコムギ粒が出ている(5)。

ウルムチ周辺は天山北麓から南麓のトルファン盆地まで新石器時代遺跡と銅石併用時代遺跡が草地

写真4●風選．亀茲．

やゴビで発見されている。天山北麓のカザフ自治県石人子遺跡は銅石併用時代の小さな墓葬遺跡で、その墳丘中の一層にかなりの量の炭化ムギ粒が双耳彩陶罐と共に出土した。また大きなきれいに整形された摺り石も出ている。トルファンのアスタナ（阿斯塔那）遺跡は細石器、摺り臼、摺り棒、彩陶片が多く、新石器時代の農業集落と考えられている。[6] この遺跡はスタインらの発掘（盗掘と報告者は言う）した唐代の古墓とは別だ。ちなみにその古墓は一九七三年に再発掘され、出土した副葬明器が面白い。穀物を挽いてパン生地あるいは麺生地を作る粘土人形（陶俑）や、フロックコートを着た胡人のラクダ引きなどだ。唐代によくあるモチーフだが、古代エジプトの副葬品にもよくある。また高昌国に水利官を置く指示文書もある。いずれにしてもこれは唐代のことだ。

トルファンの少し東、鄯善県のスバシ（蘇巴什）遺跡は火焔山の北麓に切り込む谷の崖上にあり、五〇基以上の竪穴土坑墓が調査された。乾燥気候のおかげで弓矢、木杯、盆、櫛などの木器がよく保存され、フェルトの毛毯、毛布、腰帯、帽子、皮衣、皮袋、毛織物なども多数発見された。年代は三三〇〇年前（年輪校正）とされる。[7] この古墓群はトルファンの交河古城を拠点に都市国家の車師国を構えていた姑師人のものと推定されているが、姑師人とは何者か説明はない。江上波夫氏は中国史料に出る月氏、禺氏が中央アジアにおける軟玉の土名カシュ、グシュの音写で、玉貿易の中継民族を禺氏、月氏、和《カ》氏と呼んだと推定し、また月氏が人種的にはコーカソイドであったと言う。[8]

交河古城は面白い遺跡である。レス粘土を掘り込んだ地下都市だ。カシュガルのこまかく入り組んだ通りと住居をそっくり地下に作った構造だ。居住区はカタコンベ（地下墓地）のような住居が蜂の巣のように集まり、官庁街は地下に天井の高い通廊が走る。天井が落ちて地表に露出する部分もあるが、元はすべて地下に掘り込まれた都市だ。甘粛、陝西のレス台地によく見る崖を刳り抜いたヤオトン（窰洞）住居などよりはるかに巨大で複雑な地下都市である。暑さを避けるために地下に都市を作ったのか、それとも姑師人がそういう性癖を持つ人々だったのか？　時代は下るがキジル千仏洞やベゼクリク千仏洞などもある。大規模な地下都市、石窟寺院を作る性向は西アジアで古くから根強い。関係があるのではないか？

こう見て来ると新疆省の新石器時代遺跡から出土する作物はアワ・キビのほかムギも多い。但しこれらの遺跡は一番古いものでも四〇〇〇年前にさかのぼるだけだ。中国本体部でも竜山期以降はムギの出土が増える。これらの遺跡は沙漠気候下のオアシスにあり、作物栽培は灌漑なしにありえない。もう一つ気づくことはフェルトの服や頭巾、皮鞋、金髪のミイラなどで、イラン系農・牧民や遊牧民が多数いたのではないかという点だ。

青海省に入ると見事な彩陶を持つ遺跡が一挙に増える。アワが出土した遺跡もある。一例は省都西寧の東、楽都県柳湾遺跡だ。[9]土坑墓に木棺を置く墓葬遺跡で甕に多量のアワを詰めた副葬品がある。副葬品は仰韶文化風の彩陶が圧倒的だが、穂摘み具と思われる穴あき石刀（銍）、石製の鋤もしくは鍬の刃先（石鏟）、それにトルコ石なども出た。年代は四六〇〇年から四〇〇〇年前という。

時代は下るが遊牧民の冬牧場と思われる遺跡もある。ツァイダム盆地南部の都蘭県タリタリハ（塔里他里哈）遺跡だ。[10] 三〇〇〇メートル近い高原地帯にある。報告で目につくのは、半壊で高さ二メートル前後の土壁囲いだ。土を円形あるいは方形に積んで家畜囲いを多数設けていた。土盛りは土と石灰を混ぜて強くし、囲いはいくつかが繋がっている。一つのサイズは長辺が二〇ないし四〇メートルに達する。また別に直径四メートル程の楕円形木柵囲いが一つあり、大量のヒツジの糞が堆積していた。牛、馬、ラクダの糞も混じる。入口と反対側には牛角が一個掛かっていた。木柵囲いは毛を刈り、あるいは調教、搾乳を行うための場所と思われる。住居址は一一戸をかぞえ、毛布、毛帯、毛縄、革履（革サンダル）、それにヤク牛の粘土模型が出土した。時代は中国の西周ないし戦国時代相当とされている。現在の蔵族遊牧民とほとんど同じ生活が窺われる遺跡だ。

チベット高原

タリム盆地とヒマラヤ山脈の間に横たわるチベット高原は高度四〇〇〇メートルから五〇〇〇メートル、世界の屋根である。大部分は低温寡雨気候で長期の土壌凍結のため一面の草原だが、サルウィン、メコン、揚子江など東部チベットの河谷地帯は比較的温暖多雨で林が立つ。その一つメコン河源流地帯にある昌都県で重要な遺跡が発見された。高度三一〇〇メートルにある昌都卡若遺跡だ。[11] メコン河の崖上三〇メートルにある河岸段丘で発見された新石器時代の村から大量のアワ粒が出土した。

収穫用の一穴や二穴の穂摘み具、粉挽き用の摺り臼、大量の細石器、磨製の石斧、石鏃も多数出土している。れっきとした定住村だ。村は五〇〇〇年前から四〇〇〇年前まで続いた。出土陶器は馬家窯、半山、馬廠など仰韶文化期相当とされる彩陶が多い。住居は竪穴半地下式と浅く窪めた地上式の平屋根家がある。どちらも木柱を建てて梁を組み、平屋根を載せたと推定されている。竪穴式では壁の下部に石を積み、床面にも礫を敷いたものや、道も礫で舗装した立派なものがある。ウシ、ヒツジ、ブタなど多数の家畜の骨と、石積みの家畜囲いも出た。遊牧民の冬営地に置かれた村と推定できる。

この遺跡は黄河流域のアワ栽培農業が西へ及んだものか、それとも阪本仮説が主張する中央アジア南部の起源地から東へ伝播した歴史の一断面なのか？

昌都は行ったことがないのだが、もう少し東の理塘までは成都から行ったことがある。高原平坦面は四三〇〇メートル、それを理塘河が五、六〇〇メートル切り込んでいる。雄大な斜面はモミ、トウヒ、マツなどの針葉樹とカバ、ヤナギなどの混じった林が北斜面を占め、南斜面と高原は草原が占める。草原には石や芝土を積んだ牧柵が点在する。アルファルファを播いた石柵囲いの牧草地、夏牧場の黒いテントも点々とある。アジア大陸の遊牧民のテントはチベット高原もイラン高原もユダヤ高地もみな同じだ。遊牧、移牧の途中で移動の生活圏が重なり合い、文化が伝わるのだろう。それを見ると遊牧民とは電線を流れる電流だといつも思う《写真5》。

谷底には蔵族牧民の冬営地や村がある。冬営地は石作りの平屋根家がポツンポツンと立ち、村は一

写真5●チベットの遊牧民．四川省康定県．

〇軒ほどの家が集まる。家畜はヤク牛、犏牛、黄牛、ヤギ、ヒツジが主で、犏牛は犂耕用、他はバターやチーズ作りに搾乳し、ヤギ、ヒツジは毛も刈る。四月から八月まで高原の夏牧場へ家畜を連れて行く。冬営地の畑が収穫を終えると家畜を連れて下がり、刈り跡で放牧をする。作物はチンコー（青稞）ムギ、コムギ、エンドウ、ジャガイモ、ダイコンが主だ。穀物の収穫は鋸歯鎌で行う。石作り家の屋上には藁やフスマ、アルファルファを一杯積み上げている。耕作に使う二頭引き犂は頑丈なアードだ。西アジアの双柄犂の名残をとどめた二本の突起が犂床の後方に立つ古風なものだ《写真6》。尖った棒を立てて引く牛耕用の道具もある。土を打つのだという。脱穀は殻竿でやる。ムギ類の製粉には水碾を使う。これは谷川の水を引いて床下で水平回転羽根を回し、床上に置いた石臼を回す方式だ《写真7》。畑の適地がなくて牧畜専門の人もいる。

ブラマプートラ河の上流ヤルツァンポ河谷にラッサがある。ラッサのランドマークであるポタラ宮殿の北五キロメートルに新石器時代晩期の曲貢遺跡がある。(12) ラッサ川の平野から立ち上がる岩山の斜面下端にある。摺り臼、石製の踏み鋤（双肩石鏟）、貯蔵穴などが出土し、定住農村とされる。器壁の薄いいわゆる卵殻黒陶と呼ばれる陶器が多い。卵殻黒陶は銅器を模して始まったと思われるが、その出現は西アジアと中国で時期が相当違う。どちらのものだろうか？

ラッサから西へ向かうと気候は次第に乾燥する。一面の草地は谷底と以前の氷河が作ったカールにあるだけで、かつての氷河のアウトウオッシュ・プレーンからモレーン地帯は土漠や礫漠となり、草

写真6●古風なアード．四川省康定県新都郷．

写真7●水碾．同前．

株は点在するのみだ。こうなると遊牧は一層重要になる。ネパールやラダック、カシミールへキャラヴァンを連ねて行く跨境交易も重要だ。商品は毛織物やフェルト、牧畜製品、チベットに多い塩湖や岩塩層から取る塩が主な商品だ。このような跨境交易は人とものの通廊を作って来た。その歴史は相当古いとみて間違いないだろう。

跨境交易は環境の違う地域間で作物や耕作法を伝え合う強力なきっかけにもなる。カイラス山から南に向かい、ヒマラヤの北麓にある宿場町ブラン（普蘭）やグゲ王国の故地ザンダ（札達）にオアシス灌漑農業のデザインが生きているのは驚きだ。但しチベット高原ならではのやり方が面白い。河岸段丘の上に灌漑畑が広がり、チンコームギ、エンドウ、ナノハナが栽培される。谷川の水を引いた幹線水路は分水升で支線に細かく分けられる。そして一筆の畑は例の小区画畑に区分される。チベット高原ならではのやり方は、春の耕起にからんでいる。春になれば灌漑をせずすぐ播種にかかれるよう、秋の終わりに畑に水を入れておくのだ。水を吸った畑土は冬の間凍結している。春四月末に土の凍結が解け始め、適期を知らせてくれる。そうなると犂を騙牛か馬に引かせて播種溝を切る。一人が犂の柄を操り、一人が家畜のくつわを取り、うしろを歩くもう一人がチンコームギなどを播く。このあたりの犂は犂柱がなく、犂梢から直轅が延びるアード型の犂で鉄製の犂先をはめ込むインドに多いタイプだ。播き終わると溝に直角にマグワ（耙）を引かせて覆土をする。播きつけはエンドウ、チンコー、ナノハナの順だ。播種が終わると手畦を立てて一筆を細かく区画する。その後は一〇日から一五日に一度灌漑する。全部で六回から七回灌漑を行い、三回目の灌漑まではそのたびに草を取る。その後は草取りの必要がない。収穫は鋸歯の鎌で刈る。収穫はナノハナ、エンドウ、チンコーの順だ。半月間畑で干して脱穀場へ運び、ヤク牛に踏ませて脱穀する。少ないと殻竿で叩く。あとは熊手やスコップで放り上げて風選をし、篩でふるって穀粒を貯蔵する。エンドウとチンコーを混播する場合もあり、その際は種子が混じったまま貯蔵する。チンコーの収量は毎ヘクタール一・五トンから二トンだ。

ブランはガンジス河の支流ガーガラ河畔にあり、ザンダはインダス河の支流サトレジ河畔にある。ブランから河筋にしたがって下るとネパールへ行くし、ザンダからはシムラへそしてデリーはすぐだ。もっと西のルトック（日土）からはインダス本流沿いにラダクのレーへ行ける。キャラヴァンルートであり、遊牧ルートでもある。というのはキャラヴァンの家畜をネパール側やインド側の牧草地で遊牧することも重要なのだ。ヒマラヤ南面の地域はチベット系遊牧民の移動生活圏で、これは一九五〇年の事件のはるか以前からそうだ。他方、ブランの北のカイラス山は世界の中心メルー山でシヴァ神の住み家、麓の二つの湖はガンジス河の源流で、ブラフマンの念力で生まれた聖なる湖だ。毎年夏には多くのヒンドゥー教徒とラマ教徒が巡礼に来て、山と湖の周りをめぐり歩く。こういった習俗や伝説はいつごろからあるのだろう？《写真8》

チベットの家の屋上には必ず焚香炉がある。匂いの良い草や木を焚いて香煙を天に送る。そういえば北京の天壇には天子が祭天儀式を行う円丘壇の脇にやはり大きな焚香炉がある。チベット、中国に

写真8●チベットの遊牧民．ナム湖近傍．

限らずインド西部、西アジア、中東など遊牧と定着が入り混じる地域の宗教や民俗では祭天の焚香は普通のことだ。オアシス灌漑農業のデザインと一緒に広がったのだろうか？

草原の道

もう一つの東西の大動脈はカスピ海からカザフスタン、ズンガリアを経て蒙古高原まで続く草原地帯だ。この地帯は江上波夫氏によるとコーカソイドとモンゴロイドの境界領域で、紀元前一千年紀後半ごろまでバイカル湖以西の渓谷とオアシス、西シベリアの広大な草原はコーカソイドが占住し、モンゴロイドは蒙古、中国、東北アジア、チベット、東南アジアが住地だった。紀元前一千年紀後半にモンゴロイドの匈奴が西遷・南下を始めて両者の接触・融合が進んだ。シベリア北部の森林地帯沿いではモンゴロイドの西への進出はもう少し早く、青銅器時代早期に始まっていたという[13]。紀元前一千年紀に活躍したスキタイ＝サカ、月氏、大夏（アムダリアとヒンドゥークシュ山脈の間にあった国）、クシャン、ソグドなどもすべてコーカソイドだったようだ。タリム盆地の新石器時代から漢代の遺跡にイラン系のミイラや西域のフェルト、毛皮製品、衣装が多いことを考えるとあながち誇張ともいえない。

コーカソイドは西アジアからムギ農業・牧畜複合を持って北の草原地帯へ進出したと思われる。トルクメンのアシュハバード近傍で発掘されたジェイトゥン、アナウ、ナマズガなどのテペ（テル）発掘について江上氏が触れている。これらはイラン高原北端のコペト・ダーグ山地の北麓にあり、カラクム沙漠と接するオアシス地帯にある。紀元前六千年紀から五千年紀の灌漑農業集落と推定されている。作物は記述がないが、ヤギ、ウシ、ブタなどの骨が発見され、三千年紀半ばにはラクダも車引きに使われた。同時期のジッグラトも発掘され、メソポタミアと同じ農・牧複合を基礎にした都市文化が発展したようだ。初期の陶器は彩陶が圧倒的だが、紀元前二千年紀には無文灰色土器が置き替わった。また紀元前五千年紀には既にピン、装身具などの銅製品が出現し、三千年紀には青銅印章も制作された(14)。江上氏の論説からは、コペト・ダーグ北麓の農業・牧畜社会が西アジアのオアシス灌漑ムギ農業を中央アジアへ吹き出す窓口になったとみえる。

紀元前四千年紀のトリポリエ文化（現在のウクライナ地方にあった）では、コムギ、オオムギ、キビを栽培し、ウシ、ヤギ、ヒツジ、ブタ、遊牧用のウマを飼っていた。紀元前二千年紀にはラクダも飼われていた(15)。

2 アワ・キビ栽培の進展

東北中国の遺跡

中央アジア南部で栽培化されたアワ・キビはおもにゴビの草原ルートとタリム盆地のオアシスルートを通って東アジアへ伝わっただろう。東アジア早期のアワ・キビ栽培は中国東北地方の遼河平原や、黄河流域渭河平原と華北平原で広がった。年間雨量は五〇〇ミリメートルから七〇〇ミリメートル、乾燥指数は二〇以上で乾燥農業が可能だが、西北へ向かうと急速に乾燥する。レスの台地と平野は肥沃な土が分布し、初期農業の立地として申し分ない。但し低平地は東北、華北どちらも塩害のおそれがある。

東北地方の古い農業遺跡は遼河の平野を挟んで西の赤峰（内蒙古自治区）と東の瀋陽（遼寧省）周辺に多い。赤峰周辺では七三〇〇年前の敖漢旗興隆窪が今のところ最古の遺跡だ。さらに六〇〇〇年前の紅山文化の遺跡群があり、少し北の巴林左旗には五〇〇〇年前の遺跡群、敖漢旗にはまた四〇〇〇年前の遺跡が集中している。赤峰周辺の遺跡はレスをかぶった緩やかな丘陵・台地にあるが、瀋陽の新楽遺跡や遼河右岸の新民高台山遺跡は遼河下流の沖積平野にある。その年代は七三〇〇年前頃と興隆窪に並んでいる。

瀋陽の新楽遺跡[16]ではレスの低い丘にある住居址と、石器、土器作りの共同作業場が発掘された。上下二層の下層から炭化したキビの堆積層が出土した。石鏟、石の摺り臼（磨盤）、摺り棒（磨棒）が多いことから、キビを栽培し、粉にして食っていたことは確かなようだ。収穫具には穂摘み用の二穴、三穴の石刀がある。鋸歯を刻んだ石鏃やナイフなどの細石器も多い。下層の土器は日本の東北地方縄文前期に特徴的な円筒土器に似た深い壺（深腹罐という）が多い。土器には之の字の刻紋が施されている。ただし回転施紋ではなく、圧印用具の上下両端を交互にずらして連続的に刻印したとされている。これらの土器は穀物の煮炊きに使える。また箕として使ったものか斜口の土器などが出た。上層では三本足を持つ大型の煮沸器であるかなえ（鼎、鬲）、甑《こしき》に変わる。この変化はキビを粉にして食う方式から炊いたり、蒸したりする粒食へ変わったことを示すようだ。

赤峰市興隆窪遺跡[17]は西遼河支流の緩やかな丘陵地帯にある。現在の景観は丘陵の高みも低みも一面の畑で、遺跡は高みにある環濠集落址だ。粉化の道具や石鏟、之の字紋の深腹罐など、新楽遺跡とよく似た内容を示し、作物遺物は出ていないが、アワ・キビ栽培の農業遺跡と推定されている。住居址からクルミの殻がかなり出ている。

六五〇〇年前頃に始まる紅山文化遺跡は数多い。赤峰市の蜘蛛山遺跡ではアワが出土している。[18]紅山文化は新楽、興隆窪を継承し、穀物栽培を行う文化だが、注目すべきは玉器や玉器作りの道具が多数出土することだ。代表的遺跡は遼寧省凌源県牛河梁にある女神廟で発見された[19]。これは積み石塚の祭祀遺跡で、玉の環、円形の玉璧、怪獣を刻んだ玦（猪竜形玦という。玦は耳飾り）、方形の玉板など、それに人物頭部の塑像も出た。凌源の東、大凌河西岸の緩やかな丘上にある喀喇沁左翼の東山嘴遺跡[20]も石積み壁で囲まれた祭祀場で、やはり多数の玉器が発見された。梟型の飾り、両端に竜頭をかたどった帯玉（璜）が多い。それに立ち姿勢や座って出産中の妊婦の塑像も出た。チャタル・ヒュックの出産女神に酷似している。同じような宗教センターだったのだろう。

赤峰の北、西遼河支流シラムレン河の北の山麓に位置する巴林右旗那須台遺跡[21]は住居址だが、之字紋の陶器、摺り臼、摺り棒、石耜、石鎌（鎌）、穂摘み用の二穴の石刀など生産具と共に玉器と制作道具が多数出土した。梟、蚕、魚、璧型の飾り、それと牛河梁と同じ猪竜型玦などだ。他に冠らしい三層の輪を戴いた石刻人像や、祭儀用のクラブヘッドなど、相当に大きな権力の形成を窺わせる。

瀋陽の新楽、新民高台山、赤峰の興隆窪そしてやや後の紅山文化という系列はもっと内陸の吉林省にもある。長春の北、松花江支流の伊通河平野にある農安左家山遺跡[22]は時代・内容ともに新楽文化相当だ。環境の違いで遺跡の性格が異なる場合もある。松嫩平原の砂丘上にある長嶺腰井子遺跡[23]は新楽並行だが、細石器の鏃、モリが発達し、大量の魚骨や動物骨、貝殻が出土した。狩猟、漁猟を主な生業としていたようだ。松嫩平原は砂丘と塩性湿地が混在する環境だ。

遼東半島と沿岸の島々にある六〇〇〇年前頃の遺跡は複雑な様子がみえる。例えば付け根に近い東溝後窪遺跡(24)は穀物栽培を示唆する道具や煮沸陶器とともに網の錘が多数出土し、祭祀用具にも滑石製網錘、魚をかたどった彫刻など漁業関連の遺物が多い。遼東半島先端部の大連郭家村遺跡(25)は四〇〇〇年前頃まで続いたようだが、東溝後窪と似た遺物のほか、クマ、オオカミ、ノロ、アカシカ、ジャコウジカ、キョン、ムジナなど動物の骨が大量に出土し、狩猟が重要だったことがわかる。炭化したアワ粒も出土した。炭素年代は四一〇〇年前ないし五〇〇〇年前(26)だ。

玉の材料はどこから来たのだろうか？　地続きの産地を探すと、中央アジア南部のバダフシャン、ミャンマーのカチン、タリム盆地のホータンがある。一方華北での玉器出現を見ると、中原や関中の磁山、裴李崗、仰韶文化には少ない。多いのは山東半島の大汶口文化でこれは紅山文化並行だ。華中では大汶口より少し後の五〇〇〇年前頃に始まる良渚文化の玉器がクライマックスを見せる。良渚文化は上海周辺に中心がある。要するに初期の玉器の中心は中国の東端沿岸部に現れた。材料が西から来た可能性は否定できないが、同時に日本海を挟んだ新潟県の姫川支流小滝川や青海町のヒスイ、鳥取の八頭郡や島根の玉造の玉が運ばれた可能性もある。ヒスイの道を通って東北中国や山東半島から裏日本へ六、七〇〇〇年前、縄文前期ないし早期に穀物栽培が入った可能性はある。

耕作法

現在の畑は平畝《ひらうね》方式だが、天野元之助氏によれば解放前の東北は畝立て方式だった。これは灌漑施設がないうえに気温が華北より低いので、春秋に地温を高くするため南北の方向をとって陽光を畝一面に受けるようにしたのだという。畝立て方式は夏の強雨にもうまく適応している。大陸的な緩やかな地形に作られる畝の長さは時に五〇〇メートルもあり、長い畝間はダムとして働き、土の流出を防ぎ、また水が畝に速やかに浸透するのを助けるからだ。

だが畝立て方式で穀物を栽培するのは平畝方式より手間が一つ増える。幅三五センチメートル、長さ四〇センチメートルもの大きな犂先で幅五〇センチメートルから七〇センチメートルの畝（壟という）を立て、その上に鏹という溝切り道具を二頭の役畜に引かせて播種溝を二本掘る。播種にはヒョウタンを利用した点播具を使う。これはインドの単管ドリルと機能は同じだが構造は違う。役畜で引くのではなく、瓢箪容器を叩きながら播種をする。そのあとから鏹につないで役畜に引かせる覆土用のマグワで覆土をした(27)。平畝方式だと地拵えの後、播種ドリルや耰を役畜に引かせてもっと簡単に播種と覆土を終えられるが、環境が別の方法を強いた。役畜はウマとラバだ。インドと少し違う役畜利用の精耕細作方式である。

作物はダイズ、アワ、ムギ、コウリャンが主だった。冬の低温のため年一作で、三年間の輪作方式だ。ダイズを植える年に畝を犂き返して前年の溝に今年の壟台を作る。播種が済んだあと、夏の除草・中耕は鋤（鳥首型鍬という）を使う手作業だった。刈り取りは鎌で行った。現在は機械化が進み、トウモロコシが増えている。それでも収穫物を脱穀場へ運んで円形に広げ、ラバ、ロバに石ローラーを引かせて脱穀する方法が伝統的だ《写真9》。粉にする方法は、一九九一年にはまだ石碾を見た。これは大きな円形石台の上に石円盤を立て、その軸に役畜を繋いで石円盤を回行させ粉に挽くものだ。西アジアで古代に使われた道具である。

このように現在の方式は灌漑が必須要件ではないものの、オアシス穀物農業の骨格を踏襲し、細部は環境適応の工夫を行っていると言えよう。

中国で雑穀の呼び名は歴史的に変遷があり、錯綜している。アワ粒は現在の言葉では谷子と書きクーツと発音するが、古代に穀と言えばアワを指し、多くの古典では稷もアワを指した。しかし稷はウルチ種のキビの意味で使われる場合もあった。現在、キビ属を指す学術用語は稷である。大変ややこしい。精米でまた呼び方が変わる。谷子クーツは薄い皮をかぶっている状態のアワ粒で、精米して黄色い表面が出た状態は小米と書いてショウミという。ちなみに白米は大米ターミだ。キビ粒は黍子と書いてシューツというが、精米したものは黄色いので黄米と書き、ホアンミという。モロコシは蜀稷と書くが、今日では高梁という表現が普通だ。だがホーキモロコシは穈子と書きミーツという。ホーキモロコシはパーボイル処理を行う唯一の雑穀だ。

華北の遺跡

ここでいう華北は北京、天津、それに河北、山西、山東、河南四省を含める。現在の主な栽培穀物

写真9●脱穀．穀物はすべてこの方式．その後、放り上げ風選を行う．赤峰近傍．

はコムギ、トウモロコシ、コウリャン、アワ、ダイズだ。とりわけ鄭州を頂点とする黄河デルタは広大平坦な黄土の畑作地帯だ。黄河流域の灌漑率は一九八〇年で三割、長江流域の六割強に比べていかにも畑作地帯だ。水稲も時々見るが、農民の意識にはイネを植えることに抵抗感か違和感があるようだ。孔子廟が有名な曲阜（山東省）の北で大汶口遺跡を訪ねたときのことだ。深い管井戸で灌漑しているのに、コムギとトウモロコシの年二作だ。水稲は？　と尋ねると村人はつくらないと答え、食ってもまずいと付け加えた。びっくりである。最近の中国で多い雑交稲は確かにまずいが、それでも雑穀と比べてまずいと思うとは。固定観念は恐ろしいというべきか、伝統の根強さというべきか。

ことほどさように稲作を疎外する気分が華北では強い。これは新石器時代初期からの伝統がある。七五〇〇年前ないし八〇〇〇前頃にアワ・キビ農業が甘粛から陝西、河北、河南、山東まで広がった。関中盆地の西、天水盆地の丘陵地帯に位置する泰安大地湾遺跡[28]では袋状貯蔵穴の底に厚さ二〇センチメートルの炭化アワ粒が出土し、別の灰坑からはキビやアブラナ科の種子が出土した。

陝西省の渭河南岸の河岸平野は秦の始皇帝陵や兵馬俑坑、唐玄宗皇帝の華清宮など歴史時代のきらびやかな名蹟が集まる地域だ。そこはまた西安半坡遺跡や姜寨遺跡など仰韶文化の遺跡が密集する所でもある。その中心の華県渭南には仰韶文化より一段古い老官台文化の遺跡が群集している[29]。後代の灰坑や住居址により破壊が著しいが、大地湾、磁山などと並行のアワ・キビ農業遺跡とされる。

河北省南端部の武安磁山遺跡[30]は太行山脈東麓の台地にある。発掘範囲内で見つかった住居址は円形の竪穴式が二戸だけだが、灰坑や貯蔵穴は四七四個に達した。貯蔵穴は深さが三メートルを超えるものもあり、その内八〇個には炭化した貯蔵食糧が三〇センチメートルから二メートルの厚さに堆積していた。この食糧はアワ、クルミ、エノキの実、ハーゼルナッツなどと判明した。これらを粉に挽く摺り臼（磨盤）はスケート型といわれる長さ七〇センチメートルに及ぶ石板で下に四本の脚があり、両端を丸めた整形のよいものだ《写真10》。摺り臼と摺り棒、煮沸用土器を載せる支座がセットであちこちに散在し、食糧加工作業場だったと報告者は推定している。陶器では三本足を持つ鉢や壺が出始める。これは裴李崗でも同様だ。

河南省鄭州市の南約三五キロメートルにある新鄭裴李崗遺跡[31]はレス台地の上にある。発掘された遺跡は主に竪穴土坑墓で、副葬品では磁山遺跡で出たのと同じ形の摺り臼、摺り棒が目立つ。石鎌（鎌）はこれも完成された形で、磁山と同じく鋸歯を刻み、柄の取り付け台と紐で固定するための溝もある《図1》[31]。耕作用の石鏟は長さが四〇センチメートルに及ぶものもある。貯蔵穴の数はわずかだったが、出土した炭化穀物はアワと判定された。陶器を焼く窯が出土し、またブタの土偶は鼻の短い飼育型のものである。

年雨量は六〇〇ミリメートルほどあるとはいえ夏に集中し、播種と実りの時期は乾燥が厳しい。現在の作物は冬季のコムギ、夏のトウモロコシ、ダイズ、ゴマ、ピーナツ、サツマイモだ。灌漑が無いと収穫はおぼつかないと村人は言う。水源は深さ四〇メートル前後の井戸だ。畑は小さく区画し、

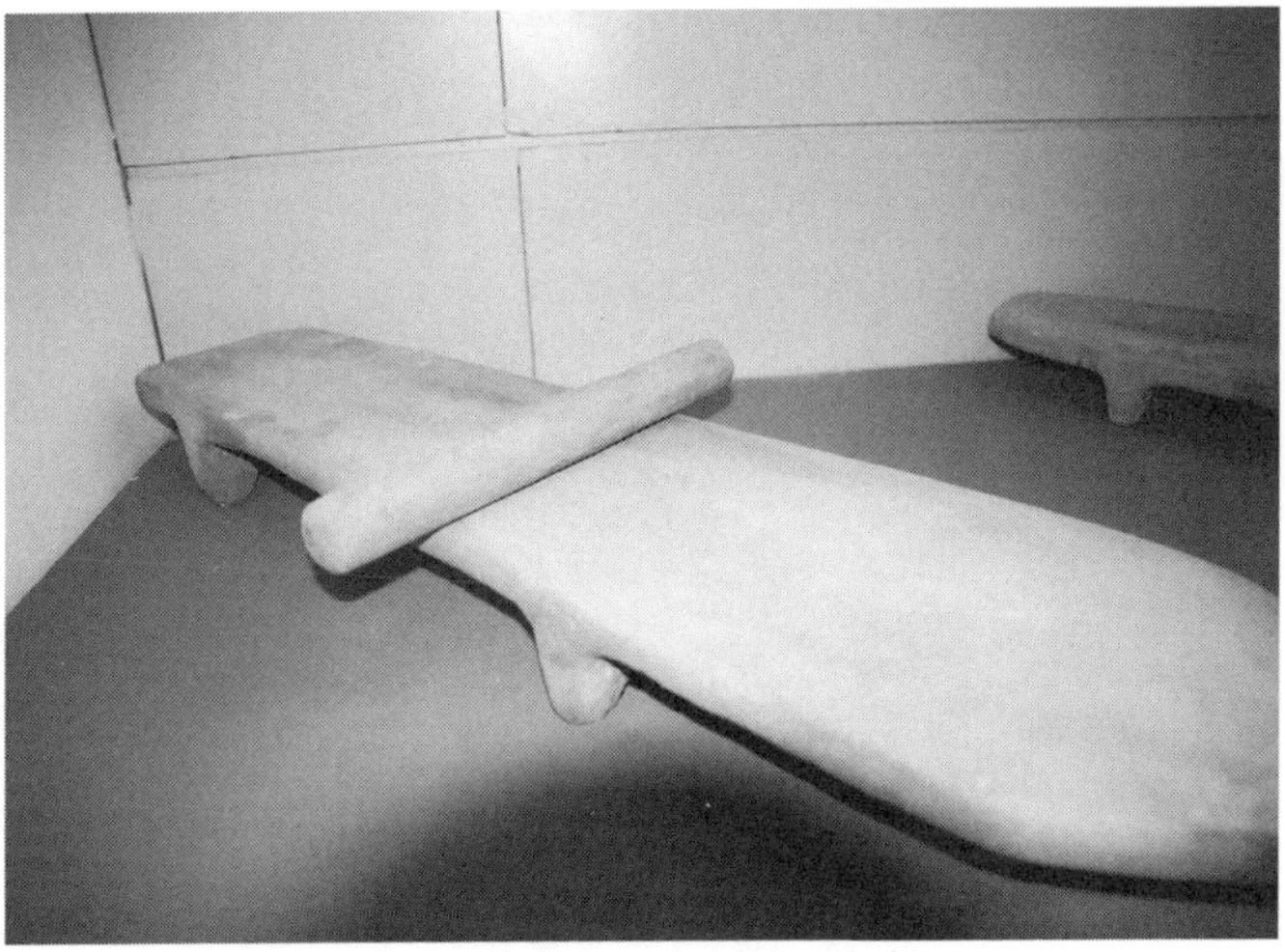

写真10●磁山の摺り臼（磨盤）と摺り棒（磨棒）．磁山文化展覧館の展示品．

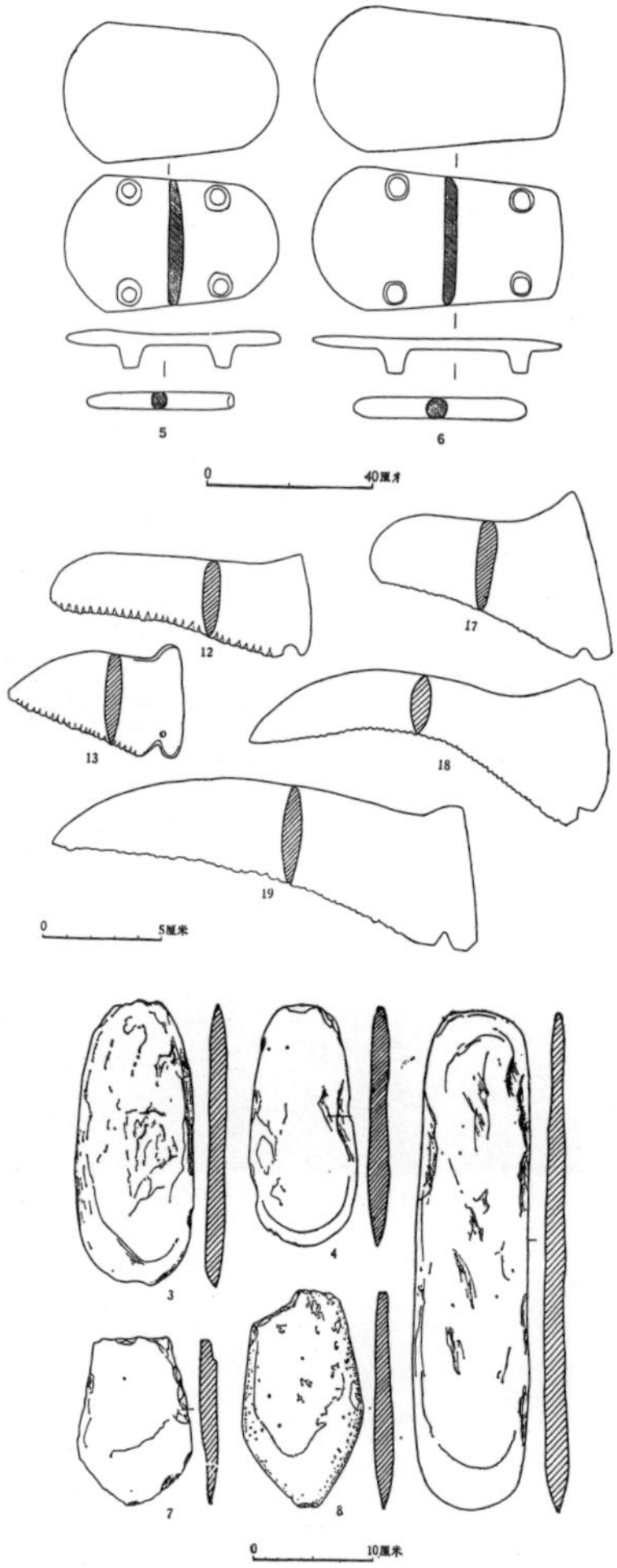

図 1 ●裴李崗遺跡出土の石器．摺り臼、鋸歯鎌、石鏟[31]．

井戸の水で灌漑する。一人当たりの耕地面積は一ムー（六六〇平方メートル）、かつて新石器時代最先端の農業集落も今は貧しい。トウモロコシと飼育したブタを売って辛うじて生計を立てる。

山東省では曲阜の東南八五キロメートルにある滕県北辛遺跡(32)がこれらの遺跡と同類だ。陶器の底にアワの痕跡があった。遺物はよく似ているが、摺り臼や摺り棒は形がそれほど規格化されず、また収穫具は石鎌（鎌）より石刀が多い。掘り具として石鏟以外に鹿角を利用した鍬が出ている。東北の新楽や興隆窪の影響が感じられる。陶器では三本足を持つ鼎が目立つ。ほぼ同時期の遺跡は他にかつての斉国の城址に近い淄博市臨淄後李遺跡(33)、半島北岸の烟台白石遺跡(34)もそうだ。

これらの文化はアワ・キビを中心とする穀作文化だと推定できる。石製の摺り臼（磨盤）、摺り棒（磨棒）、鏟（踏み鋤あるいは鍬の刃先）、深い鋸歯のある石鎌など生産の道具や処理の道具が同じ形である。深腹罐、それに三足が付いたもの、アンフォラによく似た両取手付きの壺（双耳壺）や尖底瓶、かなえ（鼎、鬲）、こしき（甗）など土器の構成もよく似ている。煮沸用土器の支座にいたるまで同じ形式だ。支座は汎世界的に同じだ。要するに作物や生産道具、穀物の処理道具、また土器構成の面で高い斉一性を示す農業集落が短時間のあいだに華北中原、山東半島、東北に及ぶ広い範囲に広がった。しかもそれまでの伝統と無関係に突然現れた。というのは裴李崗、磁山、大地湾、北辛などよりさらに前の文化としては河北省の大行山脈東麓、保定市で発見された徐水南庄頭遺跡(35)が代表だが、これはオオカミ、シカ、ジャコウジカ、ツルなどの骨が多く、摺り臼と摺り棒の破片はあるものの、狩猟要素が強い。炭素年代は九七〇〇年前とされる。南庄頭と磁山、裴李崗の間には文化の開きが大きい。

この後、甘粛、関中と中原では仰韶文化が、山東半島では大汶口文化が前代の文化を継承発展させた。仰韶文化は複雑な色付け模様で飾られた見事な彩陶が特徴的だ。代表的な遺跡は渭河平原の宝鶏北首嶺(36)や西安半坡(37)、臨潼姜寨(38)、河北省の磁山に近い磁県下潘汪(39)、河南省丹江上流（漢水支流）の淅川下王崗(40)などだ。村は大きくなり、住居址が著しく増えた。半坡や姜寨では壁を持つ大型の方形家屋が出現し、環濠集落の形だ。集落の中に家畜を囲う柵が置かれ、主にブタが飼われたが、ヒツジ、ヤギ、シカを飼った例もある。淅川下王崗では三三戸が繋がったロングハウスが出土した。これは現在のボルネオでイバン族に特徴的なロングハウスと高床でないこと以外は同じ構造だ。食糧の貯蔵穴も方形、円形、袋状（フラスコ・ピット）と多様である。姜寨の貯蔵穴からは炭化キビが、半坡では壁龕に置かれていた壺の中から一杯に詰まったアワが発見され、またナタネ、ハーゼルナッツ、クリも出土した。陶器を焼く窯では縦窯以外に登り窯が出現した。半坡では陶器の底にアサ織物の圧痕が発見され、また蚕も飼われた。陶器に刻まれた符牒も見つかっている。耕具では取手に固定する穴を開けた石鏟が登場した。収穫具では鋸歯のある石鎌（鎌）がやや減り、一穴、二穴の石刀が増える。

穀物処理の摺り臼は継続するが、裴李崗や磁山に比べ退化傾向を見せ、調理法が粉食から粒食を主とする方向へ変化したと推定される。これらの遺跡は七〇〇〇年ないし六〇〇〇年前とされている。この仰韶文化の頃には華北にもイネ栽培が伝わっていた。イネは次節で触れるが、多分江淮平原のどこかで栽培化され、長江中下流域ではイネ栽培が進展していた。その形勢が北にも伝わり、紅焼土や壺にイネ籾の圧痕が発見される例がある。陝西省漢中の西郷李家村遺跡や洛陽西の仰韶澠池、淅川下王崗などだ。

山東省一帯で仰韶文化とほぼ並行するのは大汶口文化だ。代表的遺跡は泰山の南、泰安市の大汶口にある。[41] 大汶川の支流に挟まれたレス平原だ。発掘されたのは公共墓地で、多くは竪穴土坑墓だが、木材を井型に組んだ木郭墓も出土した。耕具は固定用の孔をあけた石鏟と石刀、貝殻と骨製の鎌（鎌）、調製具は摺り臼、摺り棒がわずかに出た程度だが、並行する煙台白石村でしっかりした摺り臼、摺り棒が出ている。[34] 大汶口の副葬品は豊富だ。まず目を引くのは陶器の種類で、三本足を持つ鼎、高い台を付けた鉢（豆という）、その台に多数の孔をうがったもの（鏤孔豆という）、膨らんだ三本の足と大きな取手を持つ鬹（酒器）、水注しの盉（縄文時代の注口土器）、それに彩陶だ。登り窯も発見された。また玉鏟のほか、象牙製品が出た。透かし彫りの入った梳（縦長の鬢出し櫛）や腕輪（琮）、彫刻や透かし彫りを施した象牙製の円筒などだ。

象牙の梳は曲阜の南の兗州王印遺跡でも似たものが出土している。[42] 驚いたことに象の土偶が後にふれる湖北省の石家河文化で出土している。[55] これは大汶口文化晩期に当たる。長い鼻、大きな耳、太い象牙が明瞭で、象をかたどったことはまちがいようがない。象牙は歴史時代に入った商代の安陽殷墟や同時代の四川省広漢市の三星堆でも多数出土する。とりわけ成都の金沙遺跡では象の臼歯が多数発見されている。新石器時代中期までは漢水・長江平原にも象がおり、四川には商代まで生きた象がいたことは確実だ。

兗州王印では揚子江ワニの骨も灰坑から多数出土した。大は一・五メートル、小は一メートル、他の動物の骨と一緒に放置されていることから当時食用にされたと推定されている。この遺跡の年代は約六〇〇〇年前（年輪校正）とされる。揚子江ワニは現在北緯三一度が棲息の北限なので、当時の気候は相当に暖かかったようだ。また玉器は山東半島付け根中央部の安邱景芝鎮遺跡[43]から多数出ている。玉璧、玉珠、玉鐲（玉琮に似る）、玉墜（垂れ飾り）などだ。

関中や華北平原は農業基地として発展し、見事な彩陶を作ったが、遼河平原や山東半島など沿海部は玉器や象牙製品など贅をこらした装飾品を彫琢した。しかし卓抜した玉器文化を完成したのは華北ではなく華中の良渚文化だった。良渚文化は長江下流域で五〇〇〇年前頃に成立した。その背景には長江中下流域で進展していたもう一つの穀物農業があった。イネの栽培化と水田農業の発展だ。

3 稲の栽培化

黄河と淮河に挟まれた黄淮平原は黄河の旧流路が多い地帯で、黄河デルタの南半分にあたる。大部分はレス平原で漠々とした畑地帯だが、西縁を限る伏牛山地の東麓は多数の谷川の水に潤されて灌漑率が高まる。水稲も淮河へ近づくと格段に増える。華北平原のムギ・雑穀地帯と景観が変わる。そして淮河流域で新石器時代の早い段階にイネが栽培されていた可能性が明らかになった。鄭州の町から南へ一六〇キロメートルの舞陽賈湖遺跡で炭化米が発見されたのだ。遺跡の年代は八三〇〇年前（年輪校正九〇〇〇年前）とされる。もっと南の湖南、江西でも同時代の古い稲遺物の発見が相次いでいる。ここに至って中国の農業起源は南北で独立に発生したという多元説が中国でも日本でも優勢になっている。しかし私はオアシス農業伝播仮説の一元的枠組みは揺るがないと思っている。中国稲作農業の初期の進展を辿ってみよう。

淮河流域の舞陽賈湖遺跡

河南省舞陽賈湖遺跡(44)は亜熱帯の淮河平原にある。中国本体部の気候は黄河の南側を東西に走る秦嶺山脈・伏牛山脈・淮河の線を境に温帯から亜熱帯へ変わる。この線は北方中国と南方中国の自然と文化を大きく分ける重要な線だ。亜熱帯へ入ったばかりの地帯で古い稲作遺跡が見つかったことは非常に面白い。一元的伝播仮説を補強する材料だとすら思われる。私の推定はこうだ。新石器時代早期に東アジアへ伝わったアワ・キビ栽培は草原ルートとオアシス・ルート終点の東北、関中から山東、華北平原一帯に速やかに根付いた。それはほぼ同時に淮河流域から長江中下流域に至る江淮平原でイネの栽培化を引き起こしたにちがいない。江淮平原はひと続きの亜熱帯で、新石器時代早期の温暖期にはワニや象が住み、現在よりも相当に熱帯的環境だった。問題はそこに野生イネがあったかどうかだ。現在の野生イネ分布は広東、雲貴高原、台湾に限定されるが、古代から中世の歴史文献には江蘇、安徽、浙江など長江・淮河流域に野稲、穭稲といわれる稲が自生し、民はこれを採集して食うといった記述が相当数ある。これは新石器時代早期の温暖期に野生稲が現在よりも北上し、その遺存集団の存在が記録に残されたものだ[45][46]。栽培型のイネが生まれる前に雑草型イネを採集する長い経過があっただろう。そこに非脱粒性の突然変異種を栽培する最先端技術が入ってくると、雑草型イネの中から非脱粒性のイネを探す機運がぜん高まり、栽培型イネが速やかに選抜されたと推察する。

舞陽賈湖遺跡は報告[44]によると淮河支流洪河の二本の支流に挟まれた低地にあり、遺跡時代にも水患の多い土地だったようだ。約一〇〇〇年間居住の後、湖沼となって放棄された。しかし遺構はレスに掘り込んだものだ。住居址は竪穴式が四五、高床式が二、墓葬三四九、灰坑も実に三七〇の多数が発掘された。石器で多いのは網の錘り、石斧、擂り棒だが、石鏟、スケート型擂り臼も少し出ている。陶器は丸底も少しあるが、多くは平底の双耳罐や双耳壺、浅鉢、三足の鼎など十分な分化を示し、洗練された器形を見せる。注目すべきは擂り臼や石鎌、陶器の形式が磁山、裴李崗などアワ・キビ栽培遺跡とほとんど同じであることだ。ところが灰坑の土を洗い出して発見されたのは炭化米だった。コメの形は粳（ジャポニカ）、籼（インディカ）、中間的なものの三種という報告だ。イネの栽培化が江淮平原のどこで起こったか特定は難しいだろうが、アワ・キビ栽培と密接な関係があることは疑いえない。

もう一つ注目したいのはある骨角器だ。上部に二本の長い翼を叉状に立て、下部は円筒形の両側面に窓のあいたもので、報告は叉型骨角器と呼ぶ。用途はわからないようだが、副葬品だ。多くは亀甲の上に載せて死者の傍に置いたり、死者の手に握らせてあった。この叉型器は大陸部東南アジアのモン・クメール系部族や島嶼部のプロト・マレーによく見られる犠牲柱を想起させる。死者の勲功を記念する儀器だろう。

長江中流澧水の遺跡

湖南省の洞庭湖北西端に近い澧水の平野には八十壋、彭頭山、城頭山など古いイネの出土した遺跡が並ぶ。遺跡はいずれも周囲の水田から数メートル高い緩起伏の丘で、レスの上に作られた住居址や城壁が重なる一種のテルである。いずれも環濠集落だ。八十壋遺跡(47)の出土陶器は丸底の壺（報告では深腹罐という）や浅鉢（盤）、釜を主とし、摺り臼、摺り棒、石鎌などの石器がない。舞陽賈湖など河南の遺跡と文化内容が異なる。注目点は遺跡時代の古い河道泥から米や稲籾が数万粒発見された(48)。後代混入の恐れが残るが、イネの形はやや小ぶりで籼と粳と野生イネの性格を併せ持ち、分化過程にある原始的栽培イネと報告されている(49)。遺跡の炭素年代は約七五〇〇年前とされる。

彭頭山遺跡(50)は周囲の水田より三、四メートル高い円形台地で、緩起伏の地形に水田や畑が広がる。本格的発掘は見学に訪れた二〇〇五年時点ではまだだった。試掘段階で陶器中に炭化イネ籾やコメが多量に発見された。陶器構成は八十壜と類似して丸底土器が主だ。支座に置いて煮炊きしたようだ。摺り臼や摺り棒、穂摘み用石器はやはり出土していない。炭素年代は約九〇〇〇年前から八〇〇〇年前とされる。

面白いのは城頭山遺跡だ(51)。遺跡を取り巻く土の城壁と環濠が丹念に発掘され、城壁頂面と環濠底との間に六メートルの差が確認された。しっかりした防御施設だ。環濠は直径三〇〇メートルに及ぶ城址を取り巻いている。注目されるのはその城壁の基底と生土のレスの間に青灰色の土層が見つけられ、発掘に加わっていた村民がこれは水田の作土だと見分けて、水田址遺構が発見されたことだ。低い三本の畦が五メートルと二・五メートルの間隔で並行に延び、畦間の青灰色粘土からイネのプラント・オパールが相当数検出されて水田と確認された。さらに脇には井戸とそれにつながる二本の水溝があった。灌漑施設を持つ小区画水田の可能性がある。もう一つの重要な示唆は作土に残る鉄の斑紋を村民たちが散播イネによるものと判定したことだ《図2》。

陶器類は丸底もあるが、高い圏足をもつ豆、圏足の付いた鉢や椀、浅鉢、それに三本脚の鼎など器形分化が進んでいる。摺り臼、摺り棒、穂摘み具などの石器に報告はふれていない。炭素年代は約六五〇〇年前とされる。

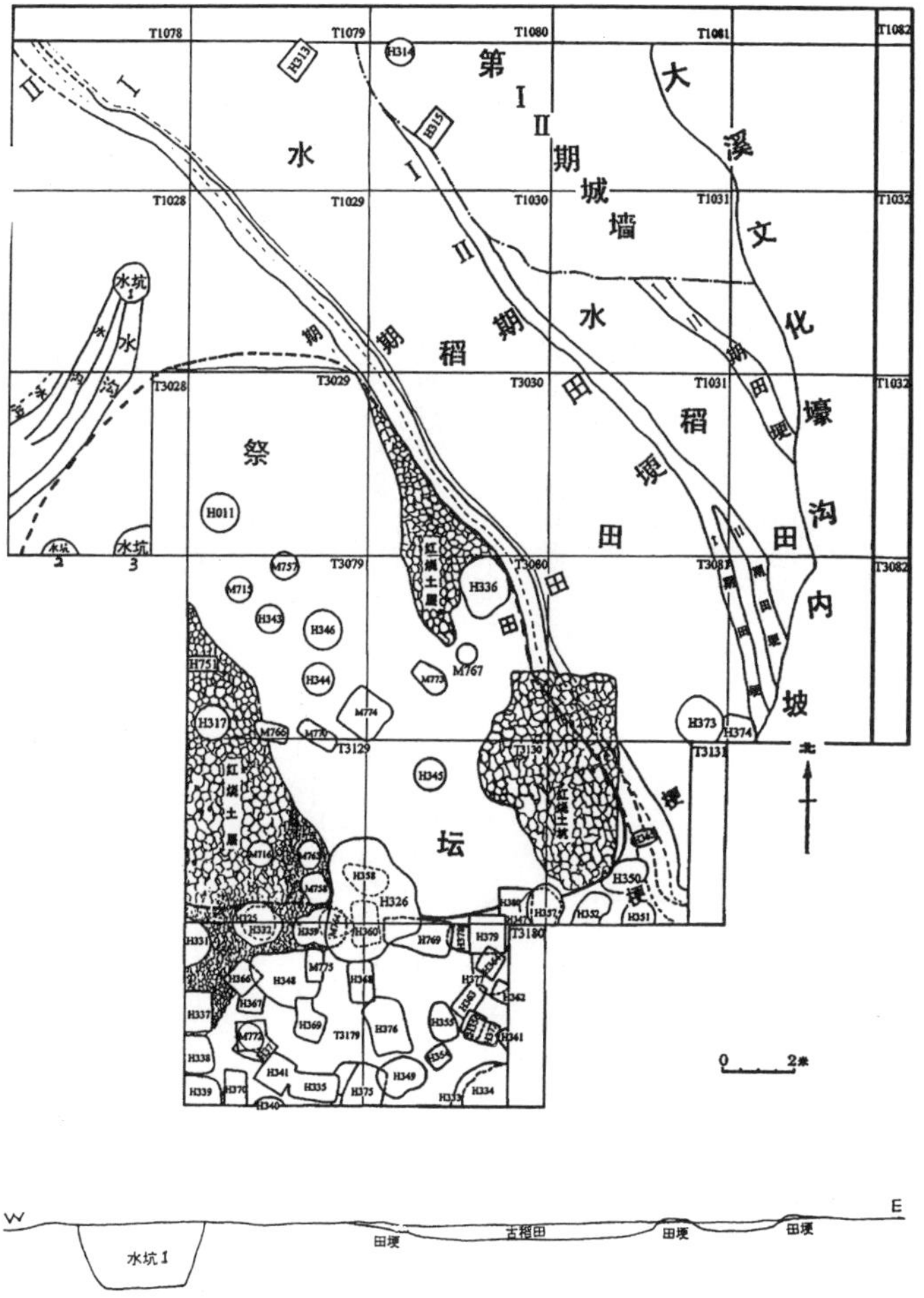

図 2●城頭山遺跡の水田遺構[51].

長江中流江漢平野の遺跡

湖北省の省都武漢の西、長江と漢水に挟まれた江漢平野は緩い丘と平野と湖沼が入り混じった地帯だ。そこにイネ遺物を出す遺跡が多数ある。それらは大渓文化ないし屈家嶺文化に属するものが多い。年代的には六〇〇〇年前から五〇〇〇年前頃だ。[52] その一つ長江の八キロメートル北にある枝江関廟山遺跡[53]は周囲の水田から四メートル高い塚状地で、上に関羽廟がある。やはりテルだ。地表を一メートル掘り下げた大渓文化層の紅焼土や陶器中にイネ籾の圧痕が多数出た。

江陵毛家山遺跡[54]も同様の立地だ。荊州市の北、戦国時代の楚の紀南城東辺の鄧家湖西岸にあり、湖水より三メートルばかり高い塚状地だ。やはり一種のテルだ。地表下一メートルに大渓文化層がある。出土した陶器から挽き割られたイネ籾圧痕が多数出た。

荊州市から東へ約九〇キロメートル、漢水左岸の平野に天門石河遺跡群がある。[55] 周囲の平地水田より四、五メートル高い緩い起伏地帯は広大で、自然堤防帯かと見まがうほどだが、緩起伏の広がりは城址や住居址が集合していることによるのだ。報告では大渓、屈家嶺、石家河の文化層が重なっており、大渓文化層の紅焼土からイネ籾の圧痕が多数出た。ここで面白い出土品は石家河文化層に動物土偶が多数あり、先にふれたがその中に象をリアルに模した土偶が数体あることだ。ほかにヒツジ、ヤギ、ブタ、魚をかかえた人の土偶もある。

そのやや西北に京山屈家嶺遺跡がある。(56) ここは丘陵から南に緩く下がる台地だ。現在は緩い棚田が広がる。屈家嶺遺跡晩期の紅焼土から出たイネの籾殻は丁穎によって大粒の粳と判定された。これは熱帯ジャポニカと称されてきたブル品種だろう。磨り臼や石鎌はなく、一穴の穂摘み具はある。

江漢平野の大溪文化や屈家嶺文化の陶器は丸底を主とするもっと南の澧水の彭頭山や城頭山遺跡と異なり、平底の椀、壺、三足の鼎、こしき（甗）、圏足を持つ浅鉢（盤）や豆、それに屈家嶺では卵殻黒陶や彩陶を出土するなど、器形分化が進み、華北地域からの影響が明瞭だ。

非脱粒性の栽培イネの起源地を特定することは困難だろうが、亜熱帯気候の江淮平原には古くから野生型ないし雑草型イネの採集伝統があった。一万年以上前と喧伝された江西省の万年県仙人洞や吊桶環遺跡のイネもそうした採集時期のものと思われる。その伝統を基礎にこの地域一帯でイネの栽培化が始まったと思われる。大溪文化や屈家嶺文化の時代には既に沿岸部の湿地へ、また華北へ拡大していた。

4 稲作の拡大

湿地展開――河姆渡遺跡

イネは湿生植物だから湿地展開とは奇妙に響くかもしれない。しかし初期のイネ栽培がどんな状態で行われたのか、耕地遺構の発掘は中国でまだ例が少なく確定はできない。澧県城頭山で出た遺構はレスの上に畦を設け、細長い水田に散播し、井戸水で灌漑したようだ。彭頭山は耕地がまだ出ていないが、遺構はやはりレスの上だ。舞陽賈湖は水患の地だったようだが、やはりレスの上だ。あとで触れる江蘇省の草鞋山遺跡では耕地が発掘されたが、それはレスに掘り込まれたピットで、井戸や水溝も出た。これらの例はどちらかといえば畑作的イネ栽培が窺われる。しかし浙江省の杭州湾沿岸には湿地稲作の性格が明瞭な遺跡がいくつかある。河姆渡遺跡や羅家角遺跡だ。炭素年代はどちらも約七〇〇〇年前とされ、内容は似ている。

杭州湾南岸の余姚河姆渡遺跡(57)では高床家屋の床に敷かれた芦むしろの上に、イネ籾、イネ藁が二〇ないし五〇センチメートルの厚さで積まれていた。遺跡の立地は報告によると、地表四メートル下の生土は青灰色の柔らかい海成粘土だ。その上の第四層、三層が河姆渡文化層だ。すぐ脇を流れる余姚川は現在も感潮河川で、毎日潮の干満に応じて堰き上げられた川水が両岸の低地へ自由に出入りする環境だ。潮汐湿地である。湿地条件のおかげで大量に木製遺物が残った。高床家はその海成粘土に柱と板を多数打ち込み、一メートルの高さで梁をかけて高床板を張ってある。その上にさらに柱と梁で家屋構造を作る。柱と梁は見事なほぞ仕口で組まれていた。第三層河姆渡文化層の上の馬家浜文化層には井戸が掘り込まれていた。井戸の深さは当時の地表面から一・三メートルで、壁面は丸太と板で覆われ、地上には井戸を覆う井亭が設けられていた。生活用水を確保したようだ。但し湧水が豊富だと灌漑にも利用する現在の事例は多い。

河姆渡の稲作はかなりの部分が潮汐灌漑水田で行われたと推察される。潮汐灌漑水田は現在もインドネシア沿岸やメコン・デルタに広大な面積を占める。ベトナム紅河デルタでも古くから行われ、漢代には雒田の名で知られていた。その特徴は耕起をしないことだ。だがスゲやカヤツリが猛烈に茂り、地表はこれらの草とその根の芝土で覆われる。水稲を栽培するには草を刈り倒して芝土をある程度除去せねばならぬ。現在のインドネシアでどうするかというと、最も簡単な方法は丸太を転がしてカヤツリをなぎ倒し、山刀を一人が押さえ一人が引いて芝土層に切れ目を入れる。湿地草原は一メートル幅程の帯に分けられる。その草の帯をロール状に巻きあげる。これを積んで腐らせ、肥料にする。別の方法はタジャックという鎒刀を使う。長い刀の一端に柄を直角に取り付けた道具だ。草を鉤状の引っ掛け棒で手繰り寄せ、タジャックをゴルフクラブのように振り回してカヤツリを根元で切り倒す。

しばらくすると新芽が出る。今度は山刀の先が土中に少し入るように振るって新芽を切る。この方が草退治の仕上がりはきれい。むき出しになった土に掘り棒で孔をあけ、水条件に応じて苗を植えるか籾を直播する。

ルソン島のナガ地方やレイテ島には芝土に切れ目を入れる特別の道具がある。一・五メートル程の細長い厚板中央部にスリットが切ってあり、そこへ三角形の鉄板を嵌め込む。鉄板には孔があり、そこへ止め棒を差し込んで厚板に固定する。この厚板の上に人が乗って水牛に引かせる方法だ《写真11》。ただしこれらの地方では芝土を帯に切り分ける前に水牛を追いこんで草を踏ませる。蹄耕とこの耨耕具で草を退治する。

河姆渡で出土した木器や石器、骨角器の中でそうした耨刀に使えるものがあるだろうか。木製の鏟(鋤または鍬)や固定用の孔を二つあけた木製の耜(踏み鋤)、同様の骨耜が報告されている。これらの道具はタジャックのように振り回すことは強度の点からありそうにない。しかし鋤の形にして地表と並行に繰り出し、地際で草を切ることは可能かもしれない。

収穫具と言えそうなものは一穴の石刀がわずかにある程度だ。彭頭山や大渓などでも収穫具が出ていない。磁山、裴李崗などアワ・キビ遺跡で鋸歯を刻んだ石鎌が多いのと対照的だ。尤も、コメは手でしごく収穫法が可能だ。ラオスやベトナム山地のモン・クメール系住民は穂をしごいて収穫する例が多い。

写真11●芝土カッター．ルソン島ナガ市．

陶器は丸底の釜が多く、コメを炊いて食ったようだ。平たい箕の形の大きな陶器は風選に使ったものだろうか。平たい横型の灶（コンロ）もある。これは東南アジアの船住みの人々が現在も使うものだ。他に平底の双耳罐、浅鉢（盤）、支座や円筒形の器置き（器座）、それに彩陶の破片もある。華北の影響もあるわけだ。

動物の骨が多いのも注目される。最下層からはサイ、ゾウ、ワニ、トラ、ブタ、イノシシ、ツル、カモなどが出た。当時の亜熱帯ないし熱帯的気候を示すものだ。象牙に細い線で彫られた鳥やイノシシの図は繊細で、後に来る良渚文化の玉彫品を前触れするようだ。そして陶器に細い線で彫られた稲穂の図こそ新石器時代中期における河姆渡の豊かな農業生活を謳うものだろう。

草鞋山のピット水田

上海の西、太湖周辺は大小の浅い皿状湖が密集する。その一つ陽澄湖の南に草鞋山遺跡がある。海抜二メートル程の低平な平野は水田の間をクリークが密に縫う。クリーク地帯だ。今はもちろん各戸に水道があるが、人々は石段を降りてクリークでおまる桶をカシャカシャと洗い、洗濯をし、ヤサイを洗う。クリーク泥は鋤簾ですくって岸に上げ、ヤサイ畑のこやしにする。水郷地帯で何千年も変わらぬ生活だろう。弥生時代でも同じだ。弥生時代の鋤簾は鍬の刃の上にもう一枚跳ね板を斜めに付けていた。ワニが手前に口を開いた形になる。滋賀県守山市の下の郷遺跡や富山市東の江上A遺跡などあちこちで出土している。泥除け板付き鍬と呼ばれているものがそれだ。鍬の刃が少し窪めてあるのですくった泥を逃がしにくい。

この低平なクリーク地帯はあちこちに数メートルから一〇メートルを超える丘がある。テルである。草鞋山とその続きの夷陵山もその一つで一九七二年に南京博物館が調査をして、約六〇〇〇年前の馬家浜期の籼稲、粳稲炭化米を発見していた。良渚文化の前触れとなる玉琮も出土していた[58]。一九九三年から九五年にかけて今度はその南の水田地帯で南京博物館と宮崎大学の藤原宏志氏のグループが共同発掘調査を行った。水田遺構を見つけようというのだ。そしてこの発掘は画期的な発見をもたらした。地表下約二メートルで馬家浜期の水田が見つかったのだ[59]《図3》。

その水田は弥生から縄文時代の遺跡で発見されるような畦で区画された小区画水田ではなくて、生土のレスに掘り込んだ小さなピット水田だった。ピットの中から炭化米と大量のイネのプラント・オパールが発見されて水田と確認された。ピットのサイズは小さいもので〇・九平方メートル、大きいもので一二・五、平均的なもので三から五平方メートル、深さが二〇から五〇センチメートルだ。形は隅丸方形、楕円形、それに不整形と様々だ。各ピットは離れているが列状に並び、水口で互いに連接したり、水溝で連結されていたり、間に水を溜める水坑もある。したがってそれぞれが互いに水位を調節しうる一連の灌漑ピットとなっている。全体の形を素朴に表現すると、瓢箪水田だ。串柿状と表現する人もいる。先にマダガスカルの水路連結ピット水田に触れたが、それと同類だ。

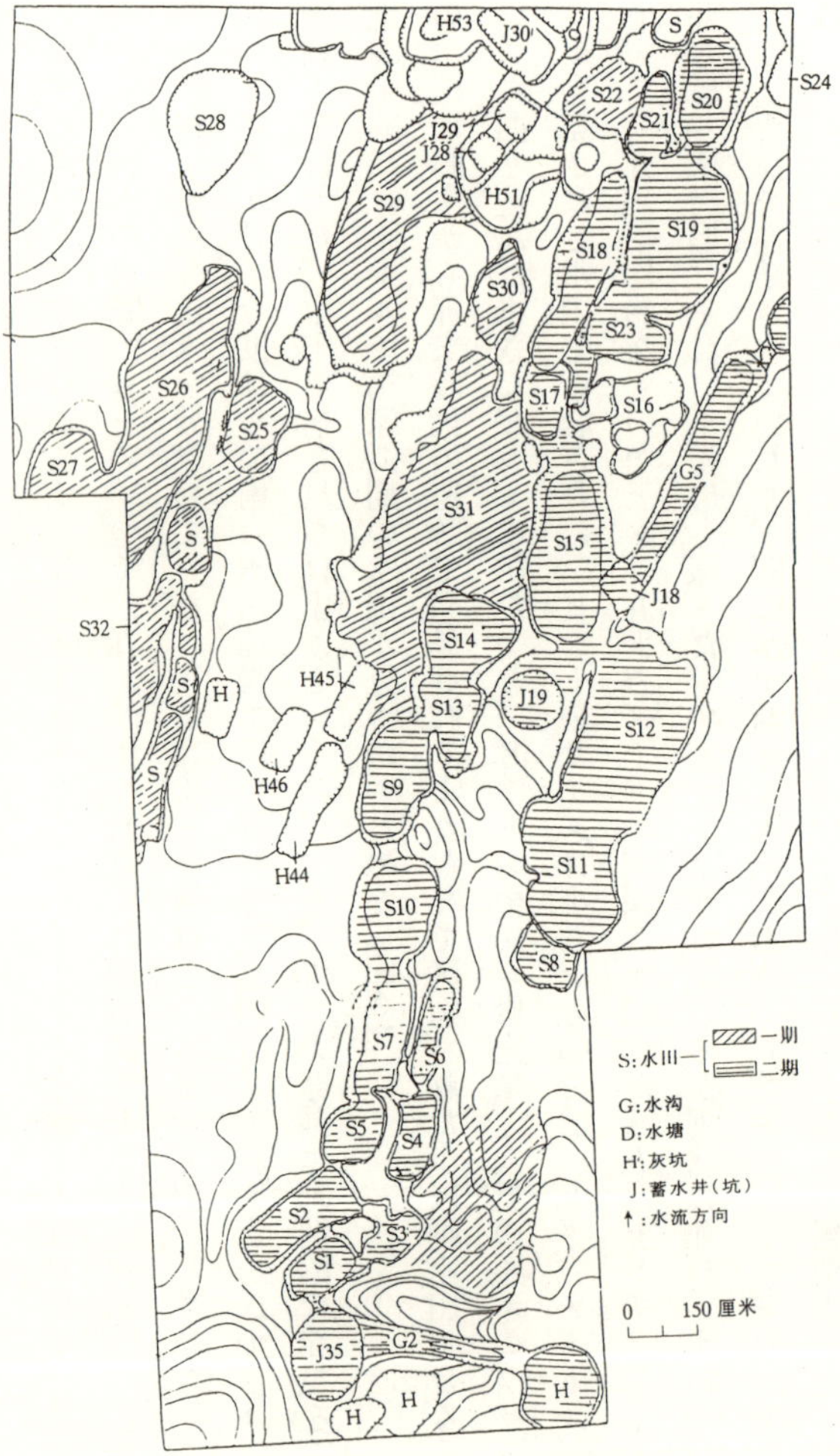

図3●草鞋山遺跡のピット水田．シンポジウム資料[59]より．

土器は尖底や丸底の釜が多いが、平底の罐や盆、高い圏足を持つ豆、三足の鼎もあり、大溪や屈家嶺文化に似る。彭頭山など澧水の一段古い文化より器形分化が進んでいる。

ピットを掘った道具はわからないが、河姆渡遺跡のものに似た骨耜類似の遺物はある。動物の骨ではスイギュウ、ブタ、イヌ、ウシ、シカ、ノロ、カメなどが出ている。

もう一つの大きな収穫は東周時代（紀元前八世紀から三世紀まで）の水田遺構も発見されたことだ。これはサイズが三から一五平方メートルとやや大きくなり、形も長方形に整ってくるが、田面はやはり三〇センチメートル前後掘り込まれている。

私は一九九五年一一月末に見学に行った。馬家浜期の水田を見て、中国伝統の区田の祖先形だと思った。古代の農書が述べる区田は多数のピットを方角格子状に配列する。草鞋山のピットはおもむきが相当違うが、水とこやしを集中して栽培できる装置という点においては同じだ。そしてこれは西アジアの乾燥地帯においてこそ環境適合度が最大となる方式だと思った。そのムギ農業が飛躍的に発展し、強い伝播力を発揮する契機になったのは区田だったのかもしれない。西アジアでその形が長期間続いたか、それとも小区画灌漑畑に速やかに移行したか、西アジアでは耕地の発掘例がないのでわからない。しかし東アジアへ伝播した穀物栽培方式の原型の中にピット耕地があり、草鞋山のピット栽培はそれを伝えて西アジアでのいわばミッシング・リングを露出させている可能性があると思った。

耕作法について

こういう発想のきっかけは先史中国で土の耕し方がどんなものだったのか、この疑問だった。良渚時代の江南で石犂や破土器が多数出土し始めるが、これは湿地の草退治が必要だったからだ。湿地稲作では土の耕起より草退治の方がはるかに重要だ。漢代でも長江の南の楚越の地は『史記』が伝える火耕水耨だった。収穫後の藁を焼き、耕地を一年間休閑して深水で草を抑えるやり方だ。華北の人間が江南は野蛮未開の地と軽蔑する耕作法だった。しかしこれは野蛮でも未開でもなく、華北とは別の湿地環境によく適応した優れた方法だ。草退治の必要性が犂の出現を促進した。他方華北で犂の使用を証明する遺物の出土はもっと遅く、青銅器時代になってからだ。それでは新石器時代華北のアワ・キビ栽培の耕作道具は何なのか？　考古発掘が教えるのは長大な石鏟、つまり石製の鋤だ。腐朽してしまったかも知れない木鏟、木耜もあっただろう。安陽殷墟の貯蔵穴の壁に二股の木耜の痕が残っていることから、天野元之助氏は木耜で春先氷の解けた表土を耕しては一歩一歩後退しつつ播種したと推定している(60)。しかしこの方式では強力な伝播力は生まれがたい。

伝説的な農業の創始者である神農や禹帝、后稷が二股の鋤を執って何を掘ったのか？　漢代に多いこの図柄は何を示すのか？《図4》(61)。私の考えはピットつまり区田を掘っているのではないかというものだ。漢代にはもちろん鉄製の巨大な犂が出回っていた。さらに漢の武帝の時代にはインドの播種

図4●二股の耒で掘る神農．山東武梁祠画像石[61]．

ドリルと似た三脚ドリルの播種器が一般化していた。この装置の種子送り装置は天野元之助の『中国農業史研究』に図があるが、巧妙な工夫がこらされている。役畜を利用した耕作法は十分に発達していた。だがピットを掘ってそこに水とこやしを集中する方式は生産力が高く、精耕細作伝統の礎と意識されたのではないか？　傍証になりうる事柄はなくもない。アンダーソンが彩陶やイネ籾圧痕を発掘して有名な仰韶期澠池遺跡の保存断面に掘り込み址がたくさんある。これは窖洞の址と説明されるが、区田の可能性はある。また江淮平原の舞陽賈湖や彭頭山、関中の西安半坡、華北の磁山などでレスに掘り込んだ多数の灰坑がある。賈湖ではそこから炭化米が出土した。耕地は一面に広がるものという既成観念にとらわれて何かわからず灰坑と片付けられていた。これが区田である可能性はある。草鞋山の灰坑がピット水田であったことに触発されてそういう意見も出ている(62)。

草鞋山遺跡から得た着想をまとめると次のとおりだ。非脱粒性の穀物を区田で集約的に栽培する方式が農業という生活方式を見せつけた。その衝撃を受けて江淮の平原で雑草型イネを採集する生活から非脱粒型のイネを発見して栽培する生活へ移行するのは瞬間的な出来事だっただろう。その初期の装置として区田は重要な役割を担った。草鞋山のピット水田はその一断面を記録していると思うのだ。日本の小区画水田もその下にピット水田を秘めているに違いない。

良渚文化

長江下流の河姆渡や草鞋山、長江中流の彭頭山、城頭山、大溪などが示唆する稲作の進展は長江下流で約五〇〇〇年前に発展した良渚文化で一つのクライマックスに達した。良渚文化は杭州湾の南北を占める杭嘉湖平原と寧紹平原が分布の中心だ。農業技術でいくつかの革新が顕著である。一つは石犂や破土器などの石器が多数出土するようになった。石犂は大きいものでは長さ五〇センチメートルに及ぶ三角形の石板で、両辺に刃を研ぎ出し、三つの孔を穿って木の犂床に固定する《図5》[63]。これは耨耕の段階から一段進んで土を耕起できるだろう。ブーメラン形のやや小型の石製犂先も石犂と同様の耕起機能がありそうだ。これは後の戦国時代に木製犂床に装着した鉄製の犂冠《図6》[64]の祖先形をしている。破土器《図7》[65]は先述のインドネシアやフィリピンで行われる芝土切りの耨耕具に似ており、ほぼ同じ方法を五〇〇〇年前に行っていたといえる。牟・宋両氏は良渚地域で湿地の水田を開拓する際に掩刀という耨刀を使って排水・灌漑水路を掘るのと同じ用途を想定している。

但しこれらの器具を家畜に引かせたかどうかは確証がない。むしろ人力で引いたのではないか。理由は、河姆渡や馬家浜文化で多数出土したスイギュウの骨がその後の崧澤、良渚文化で顕著に減るからだ。役牛だったのなら耕起具が出現した良渚文化で増えねばならぬ。河姆渡や馬家浜のスイギュウは狩猟の獲物だったのだろう。

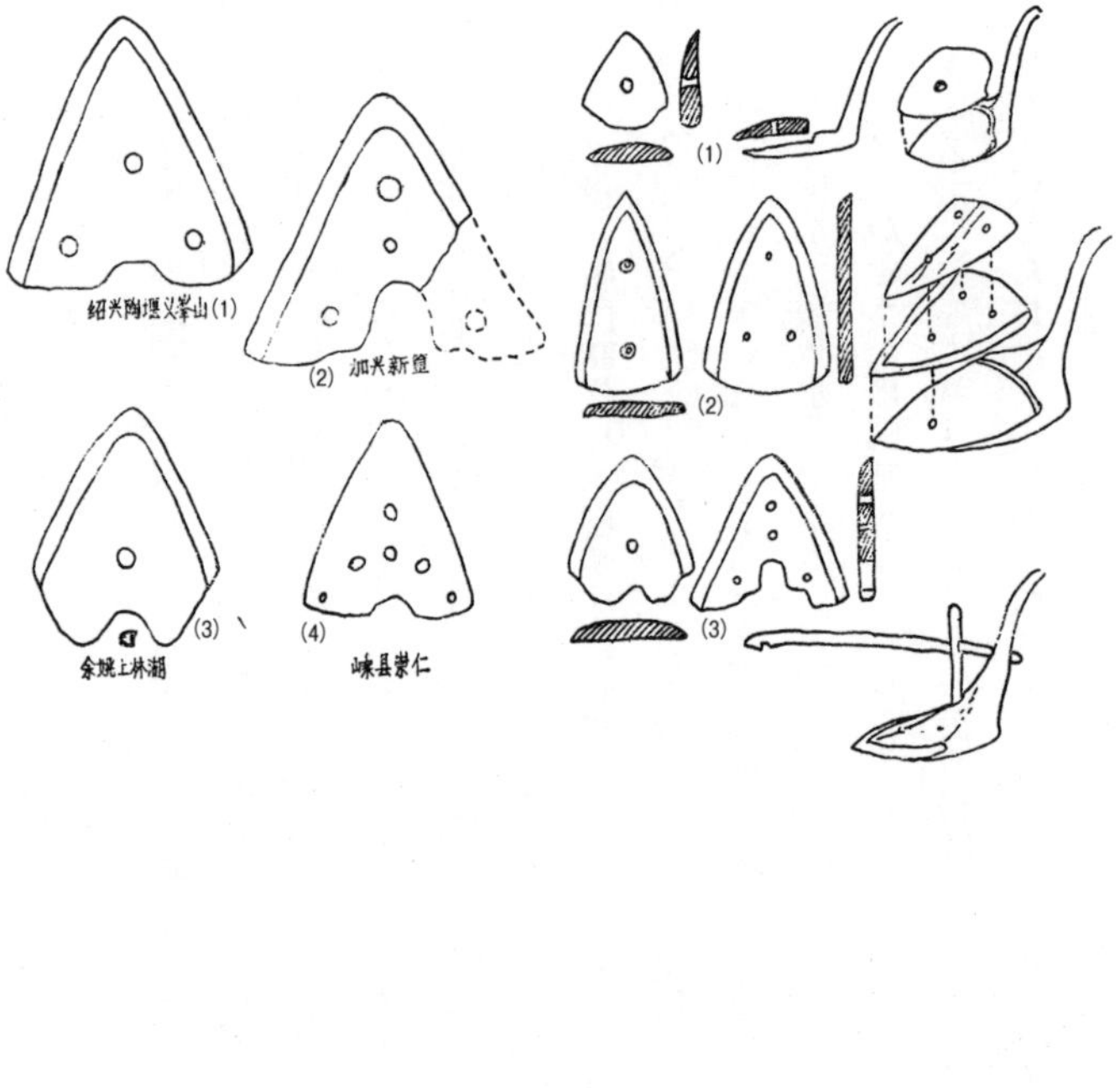

図 5●良渚文化の石製犂先と用途の推定[(63)].

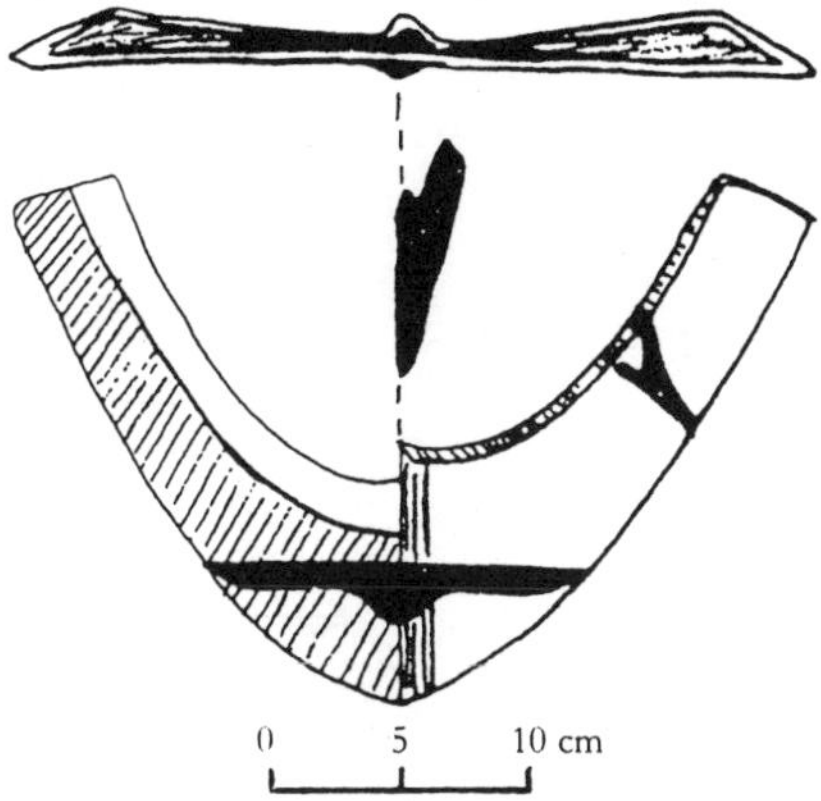

図6●戦国時代の鉄製犂冠[64].

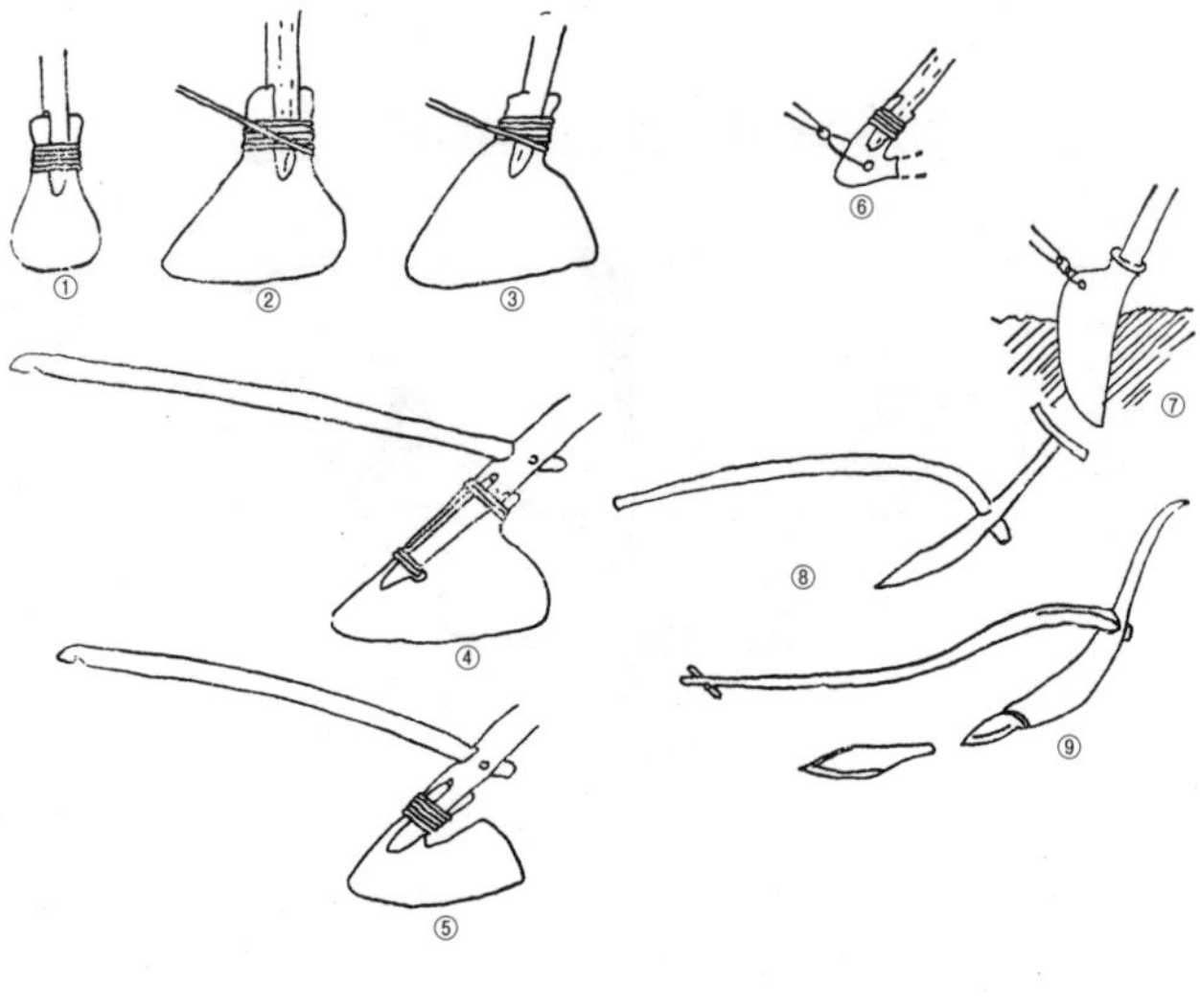

図 7●破土器と用途の推定[65]．⑦は現代の良渚地域で使う拖刀、⑧は西蔵、⑨は四川の犂の民俗例．

もう一つの革新は鎌型の石器（石鎌）や穂摘み具の石刀が顕著に増えることだ。石鎌は刃わたり二〇センチメートルに及ぶ大きなものがある。但し鋸歯は刻んでいない。相当大きな稲株を根刈り、高刈りできるだろう。石刀は一穴、二穴のもの、また穴無しで保持用の突起部があるものなどだ。これらの技術的革新は稲作の面的拡大と成熟を十分に窺わせる。

杭州市西北の余杭県反山遺跡(66)は良渚文化の精巧繊細で豪華な玉器を多数出土し、稲作社会の成熟を雄弁に物語る。この地域は一見自然堤防と見える起伏が続くが、自然堤防ではなく、東西八キロメートル南北三キロメートルにわたって広大な遺跡群が広がっているそうだ。その一つの反山遺跡は約一・五メートルの版築した封土の下に土坑墓が出土した。もとは朱色に塗った木棺が置かれていた。棺内には頭部に玉冠、胸腹に玉琮、脇に玉鉞、腿に玉璧などが置かれていた。玉冠、玉琮には透かし彫りや浮彫り、陰刻によって、二つの目を主なモチーフとする面が二つ重なる神人獣面が刻まれている《写真12》《図8(66)》。これは後の殷周時代の青銅器に現れる饕餮《とうてつ》紋の祖形だ。玉冠や玉琮は神権を、玉鉞は武力を、玉璧は富を象徴する。良渚文化の玉器は江南の稲作が中華帝国の権威と権力と富の基礎となることを予告したものとみえる。

散播と移植

植え付けはどんな方法だっただろうか？　考古発掘はほとんど答えない。知る限り唯一の示唆は城

写真12●玉琮(66).

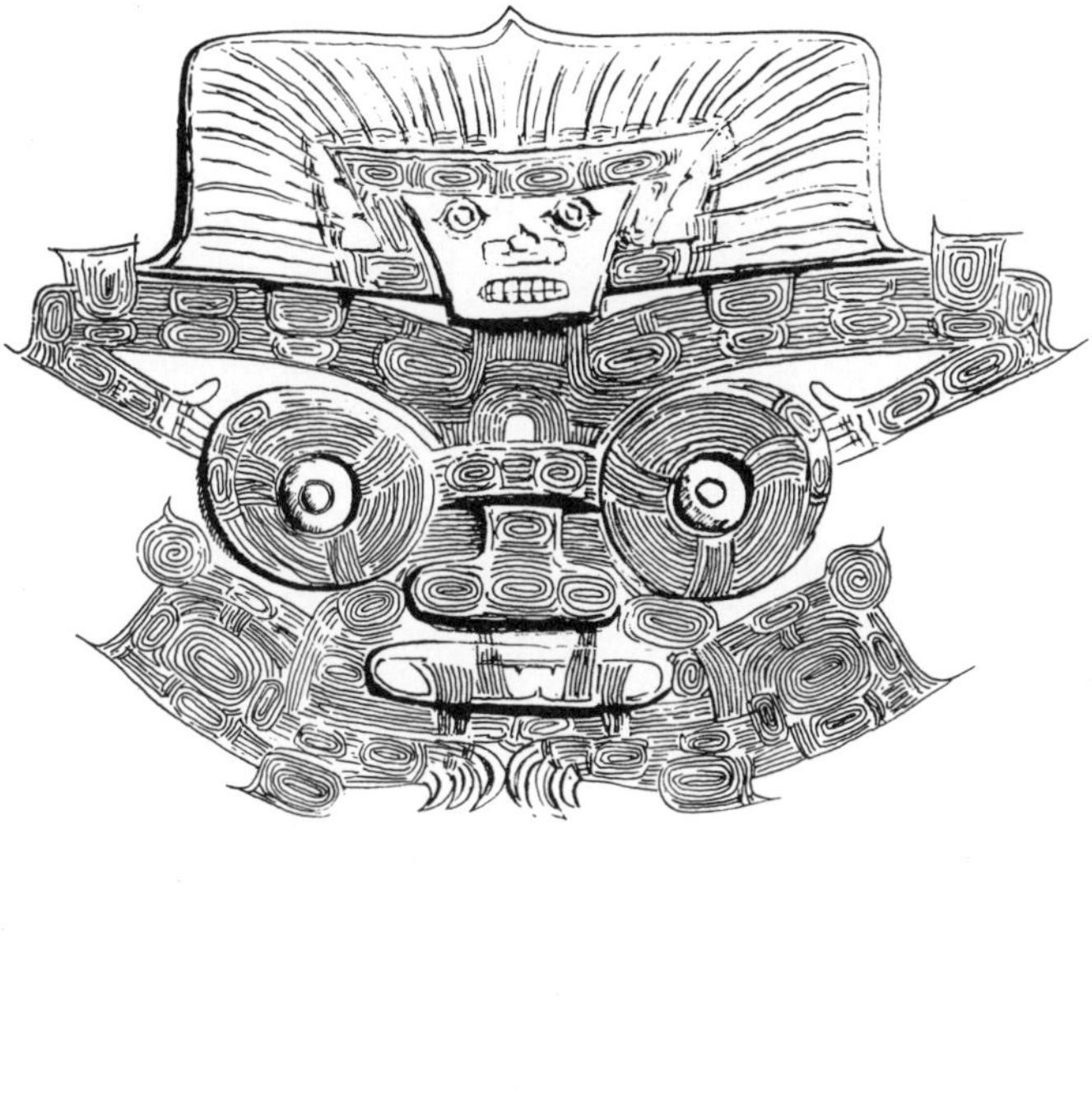

図8●玉琮に刻まれた精緻な線刻画[66].

頭山遺跡で六五〇〇年前の稲田を掘った村民の直感だ。彼等は酸化鉄の斑紋として残された稲の根跡を見てこれは散播だと思った。これは信頼できる答えと思われる。直播には点播法もあるが、点播ではないというのだ。点播なら移植イネの根と区別は難しい。

東アジアとくに日本では稲は水田に移植するものという観念が刷り込まれている。これは世界の農業をありていに見るうえで誤解を生みやすい思い込みだ。穀物栽培は散播であれ点播であれ直播をもって始まったものだ。西アジアの乾燥地帯では乾燥に対抗するために灌漑を発展させた。そして犂・マグワを何回も繰り返す地拵えと播種器による精緻な技術体系を完成させた。南アジア、東アジアは沙漠のオアシスや乾燥ステップを経由して灌漑穀物栽培法が伝播してきたので、起源地の栽培思想がストレートに伝わったと私は推定している。初期は灌水して穀粒を散播しただろう。

華北の新石器時代にアワ・キビの灌漑があったか発掘では明らかでない。しかし関中の河岸平野では渭河から取水する溢水灌漑は容易だろう。戦国時代にはレス台地で渠灌漑が発展した。涇河東岸でカナート式の暗渠取水口から水を引いた鄭国渠や、商顔山に掘削したカナート式の井渠でレス台地を灌漑したことは有名だ。さらに井戸があった。現在でもレス台地の村は裴李崗のように井戸灌漑に頼る。華北平原でも井戸灌漑は広い。新石器時代にも何らかの灌漑をしてアワ・キビを直播しただろう。

問題は江南の稲作地帯だ。河姆渡や羅家角など湿地稲作地帯は自然の潮汐灌漑を利用して散播が可能だ。長江中流域はどうだっただろう？　城頭山では稲田の脇に井戸と水溝が発見され、草鞋山ではピット水田を連結する水溝や途中に溜め井戸が発見された。効果はともあれ散播した稲田への灌漑を意図したものだろう。

初期は散播だとしてどこかの時点で移植が優勢になった。水田に移植しているまぎれもない証拠は漢代に現れる。移植水田をかたどった模型が副葬品として各地で発見されている《図9》[67]。図の例は四川省の後漢墓から出た。下図の左の溜池にはカメやカエル、カモ、それに小船がある。右側には溜池の水を受ける二枚の水田があり、二人がまさに田植えをしている。多分刈り倒した草を積んで肥やしにする塚も描かれている。上図は正状植え図柄だ。こうした水田模型は四川に例が多いが、陝西省の漢中、雲南省の大理、貴州省、広西省、広東省と広い範囲で発見されている。一番古いものが前漢時代だ。日本で岡山の百間川遺跡や大阪の河内松原上田遺跡など弥生水田の株跡を見た印象は移植だ。遅くとも前漢時代には移植が行われていたことはわかる。しかしその始まった時代はわからない。良渚文化時代の杭嘉湖平野で耕作法に大革新が生じたことを思うと、良渚文化時代に移植が始まった可能性は大きい。もっと早く、ひょっとすると城頭山の稲田は苗代だったかもしれない。耕地の発掘が待たれる問題だ。

何故移植に変わったのか。ひとつには穀物よりも多分はるか古くからあったイモ栽培の影響が想定される。サトイモやヤムイモは芽の出た個体を苗として植え、また本株の脇に出た子供の株（吸芽）を苗として移植する。吸芽が密集していると株分けをする。サトイモだとイモ上端の生長点をいくつ

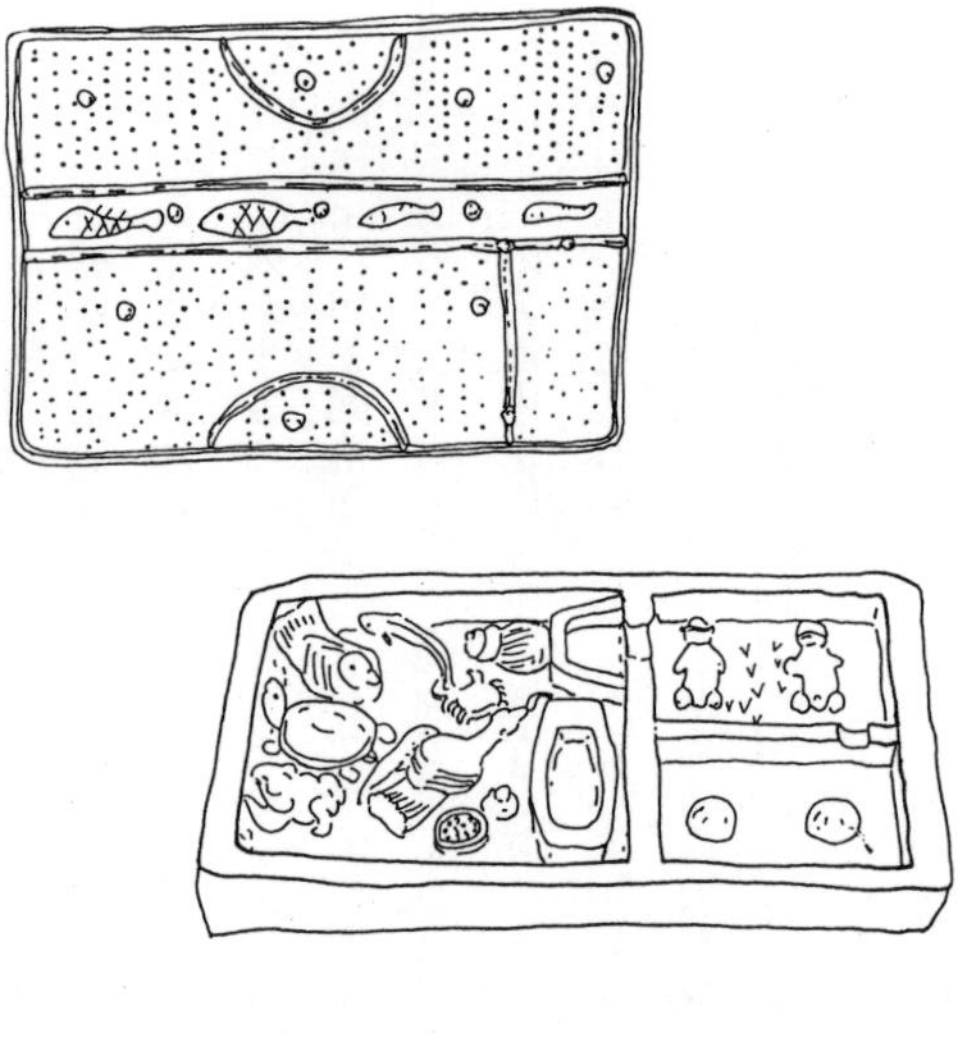

図9●水田模型[67]．上は四川省新津県，下は峨眉県出土．

か付けた茎を苗として植える方法もある。メラネシアのヤムイモ栽培で最も大事なことは良いイモ苗を作ることだ。収穫したヤムイモを大事に保管して芽と根が長く延びた苗を作り、塚に植える。イモ栽培は苗株移植が基本だ。植えた後も子供を育てるように一株ずつ別個の手当てをする。子育て型の栽培思想である。このことを私たちの仲間で最初に言い出したのは高谷好一さんだ。私はその考えを受けて、イネ栽培はイモ栽培の技術である苗移植法を受け継いだと考えた。この変化は中国でもインドでも起こったのではないか？　ヤムイモ、タロイモは中国南部で穀物栽培が始まる前の重要な作物だっただろう。先述の『齊民要術』が三世紀や四世紀の文書を引用して、蜀漢（四川）には芋〈サトイモ〉、蔓芋〈ヤムイモ〉の種類が多く、人々はこれを常食していたと述べている。紀元前一世紀の『氾勝之書』には芋を植える区田の作り方が詳しく述べられている。

別の理由として、長江中下流域の地質的な沈下が考えられる。現在この地域は湖沼と低平な平野や沼沢地が広いが、古い稲作遺跡は多くがレスの上にあることが注意を引く。元はレス台地だが沈下につれて耕地が深く湛水するようになると、散播法は困難になる。大きな苗を育てて移植することを迫られたのではないか？

もう一つの理由は雑草対策だ。『齊民要術』が黄河流域の稲作は移植連作、淮河流域は一年休閑の直播と対照的に述べている。黄河流域は溜池や沼がないので草を水で根絶やしにするのが難しい。それで移植法にして草を除くという(68)。

苗移植法を加えたことで、稲作は多様な環境、とりわけ水位の激しく変動する沼沢地へ進出する大きな能力を手にしたことはまちがいない。沼沢地に広い水田を開くことが可能となった。その到達点を示すのが良渚文化だろう。移植は技術に留まらず、文化や社会の性格の面でムギ農業の大量生産思想とは別の可能性を開いた大きな変革だ。良渚文化に集約された中国の稲作文化は灌漑と直播とそれに多分移植を技術的根幹に据え、東アジア、東南アジアの河岸平野、デルタ、潮汐湿地、山地へ変容した穀物農業を伝播することとなったと思われる。

傍証はある。長江中下流域の水田稲作地帯に古くから居たのは百越や百濮と呼ばれる民族だ。百濮はモン・クメール系、百越はミャオ、ヤオ、タイ、キンなどだ。他方雲南や大陸部東南アジアの盆地や平野で聞き取りをすると、モン・クメール系の部族が先住民だったという伝承が広い。少し遅れて百越が来た。面白いのは性格の評価が定まっていることだ。百濮は性格が温和で口数が少なく喧嘩が弱い。百越は商売がうまく喧嘩も強い。一番強いのはもっと後に来た漢人だ。百濮は百越や漢人に追われて、百越は漢人に追われて大陸部東南アジアへ稲作を伝えた。民族移動の玉突きのなかで百濮や百越の一部は山地の少数民族となり一部はさらに海を越えて逃げ、島嶼部東南アジアまで稲作を伝えることとなった。

第5章 熱帯島嶼の農業系譜

1 根栽農業

マレーシア熱帯

大陸内部から山の尾根を通り、川筋を下り、海を渡って熱帯の島々へ延々と続く人の流れがはるかな太古からあったことは疑いない。ニューギニア高地やオーストラリアへ人類が移動したのは五万年前から三万年前といわれている。オアシスの穀物農業が始まるはるか以前のことで、狩猟・漁労・採集の時代から行われた大移動だ。大陸を離れ海域へ進出した人類大移動の主舞台となったのはマレー半島からニューギニアまでのマレーシア熱帯だ。ここでその農業の系譜を考えようとするのはこの地域が対象である（地図5と6）。

マレーシア熱帯の生活の根っこは根栽農業だ。それは穀物農業と環境、作物、農耕法が全然別物だ。穀物農業は乾燥ステップや沙漠のオアシスでムギ栽培から始まり、西アジアのオアシスと夏雨地帯の交点で雑穀を加え、さらに湿地の雑穀であるイネを取り込んだ。穀物農業の根幹は灌漑を行い、家畜を使って犂やマグワで土を耕し、種子をばら播いて鎌で一網打尽に収穫し、牛蹄や人の足で踏んで脱穀し、風選するという一連の大量生産思想である。他方、根栽農業の著しい特徴は個体を植える、親株の周りに出た吸芽を移植する。地拵えは灌漑より排水に努め、鋤か掘り棒だけで赤ん坊を寝かしつける布団のような畝を立てる。収穫物は個体の立派さ大きさを競う。大量生産方式とまったく別の子育て方式というべきものだ。穀物農業が自然に対する人為環境の創出、人為の主張だとすると、根栽農業は自然環境への同化、すり寄りだ。

その始まりは穀物農業よりも古い可能性すらある。穀物農業の影響で根栽農業が始まったとはとても思えない。だから農業はオアシスで始まったという命題は穀物についてはそうなのだが、根栽は別系統と考えざるをえない。ただ、根栽農業は栽培と半栽培の区別が漸移的で、人為と自然の境がはっきりしない。自然の恵みが豊か過ぎ、採集や半栽培で足る状況が続き得る。この状況は農耕ではあるが、農業を栽培作物に依存する生活と定義すると、その定義からはみ出す部分も大きい。ある時点で農業が始まった、農業社会に入ったといえる判然とした画期が立てにくい。

しかし歴史の中でマレーシア熱帯の多くの地域は大陸からの影響を受けて穀物やその儀礼、神話が入り込んでいる。根栽農業と穀物農業が混在することとなった地域も広い。逆にこの地域から外へ与えた影響も大きなものがある。イネ栽培での移植技術が根栽農業の影響と考えられることは先に触れた。

穀物農業に影響を与えながらも根栽農業は東のメラネシア、ポリネシアへ退いた。だが伝統的な根栽農業はその地域で今も生きている。乾燥サバンナから出発した人間が移動最先端の湿潤熱帯で展開した生活がある。旧世界の農業伝播を考えるうえでその状況を見ることは不可欠だ。初めに環境、作物をざっと見、いくつかの地域を取り上げて自然へのすり寄りの形と穀物農業の侵入で生じた変容を概観してみよう。

マレーシア熱帯地域はジャワから小スンダ列島にはっきりした乾季を示す地域があるが、多くの地域は年間雨量二〇〇〇から三〇〇〇ミリメートルに達し、四〇〇〇ミリメートルを超える地域もある湿潤気候だ《図1》(1)。アフリカおよびアメリカの湿潤熱帯と比べても被子植物の種類が最も多く、また熱帯多雨林の樹高が最も高い、つまり乾燥ストレスが最も小さいことで知られている。植物の成長は旺盛で、栽培のために林のなかに開いた畑も作物を収穫するころには草や木々が侵入している。一

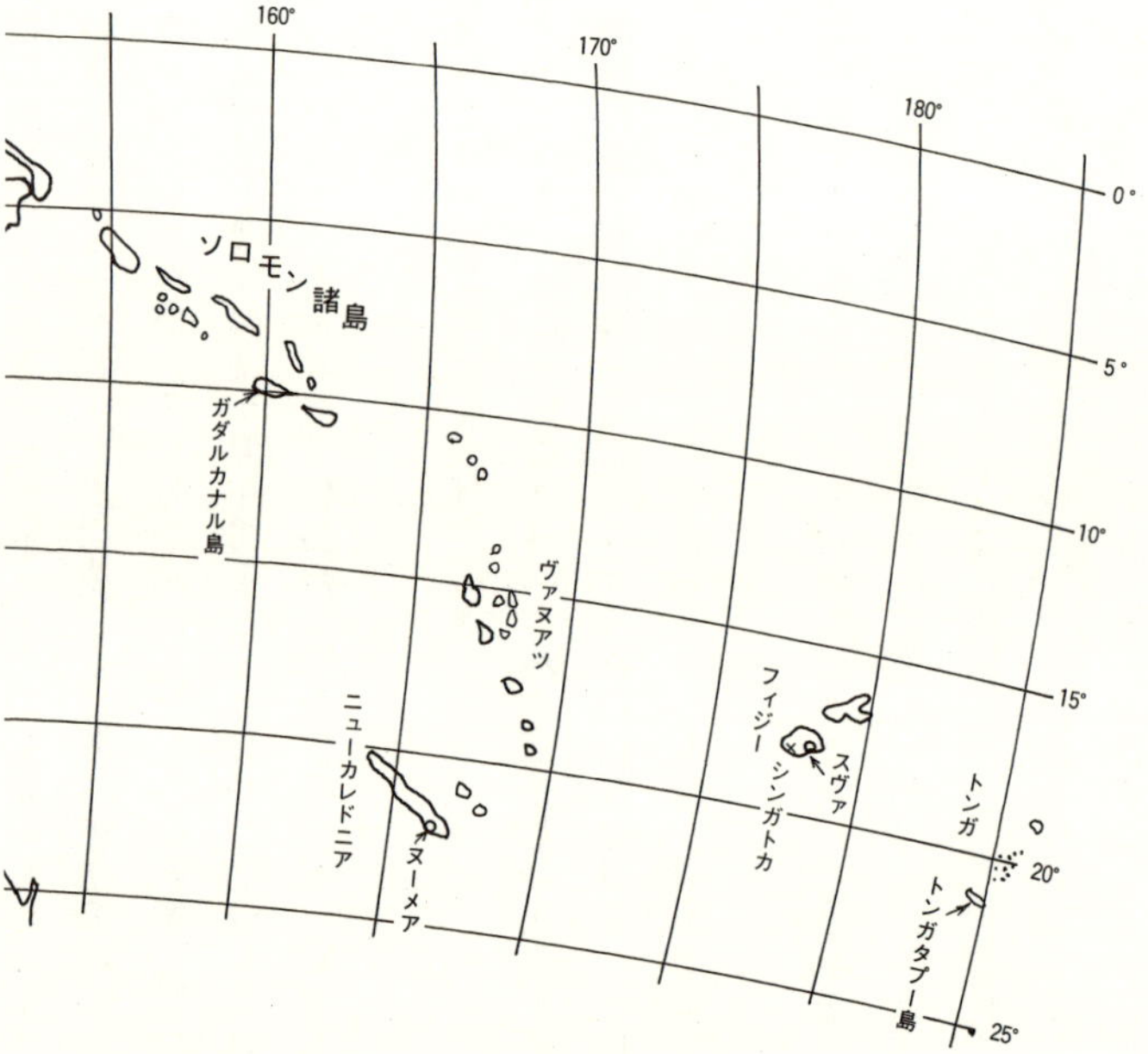

× 遺跡
○ 都市・集落

基図縮尺　1：30,000,000

0　1,500KM

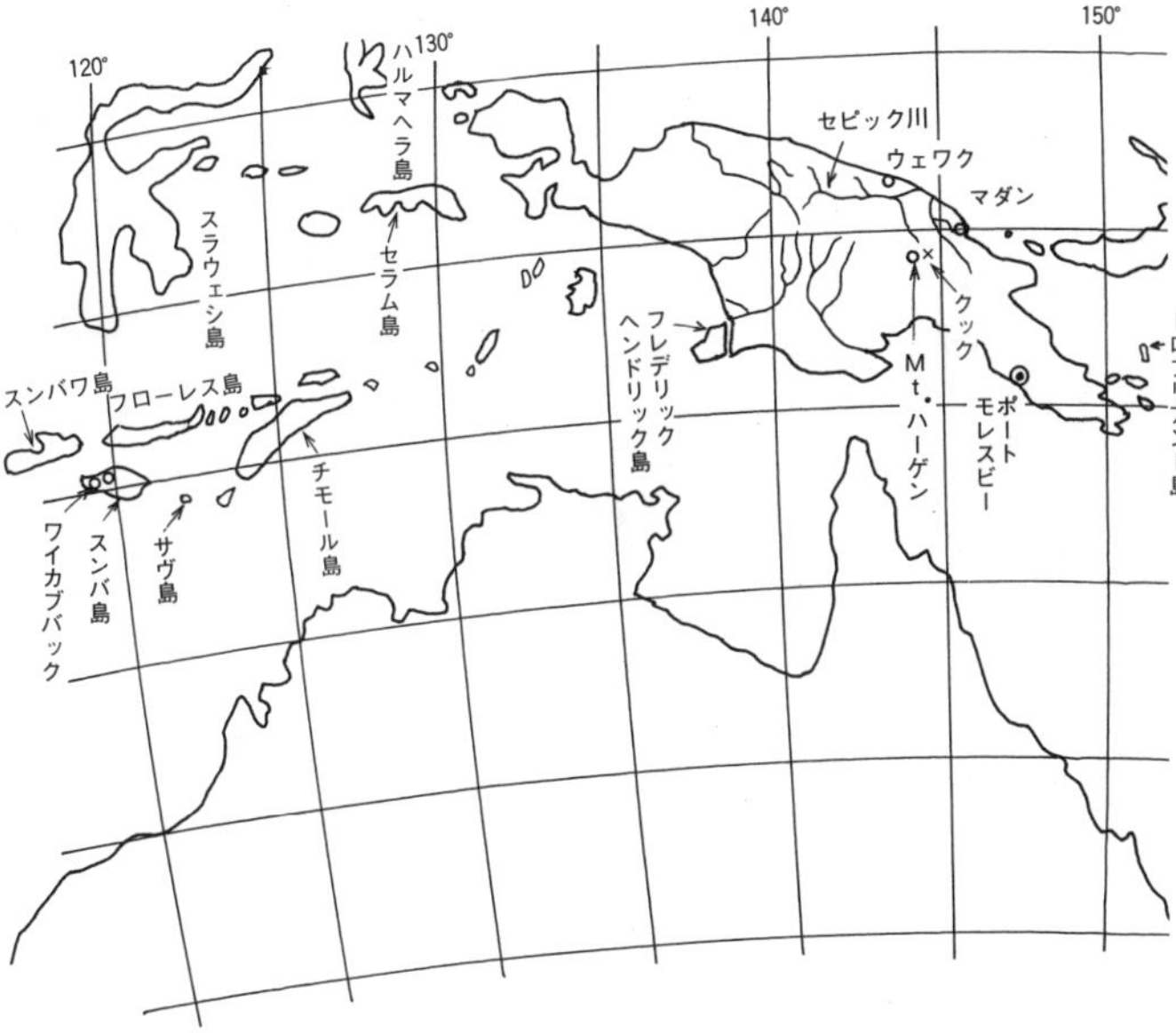

地図5●東部マレーシア熱帯位置図.

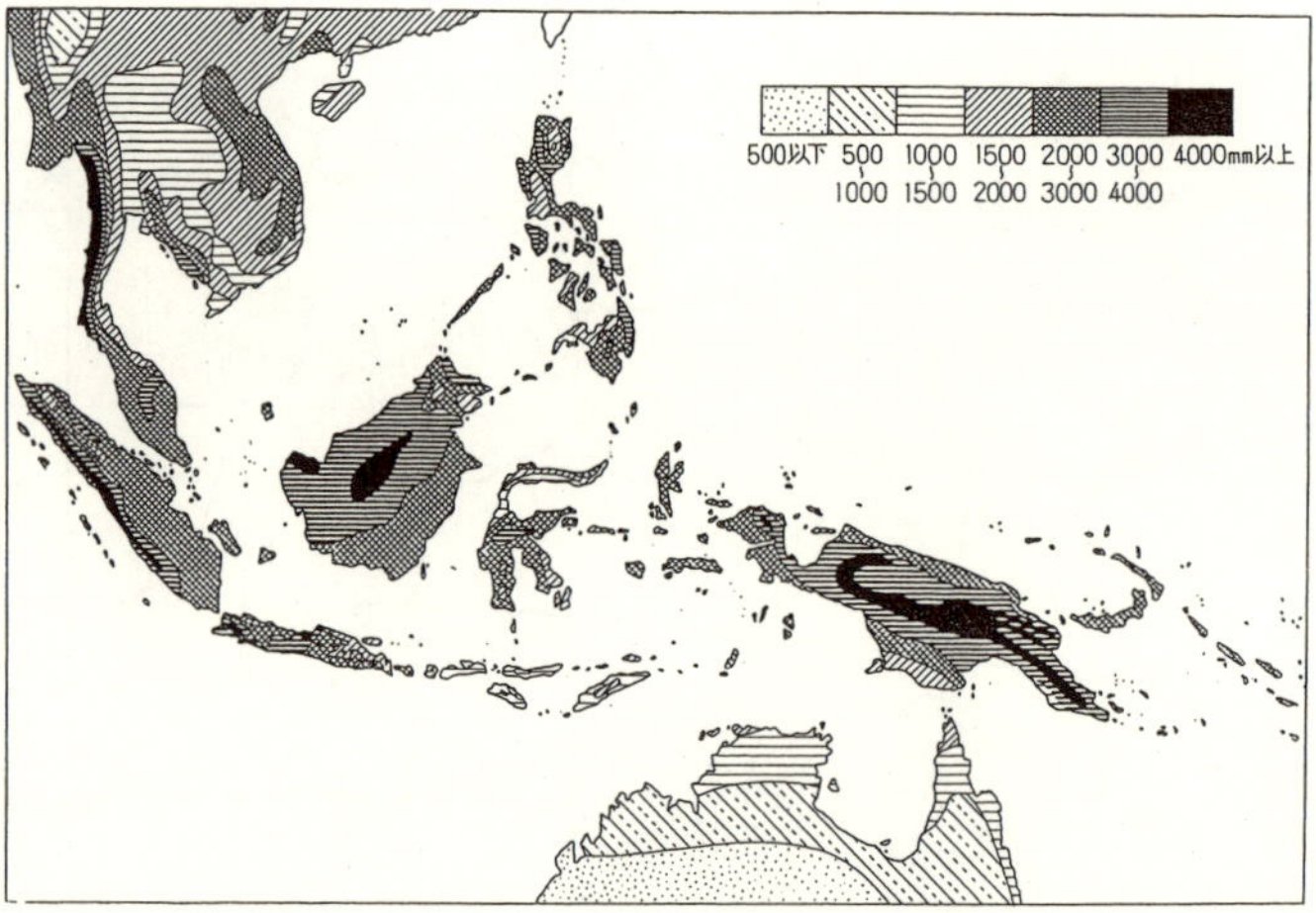

図1●マレーシア熱帯の年降水量[1].

年放置した畑は高さ五メートルほどのヤブにもどる。一〇年放置すると樹高三〇メートルを超える二次林に覆われ、林床から草は消える。競争相手にすると植物界は手強い存在だが、うまく仲間にできればこれほど頼りになる相手はない。熱帯の焼畑は木々の速い成長を利用して草を取り除き、木々の根で土を耕すのが狙いだ。必要な道具は斧と掘り棒で足りる《図2》。植物界と共存共栄路線の手法だ。

作物

ことほど左様にマレーシア熱帯の自然界は豊かで、人間の食糧や生活資材になる植物がたくさんある。食糧として古くから利用されてきたのは根栽類だ。これは栄養成長だけで栽培が完了するので穀類よりも過程が簡単だし、雨風の影響を受け難い。したがって人間は狩猟採集の時代から根栽類を利用し、半栽培的な栽培も穀物より古い時代から始めていたに違いない。

その代表格をいくつか見ておこう。まずバナナだ。これは東南アジアの生んだ完全食品といわれる。ただし普通に食べているものは栽培種で、野生種は味と香りは栽培種と同じだが食べられる部分は薄皮程度だ。中はザクロの種子ぐらいの黒い堅い種子がぎっしり詰まっていてとても食べられる代物ではない。今あるバナナは、単為結果性つまり雌花に雄花の花粉がつかなくても大きな種無し果実を付ける変わりものの二倍体品種をマレーシア熱帯の住民が探し出し、それを土台に三倍体の種無し品種

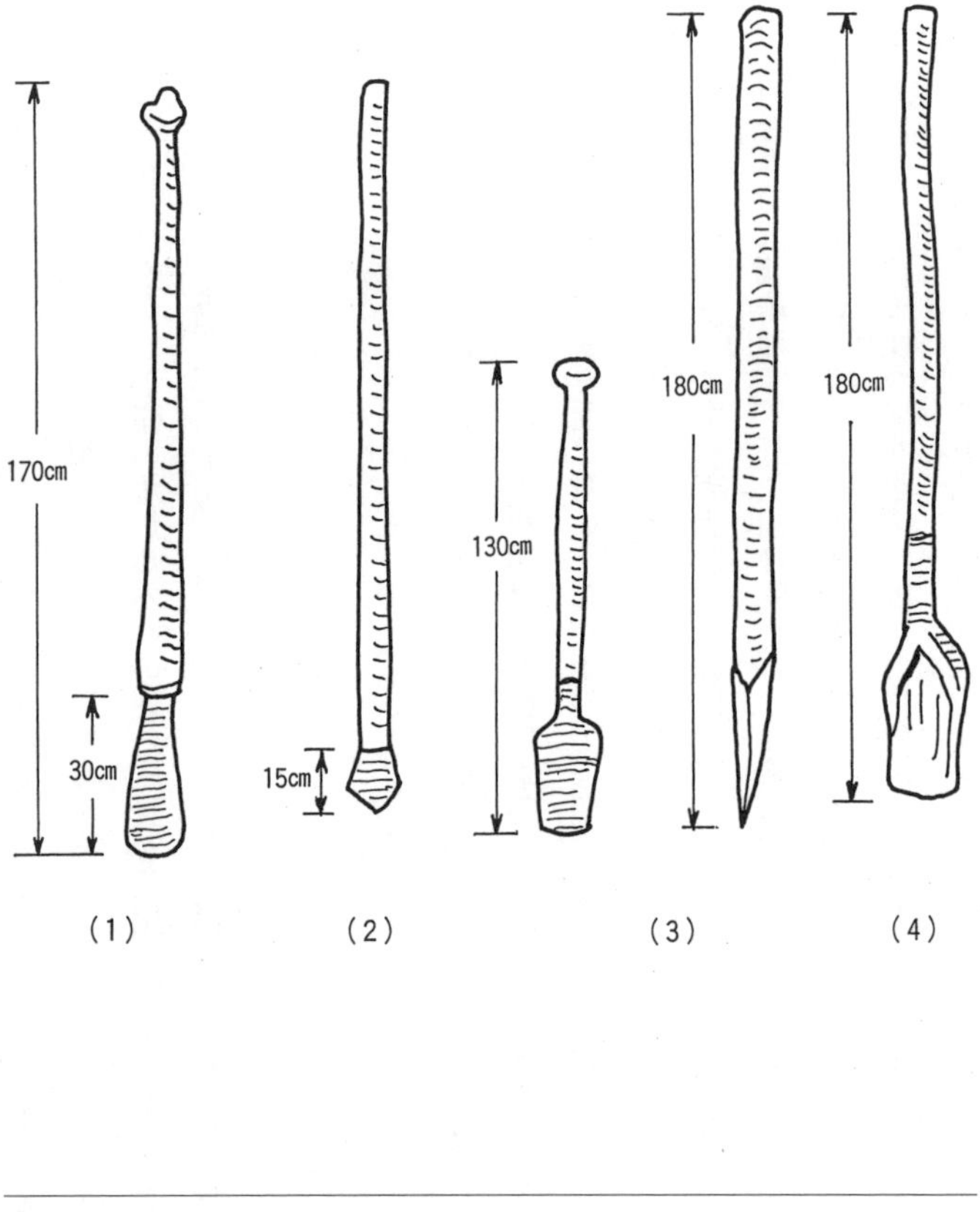

図2●掘り棒. 1. トロブリアンド島.
2. トンガタプー島.
3. スンバ島、除草と大土塊起こし.
4. ニューカレドニア.

を育成し、多数の種類を長年かけて栽培化したものだ。三、四年収穫を続けた後、親株は切り倒して数本の吸芽を移植し実らせる。中尾佐助氏はバナナがオールシーズンに収穫できる果実で、種無し品種の選抜、その種類の多様さから品種改良の最も進んだ果実だといい、遺伝学的な年代観から栽培化は五〇〇〇年以上昔と推定している(2)。

それからイモがある。この地域の代表はヤムイモとタロイモだ。どちらもインドからインドシナ半島にかけての地域が原産地と考えられている。中尾佐助氏はもっと絞ってヤムイモがバナナとともにマレー半島付近で栽培化され、相伴ってオセアニアやアフリカへ伝播したという。またタロイモの原産地としてはもう少し西のミャンマー・アッサム付近をあげる(3)。

ヤムイモは蔓を伸ばす多年生植物だが、植え付けや収穫には季節性がある。地下茎や担根体という根でも茎でもない部分がイモになる。イモにとげがあるものないもの、ひげ根がたくさんあるものないものなど様々だ。最も広く栽培されているヤムイモはダイジョと呼ばれる大きなイモを付ける種類で、蔓は右巻き、イモは長いものや丸いものなど形は変化に富む。丸くてひげ根の少ないものが掘りやすい。これに次ぐのはトゲドコロで、これはイモが少し小ぶり、蔓が左巻きで茎やイモにトゲがたくさんある。野生種も含めてヤムイモの種類は多いが、主なものは五種類ほどだ。中には毒のある種類もあるが、水で晒せばどれも食べられる。土の湿り具合との関係でみるとヤマイモは乾いた土と日当たりの良い所を好む。湿った土を好み、日陰でもいいタロイモとは適地が違う。

この地域独自のタロイモはサトイモ、クワズイモ、キルトスペルマだが、アメリカサトイモのヤウテアも広く栽培されている。サトイモ類は茎が肥大してイモになる。コイモをたくさんつけるもの、オヤイモが肥大するもの、両方収穫できるものなど変異が多い。植え付けや収穫に季節性がなく、収穫と同時に吸芽やイモを植え継いでいく点でサツマイモも同じだ。

サツマイモは中米熱帯原産のイモだが、これも広く栽培されている。その移入の時期はコロンブスのアメリカ大陸発見以前と考えられている。コンチキ号探検航海で有名なヘイエルダールは南米の住民がポリネシアへ進出したときにサツマイモを運んだと考えている。彼の説ではマレーシア熱帯にあるサツマイモもその移住に関係づけられる(4)。

ブラジルないし中米が原産地とされるキャッサバも現在では栽培が広い。キャッサバは茎を三〇センチメートルほどに切って土に刺しておけば根が肥大して多数のイモをつけ、土を選ばず乾燥に強い。シアン酸を含む苦味種と含まない甘味種があり、収量が多いのは苦味種で、毒抜きは磨り下ろして水に晒すか、液汁を絞る、あるいは熱をかければよい。甘味種は葉を煮て野菜に使う。

もう一つの重要な作物はサトウキビだ。これはニューギニアが原産地だ。ニューギニア高地の村々はびっくりするようなサトウキビの林を栽培している《写真1》。二、三年かけて五メートルを超える高さに伸ばし、一〇本ほどの茎をひとまとめにして添え木を当て、下葉でぐるぐる巻きに縛り合わせる。株の直径は四〇センチメートルにもなり、まるでサトウキビの木だ。常畑や焼畑に植えている

写真1●巨大なサトウキビ．マウント・ハーゲン．

生産目当てのものと全然違う。努力や功績を展示する意味合いがある。サトウキビの利用は砂糖にせず、しがんで滓を吐き出すやり方だ。

根栽農業は例えばタロイモが典型的だが半栽培的性格が強い。タロイモは放棄した畑が林に覆われても消えず、二次林を開くと残っている株が芽を出し、イモを収穫できる。バナナも放棄した畑に残っている株から収穫できる。ただしそのまま放置すると葉がピンと立ったエスケープ型になり、果実が大幅に減る。半栽培的な性格がとりわけ顕著なのはサゴヤシだ。サゴヤシは湿地に自生するヤシで、樹幹に大量のでんぷんを蓄積するので、マレー半島からメラネシアまで広く利用されてきた。一〇年ほどで高さ一〇メートル、直径五〇センチメートルほどに成長し、先端に花が咲き実をつけると枯死する。開花前の幹を伐り倒し、割り開いて斧や円筒形の道具で髄を掻き出して水を入れながらでんぷんを揉み出す。でんぷん液は舟などで受け、沈澱した濡れサゴを収穫する《写真2》。一本の幹から四〇〇ないし五〇〇キロの濡れサゴがとれる。これに湯を注ぐと葛湯状の食い物になり、干した粉をトースト状に焼くこともある。サゴヤシ以外にアレンヤシも幹の中にでんぷんを蓄積し、同様の採取と利用を行う。ただしこれらのでんぷんは食品として一つの問題がある。サゴヤシやアレンヤシのでんぷんはキャッサバのタピオカでんぷんと同じようにほぼ純粋なでんぷんだ。他の栄養素、とくに蛋白がまったくない。それで普通は魚やうしお汁で蛋白を補う必要がある。

サゴヤシは吸芽を移植して栽培するが、親株の地下茎からたくさんの吸芽が出るので、移植栽培を

写真2●サゴヤシとデンプン取り．スラウェシ島ルー県．

しなくてもサゴヤシ林を維持拡大できる。サゴヤシ地帯でこれは植えたのか、自然に生えたのかと尋ねると、答えは様々で、栽培なのか野生なのか区別がはっきりしない。栽培することで野生のものの性質に何らか変化が生じたのか、これもはっきりしない。元々あった他の樹木を取り除いてサゴヤシを残す半栽培でいけるのだ。

同様のことはこの地域を特徴づける多くの熱帯果実についてもいえる。ドリアンやマンゴー、ランブータンやランサット、マンゴスチン、パラミツ（ジャックフルーツ）、パンノキ、ジャンブー、ブリンビンその他一杯ある。うっそうとしたジャングルの中にこれらの果実があると猿やオランウータン、虎、鹿、鳥の餌になる。ジャングルで偶然果実を見つけた住民も、野生だといいつつ御馳走にあずかる。もちろん、住民が普通食べるものは栽培されているものが多いが、野生種と栽培種の違いはさほどはっきりしない。栽培種の品種改良が進んでいるのはタイだが、それと比べると例えばインドネシアのドリアンやマンゴーは野生じゃないかとすら思える。

2　ニューギニア本島

中央高地のイモ畑

ニューギニアの気候は年間を通して雨が多いが、北西モンスーンの吹く一一月から三月がより多雨で、南東モンスーンの五月から一〇月は雨の量が減る。オーウエンスタンレー山脈のため北西モンスーンの山陰になる首都のポートモレスビー地域を除いて熱帯多雨林気候が卓越する。ニューギニア高地は火山灰や火山岩由来の火山性土壌地帯だ。ポカポカとしたクロボク土や褐色ローム層が広く分布する。周りに四〇〇〇メートル級の火山がそびえた高原で、人間にとって快適な居住空間は一五〇〇メートルから二五〇〇メートルの高度だ。晴れ間が多く蚊も少なく住みやすい。熱帯高地は乾燥地帯のオアシスと並ぶ快適な居住空間である。とりわけ火山性高地はそうだ。日本でもそうだが、排水が良くて膨軟な火山性土はイモの栽培におあつらえ向きだ。

マウント・ハーゲンで見ると、イモ畑は短冊型と丸塚型と二種類が基本だ。短冊型はススキ原の斜面に畳程のサイズの畝を規則正しく立てる。麻雀パイを並べたような格好だ。畝間溝は排水路で、スムーズに排水できるように真っすぐ通す。丸塚の場合は塚の間が排水路になる《写真3》。どちらに

写真3●ニューギニア高地のイモ畑．上から村の景観，短冊型イモ畑，丸塚型イモ畑．マウント・ハーゲン．

しても収穫が終わると畝間に刈り敷きを入れて畝を切り返し、何年も植え付ける。畝立てや溝掘りは男の仕事で長柄の重い櫂型鋤を使い、小型の鋤で土をほぐしながら植えるのは女の仕事と分かれている。

女の仕事では家畜飼養も重要だ。ニューギニアで家畜と言えばブタである。沿岸地方でも中央高地でも同じだ。ウリン坊が走り回り、パンノキの樹皮で作った紐に繋いで犬の散歩ならぬブタの散歩をさせる女性の姿がどこでも見られる。その飼養システムはとりわけ中央高地で発達している。伝統的な平土間家は人用の入口を入るとすぐ炉のある居間があり、それを挟んで男の空間、女の空間が左右に分かれる。奥にブタのコンパートメントがあり、ブタ入口がある。朝、ブタ入口を開くとブタは木柵で囲まれた細い道を通ってイモ畑へ行く。収穫後のイモ畑に放牧するか、柵のない畑の場合は繋牧する。ブタは土の中のミミズやイモムシを探して鼻で土を掘り起こす。これで収穫後の畑は荒おこしが済む。豚耕というべき方法だ。午後、ブタは勝手に柵道を通って帰り、ブタ入口を押しあけて自分の空間へ戻る。ブタ空間と人の居間の間には乗越し段が設けられ、豚は入って来れない作りだ。

現在の作物はサツマイモが多いが、数年間の輪作スケジュールでピーナツ、トウモロコシ、ヤサイ、ジャガイモ、サトウキビ、マメ類、サツマイモを植え続ける。この状況をみると、イモ耕作は焼畑ではなく常畑耕作が基本であることがわかる。この内、サツマイモ、タロイモ、ヤムイモは畑が貯蔵庫でもあり、必要なだけその都度掘り上げる。ただしヤムイモは収穫時に一斉に掘り上げ、収穫祭が発達していることがある。トロブリアンド島の例を後で述べる。一作か二作で放棄移動する純然たる焼畑もある。それはいかにも雑然としており、深い排水路は掘るが畝は立てず、センニンコク、タロイモ、ヤムイモ、バナナ、シカクマメ、サトウキビなどが植わっている。

移動焼畑を行う理由だが、住民によると部族テリトリーを維持することが主目的だ。村は今こそ移動しないが、以前はこちらの丘、あちらの丘と移動した。それぞれの村はある領域を生活空間として所有している。ある時点で畑に利用する土地は一部分にすぎないが、使っていない土地も潜在的に必要な占有空間だ。村むらの領域は互いに接しているが、明確な境界線はない。領域に対する占有権は村人がその領域内で村を点々と動かしたり焼畑を開いたり、万遍なく領域に使用痕跡をとどめることによってのみ守られる。村の位置を固定して活動がある地域に偏ると、等閑視された地域が生じる。そこに他村、他部族の人間が入り込む。さらには他村の領域になってしまう。だから自村の領域を維持するために以前は三、四年に一度、村の位置を変えたという。領域をめぐる紛争は部族戦争に火をつける。セピック河上流で一九五六年に大規模な部族戦争が行われた報告(5)があるが、これが最後ということではなくその後もしばしば起こっている。東インドネシアでは部族戦争の名残りをとどめる模擬戦争の祭りがあり、時に死人が出る。領域保全のために村を移動し、移動焼畑を行うという説明は説得力がある。

ニューギニアのイモ農業はいつごろ始まったのだろうか。この問いに答える考古学的発掘はいまだ数少ない。マウント・ハーゲンのクック茶園を開くときに発見された畑遺跡の報告が主なものだ[6]。遺跡は五層の遺構が重なり、一番下の主排水路は九〇〇〇年前、幅二メートル、深さ一メートルで五〇〇メートル以上の長さがある。その次の層は六〇〇〇年前で、畝が確認され、掘棒が発見された《図3》[6]。ここでは既に豚の飼養が行われ、バナナは東南アジア原産のもののほかニューギニア固有種のフエイバナナも栽培されていたという。ここまでは湿地のタロイモが主な作物とされるが、四〇〇〇—二五〇〇年前の第三層では旱地のイモつまりヤムイモの栽培が始まった。第四層は現在のサツマイモを植える短冊型畝畑と同じ形を示し、一二〇〇年前の火山灰で覆われている。

この報告が正しいとすると、穀物農業と似た古さがある。その後の別の報告[7]によると、最初の痕跡はバナナ栽培であり、ゴルソンの報告が示唆した古い年代の排水溝は四〇〇〇年前とぐっと若いものに修正された。タロイモ、バナナの栽培は確認された。いずれにしても発掘事例は少なく、始まった時代は未確定だ。畝溝仕立てや排水溝を伴うタロイモやバナナ栽培が相当な伝統をもっていることは間違いなさそうだ。

脂質栽培作物で重要なものに実が赤くて長いパンダンがある。果実の外表面にトウモロコシ粒大の種子が多数付く。石蒸しで料理し、種子をしがむ、あるいは揉んで液を絞る。この液に焼きバナナやイモを浸して食う。

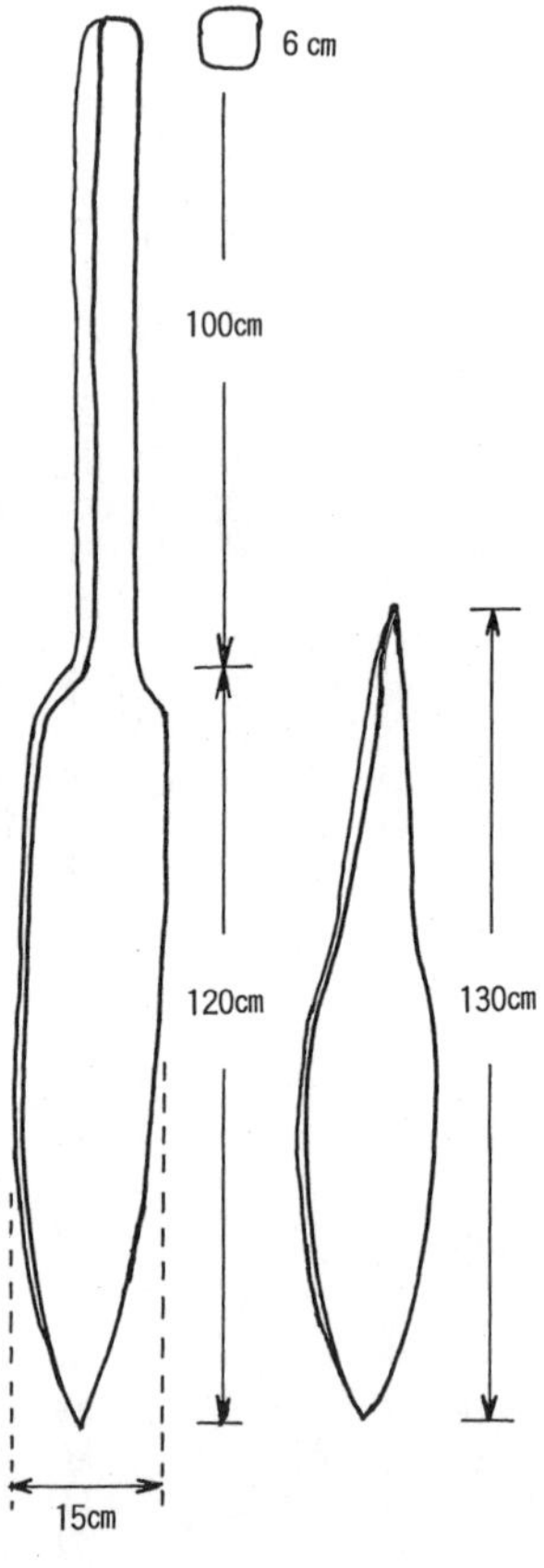

図3●クック茶園出土の掘り棒．溝掘り用（左）とイモ掘り用（右）．マウント・ハーゲン文化ギャラリー展示品．

セピック河流域のヤムイモ、サゴ、市

イモ文化圏でイモ栽培にとって一番重要なことは何ですかと尋ねると、種イモとイモ苗作りだという答えが返ってくる。この人たちは種イモを人間の赤ん坊と同じように考えている。とりわけヤムイモは大きくて中身の充実した傷のない種イモを選び、家の中の冷暗所に置いて芽がしっかりと伸びたイモ苗を作る。赤ん坊を育てるように種イモを育てるのだと言う。実物を見ると芽は七〇センチメートルにも伸び、長い根も伸びて種イモを包み込んでいる。セピック河流域の丘陵地帯のヤムイモはヤム（ダイジョ）とマミー（トゲドコロ）の二種類があり、どちらもこういう風に種イモを仕立てる。

ヤムイモコンテストがしばしば行われ、それに参加してイモを出品する際は特に念入りだ。このときの植え付け方は畝立てではなくピット栽培になる。ピットは直径一メートル、深さ三、四メートルの巨大な穴を掘り棒と櫂型鋤で掘る。穴にはかねて用意しておいた甘土を満たす。甘土は表土に刈草や落葉を混ぜて熟成させた土だ。そこに準備しておいた種イモを植え付ける。種イモの芽を穴の中心に対して少し傾けて植え、浅く覆土し、支柱用の木枝を立てる。一月に植え八月に収穫するのだが、イモの掘り出しは細心の注意が要る。ジネンジョ掘りと同じで、ヤムイモコンテストでは途中で折れないように注意深く掘る。このことは真っすぐ伸びる形質の選抜に利いている。植え穴のずっと手前から土を取り除き始め、最後に掘り上げる際にはロープの吊り輪を取り付けた長い竹竿にヤムイモを

縛り付ける。これを精霊神殿に運び、長さと形を競うのだ。優勝者のヤムイモは神殿に保管展示され、人々はその功績を記念する。

技術以外に、いや技術以上に重要なのは精霊による加護だ。様々な精霊や祖先霊から助けと許可をもらい、死霊の悪意を避けることが作物の成長に重要なのだ。そこで立派な精霊神殿《写真4》を建て、精霊に祈願し感謝する依り代にする。これは男の家でもあり、女性は入れない。ちょっとした公会堂ほどの大きな高床建物もある。その棟木を支える太い通り柱は直径六〇センチメートル、高さ一〇メートルもある。時に人面が刻まれている。柱立ての際に人身御供となった人だという。入口の屋根上には高い尖塔が立ち、木彫の白い鳥が天を向く。鳥千である。精霊神殿には儀礼に使う舌出し像のマスクや成人儀式に使う被り物、おどろおどろしい音を出す道具類を保管する。被り物は掘り込まれた面、下に垂らした黒いサゴヤシの毛など、日本のナマハゲの被り物と似たおもむきだ。そういえば縄文期の大きな柱穴を持つ大型建物、例えば栃木県聖山公園遺跡の大型建物や、山形県押出遺跡の円錐形の木造家屋、石川県近森遺跡、能登半島の真脇遺跡のトーテムポールなども同類の精霊遺構と思える。

精霊信仰の強いアニミスティックな空間には儀礼や呪術が色濃く残っている。ヤブを開いてイモの新たなガーデンを作る時は夢占いや抜開儀礼が欠かせない。まず抜開予定地で一列の木を伐り、長老が夢占いをする。夢見が悪いとそれは誰かが呪っているか、村人の誰かが死んだ場所であり、その死

写真4●精霊神殿．セピック河パグイ．

霊が抜開を喜ばない証拠だということになる。死者の一族を探し出して共食をし、死霊が了解のサインを出したかどうか再び夢占いを行う。共食は普段あまり食べない豚肉のムームー料理だ。穴を掘って火を焚き石を焼く。その上にバナナの葉に包んだ豚肉やイモ、ヤサイを置き、その上にも焼き石を並べて土で覆って蒸し焼きにする。

抜開は草や灌木を伐り、二、三週間乾かして焼く。焼け残りの整理が終わるとガーデンを浄化する。長老が先頭に立ちショウガとキンマを噛みながらガーデンを回り、長老が所々で唾を吐く。その後特別な円錐形にした土塊に長老が息を吹きかけ、ガーデンの一部に埋める。そこは斉囲となる。中国でいう籍田だ。そこにヤムイモ、タロイモを植える。こうして儀礼が終わると各自それぞれの畑に作物を植える。植え付けた後には虫祓いが行われる。虫はやはり誰かが呪っているために現れるので、その者を探し出して、聖なる木の葉でお祓いをする。植え付け時期にも制限があり、一月から四月までが上りの季節で植え付けが許され、七月から一二月までは下りの季節で収穫のみが許される。穀物農業では煩縟な地拵えが特徴だが、イモ農業では煩縟な儀礼が特徴だ。

煩縟な儀礼や夢占い、呪術、供犠を伴うイモ栽培の一連の行事は、しかしはたして熱帯島嶼の地方的な観念を映すだけなのだろうか？　それとも全世界的に見られる観念、殺され骸を切り刻まれたのち復活する作物神の観念を映すものなのか？　メソポタミアには半年冥界へ下り半年地上界へ戻るドゥムジ神話がある。農業神、牧畜神のドゥムジは冥界へ下って地上へ戻ったイナンナ女神の愛人で、イナンナを追ってきた冥界の魔物に殺され、深い嘆きを洩らしつつ殺されて蘇る運命におもむくことになった。ドゥムジ神話はエジプトで穀物神のオシーリス神話となり、ギリシアでアドーニス神話となった。古代エジプトのオシーリス儀礼では穀粒を混ぜた土でオシーリス像を作り、塚に埋める。その塚には前年に埋められたオシーリス像があり、像には麦が芽生えている。死と蘇りが眼前に露わとなる儀礼だ。この観念と儀礼は様々な変化を伴って全世界的に見られることをフレーザーの『金枝篇』がそれこそ煩縟なまでに述べている。この現象は独立発生なのか伝播なのか？

セピック河中下流部の主食はヤムイモ以外にサゴヤシデンプンがある。セピック河から内陸へ入った湿地帯に住む人々はワサラと総称され、湿地に自生するサゴヤシからデンプンを採る。他方セピック河沿いやシャンブリ湖に住む人々はガニと呼ばれ、彼等は漁業専従だ。どちらも中央高地の平土間家と異なり、高床家を建てる。シャンブリ湖のガニは湖中に杭上高床集落を作る。杭上家屋のファサードに鷲の頭をもつワニや部族に伝わる人物の像を刻んだ巨大なトーテムポールが並ぶ様は壮観である《写真5》。

ワサラとガニは両者の村々の中間で市を開き、サゴヤシデンプンと魚を物々交換する。市といっても河沿いに開いた空き地で、数百人の女性が魚屋とサゴ屋に分かれ、向かい合って座るだけだ。商品は他にキンマの葉、サゴ虫の串刺し燻製、クスクスの燻製、キャッサバやオクラの葉、パパヤ、バナナ、タロイモ、ヤムイモ、サトウキビ、サツマイモの天ぷら、野豚やワニの肉、それに雑貨衣服など

写真5●水上杭上集落．シャンブリ湖．

が少しある。魚屋の商品はほとんどがセピック河やシャンブリ湖で刺網やタモ網を使って捕ったテラピアの開き燻製、他に川エビ、カメなどだ。サゴ屋の商品は濡れサゴだ。世話人の男が始めに演説をする。サゴの品質に文句を言うな、魚とサゴの交換が滞ると流域全体の者が食糧不足に悩むことになるということらしい。演説が終わるとアンギン袋を頭にかけたサゴ屋の女たちが濡れサゴデンプンの塊をかかえて魚屋へ突進した。サゴデンプンの塊は食パン二斤ほどで、これ一個がテラピアの燻製一四と等価で交換される《写真6》。

濡れサゴの料理法は、葛湯に練ったもの、それを干してサゴ団子にしたもの、サゴ粉のフライ、サゴ粉のベタ焼きなどがある。ベタ焼きは炉に置いた浅い土鍋に少し乾かしたサゴ粉を入れ、下側に焦げ目がつくと表側を濡れ雑巾でさっとなでて二つ折りにし、そのまま食う。このベタ焼きは手軽で腹もちも良い。

炉や土鍋などこの地域で土器作りの一つの中心はエイボム村だ。炉は大型の窪んだ平皿の下に低い土台が付き、口蓋は火炎式縄文土器のような波型だ。こうすると風の息が生じて火勢が強くなる。そして口蓋直下の内壁に三角凸帯を貼り付ける。土鍋と炉壁の間に空気穴を作るためだ。他に重要な土器にはサゴデンプン保存用の大型の甕がある。これは濡れサゴを入れ、上に水をはるとやや長期保存ができる。また水甕、水壺、ヤサイや魚の煮物用の深い土鍋もある。蚊やり用の穴あき薫蒸炉も空気と同じほど蚊が多い環境で不可欠だ。エイボム村をはじめセピック河流域の土器はいわゆる叩き技法

写真6●サゴと燻製魚の物々交換市．シャンブリ湖．

で作るが、器壁に凸帯を貼り付けて人の顔や円紋を描いたり、深い条紋でワラビ手紋を描くとか、黒い磨製土器に仕立てることなど、全体に縄文土器にきわめて似た様式だ《後出図7》。

ニューギニア本島も内陸部と沿岸部では同じ根栽社会といっても生活ぶりは相当異なる。内陸部はより自給的で土着的に暮らし、男は部族戦争に生き甲斐を感じているように見える。沿岸部の人々は生産の分業化が進み、交易が生活の重要な支えになり、人当たりが柔らかだ。ニューギニア島の尻尾にあるミルン湾には島々をラカトイ双胴船で周航して行うクラ交易が今も行われる。海というハイウェーを介して外に開かれた世界である。同時にその地理的位置から、島々は異国の支配者に跪き、奴隷狩りの恐怖にさらされ、ナマコ、真珠、白檀を求めに来る中国人商人やヨーロッパのカントリー・トレーダーの侵入を受け、さらにはヨーロッパ人のミッションや植民地政府に支配されてきた。歴史の波の中で息長く続いてきた伝統文化そのものにも外来要素が入っていても不思議はない。洋上に散らばる島々の文化は独立発生なのか、何らかの伝播が考えられるのか、そこを見極めるためトロブリアンド島やトンガタプー島などを訪れた。

3　西太平洋の島々

トロブリアンド島のイモ栽培と儀礼

トロブリアンド諸島はニューギニア本島の尻尾の北、ミルン湾に浮かぶ平坦な隆起サンゴ礁の島々だ。最も大きなキリウィナ島は一九三〇年代に調査を行ったマリノウスキーの詳細なモノグラフ(8)で有名だ。私たちが訪れたのは一九八八年で、彼の調査から六〇年を経ている。イモ畑の景観は彼の報告に比べやや変化していたが、骨格は変わっていない。バリ島のコメ倉と同じ形をしたドーム型屋根の家やイモ倉、ココヤシに囲まれた村の様子はそのままだ。オマラカワ村には当時と同じく最高首長が住む。

南東モンスーンが吹き始める四月末から雨が少し減り、主食であるヤムイモの収穫が始まる。六月ごろが収穫の最盛期となり、倉入れが終わった八月がいわば正月で、農業暦は八月に始まる。

島は隆起サンゴ礁のカルスト状緩起伏台地が広がり、レンジナやテラロッサなど肥えた土が分布する。但しあちこちにサンゴ礁石灰岩が鋭い岩角を突出している。低い山地は密林だが、台地は密林が姿を消しヤブとイモ畑が入り混じっている。ヤブをイモ畑に変えるとき灌木を多数残し、支柱を立てそれにヤムイモが巻きついて葉を伸ばすので、イモ畑も全体がヤブのようにみえる。マリノウスキーの報告だと耕地は低い柵で囲み、四隅には三本の木をプリズム状に組み合わせてカムココラという一種の依り代を立てる。柵にも随所に木を三角形に組んだ支柱を立てる。畑の中にもヤムイモの蔓を這わせる支柱をたくさん立てる。そしてこれらの支柱を連結するため小枝を敷き並べて格子線で畑を細かく区画する。格子線を作る小枝の間に隙間があってはならない。こうして畑全体が依り代とそれに連結した格子および柵で完全に包まれる。こうする意図はカムココラが精霊の魔力を呼ぶアンテナであり、捉えた魔力を格子線と支柱に電流のように流して耕地全体を万遍なく魔力で包み、ヤムイモの収穫を完成させることだ。私たちが訪れたとき、三叉のカムココラは姿を消していたが、かなり高い灌木がその代役を果たし、地上の格子線区画はまだ行われていた《写真7・1》。

ヤムイモの種類はテトゥとクヴィに大別され、テトゥはトゲドコロ、クヴィはダイジョだ。テトゥの一株はイモを一〇個から一五個つけて相当重い。掘り上げるには鉄ヘラをとり付けた掘り棒で根を切り、株の外側に差し込んでぐいとこぜり、茎をもって引き上げる。掘り上げたイモは首の部分をナイフで丁寧に切りとり、食用にする。茎についている残り五、六個のイモはそのまま全体を一株のタネイモに使う。重量で比べると収穫したイモの三分の一はタネイモになる。タネイモ作りが重要なわけだ《写真7・2》。

食用にするイモは土と表面のトゲやひげ根をナイフで落とし、イモに磨きをかける。磨き上げたイモは野小屋に運び、円錐状に積み上げる《写真7・3》。相当の重量がかかるので崩れないように底面の土床は掘り込み、積み上げたイモ塚は枝とロープで飾る。このイモ塚は野小屋で一カ月展示して耕作者の功績を示す。その後村へ運び、再び円錐に積んで一カ月展示してから風通しの良い校倉作りのイモ倉に貯蔵する。ただし村で展示し納める倉の場所は耕作者の父親や姉妹の家族の家の前である《写真7・4》。

タロイモはヤムイモと違って一斉に掘り上げることはない。必要に応じて収穫し、その都度植え継ぐ。植え付けにはイモの上の方の生長点一、二層をつけて茎を切りとばし、一週間ほど野小屋に置いて短い芽が出て来ると植え苗とする。ヘッド・セットという方法だ。畑で焼いたタロイモをもらった。サトイモだと思うのだが、まるでつきたての餅のように長く伸びるものだった。

村人は数筆のヤムイモ畑を耕作するがそれは二種類に分かれ、自分の家族用のイモを作る畑と、贈与用のイモを作る畑がある。ヤムイモの生産量を荒く見積もると、先ほどの一〇人家族の畑は〇・六ヘクタールほど、収穫量は約七トンだ。消費量は一人年間二〇〇キロ強、一〇人家族の消費量は年間二トン強だから相当の余剰が出るはずだが、トロブリアンド島には複雑な贈与制度があって、村民全体の福祉を実現するために個人の余剰蓄積は抑えるようになっている。贈与用のイモ畑から収穫したイモはまず父親に、そして姉妹の家族にほとんどすべて贈与する。自分の食糧は自家用イモ畑の収穫以外に妻の父親と兄弟、それに自分の甥から贈与されたイモを当てることになる。要するに息子と自

写真7-1●霊力に護られたヤムイモ畑．トロブリアンド島．
写真7-2●収穫．
写真7-3●畑で展示．
写真7-4●村のイモ倉．

分の妻の親族の働きぶりが自分の生活に深く関わり、逆に自分の働きは父親と姉妹の家族の生活に関わるのだ。贈与に対しては必ずお返しをする。真珠母貝、ベーテルナット、豚、土製炉、御馳走などで互いに御礼をし合う。日本の贈り物と御礼返しの慣習はこれに比べると形式化している。トロブリアンドの慣習はもっと実質的で大変そうである。

年月が経つとこれでも貧富の差が現れる。格差を均すために行われるのがヤムイモコンテストで、三、四年に一度開かれる。まず誰か勧進元が賞金を提供する。普通、六、七万円相当の金額を用意し、一〇位までの賞金を準備する。賞金を獲得した者も賞金に見合う御礼を勧進元に返す。ヤムイモコンテストは栽培技術向上に役立ち、村全体の福祉にも役立つ。勧進元は出費の代わりに村人から尊敬を受けて功績が増える。ヤムイモコンテストがある年はみんな半年間働きづめだったので、そのあと半年は疲れをとるため歌と踊りのレクリエーションで過ごす。娘たちはこの期間、精液でげっぷが出るほどだとマリノウスキーが書いている。女性が普段付けている腰蓑はバナナの葉にドンソン模様が刻まれた質素なものだが、レクリエーション期間円踊を楽しむ娘たちは色鮮やかな腰蓑を付け、頭には白い鳥の羽根冠をかぶる。首には貝製ビーズのネックレスを下げる。

イモ畑の作業はヤムイモを中心に、畑の準備から収穫までの一〇カ月間、儀礼と呪文唱えを繰り返しながら進められる。斉囲での始耕祭は最も重要で、祖霊に助力を得て道具と畑を清め、豊作祈願、虫祓い、病気祓い、野ブタ祓いの呪文を唱える。その後各自の畑でも繰り返す。そして先述のように精霊や祖霊の魔力に護られた耕地を作り、段階を追って植え付け儀礼、発芽儀礼、除草儀礼、蔓や葉の生育儀礼、イモと根の生育儀礼、収穫儀礼と進める。実に煩縟である。技術だけでは十分ではなく呪文を唱えて精霊、祖霊を呼び寄せ、その魔力に護られることが重要なのだ。

「戻り来たれ」

呪文の中身をマリノウスキーの著書で見ると、多くは現実的な祈願や作物の生育状況に即している。例えば抜開を祖霊へ知らせるとき、斧をマットの上に置き、煮魚を炉石の上に置いて唱える呪文は大略こうだ。「これはお供えです、祖先の霊よ！　御覧下さい！　明日私たちはガーデンに入ります、ご注意下さい！」。これは状況と呪文が即物的に合っている。また土の肥沃さを祈願する際の呪文、「土よ、私はあなたを叩きます。開いて作物を地中に入れて下さい。土よ、膨らんで下さい、子供が入っているかのように膨らんで下さい、土よ！」も同様だ。

だがそれほど即物的に納得できない呪文もある。例えばイモが増えることを願う呪文だ。「テトゥ、戻り来たれ、私たちのもとに戻り来たれ」、「テトゥ、戻り来たれ、確かに戻り来たれ。ナコヤ種のテトゥ、戻り来たれ、確かに戻り来たれ。」この呪文はヤムイモの多くの品種の名前を上げながらしつこく繰り返される。これは他の生育祈願のものが例えば「ヤムよ高くなれ、ヤムよ高くなり雉の巣ほど膨らめ」といったものと比べて観念化されたイメージが入っている感じだ。また、抜開儀礼で斧をマットの上に置いて唱える呪文の後半、「道を示せ、道を示せ、地中への道を示せ、地中深くへの道を示せ」と繰り返すことにも同様のギャップが感じられる。

「戻り来たれ、戻り来たれ、私たちに確かに戻り来たれ」という呪文はオシーリス神話を思いおこさせる。よこしまな弟セトによって一四個の切片に切り刻まれ、ナイルの沼地にばら撒かれた農業神オシーリスの身体を妻のイーシスが探し出し、横たわるオシーリスの屍を前に、イーシスとその妹ネプティスが唱えた悲嘆の言葉だ。「汝の家に来たれ、汝その心たしかなる者よ、汝の妹に来たれ、汝の妻に来たれ……」。二人の悲しみを見た太陽神ラーが豹頭のアヌビス神を派遣し、アヌビス神はオシーリスの身体を繋ぎ合せ、再生の祈りを捧げてオシーリスを蘇生させた。蘇ったオシーリスは冥界の王として死者を治め、作物の蘇りを司る神となった。この逸話は『金枝篇』の中でもとりわけ魅力的なものだ(9)。トロブリアンド島のイモ栽培で唱えられる「戻り来たれ」という呪文は古いイモから新しいイモが生まれ出る祈願であり、オシーリスの復活を願うイーシスの唱文とよく似ている。マリノウスキーがフレイザーの大著を念頭に置いていたであろうことは、次のように書いていることからも明瞭だ。「帰り来たれというこの唱文が作物の帰還、古いイモから新しいイモへの蘇りの信仰を示すのかどうか、確証を得ることはできなかった」と。

二つの呪文の間に類似性があるとマリノウスキーが感じたことは確かだ。この類似性は相互に何の関係もない独立現象なのか、何らかの関連がある伝播現象なのか？　民族学者と心理学者の間に論争がある。心理学者のユングは独立現象であると断言する。人間の精神は同一の素質を持っている。時代、民族を超えて神話的イメージや呪術は集団的無意識の中にあり、あらゆる個人に潜在的に遺伝されているとみる。他方民族学者のイェンゼンは伝播を仮定する方が並行独立発生を仮定するより根拠がありそうだとみる。彼が根拠として上げるのは、世界中で作物起源神話が死して蘇るイメージと堅く結びついていること、さらに作物の出現が切り刻まれた死体というきわめて特殊なイメージとこれも堅く結びついていることだ。人間精神の多様さを考えるとイメージ形成は広大な可能性があるのに、完全に同種のイメージ形成は伝播を仮定する方が可能性が高いという(10)。

殺され切り刻まれて蘇る作物神のイメージと神話は穀物農業にも根栽農業にもある。このイメージが出現する必然性はどちらに高いのだろうか。根栽栽培ではイモを切片に切って植えるとか、イモ上端の生長点を付けた茎を切り取って植える、あるいは吸芽を切り離して植える、また作物を子供とみなす栽培法が行われる。即物的な比喩が生まれやすい。しかし穀物栽培でも穀物を鎌で刈り、脱穀そりや家畜の爪で細かく粉砕する過程がある。つまり穀物神を殺し、身体を切り刻む感覚が生まれる素地はあるかもしれない。

殺され刻まれる者が何と観念されるかは二分法にならず、三分法になる。穀物農業ではムギ圏だと穀神で、ドゥムジやオシーリス、アドーニスなど男の神だ。作物起源神話も神が作物を創った、もたらした、人に与えたと二元論的だ。儀礼では生殖や愛慾を司る女神も顔を出す。イネ圏だと収穫時に身体を切られる稲魂は母稲や姫稲に宿るとか、誘拐ないし売買された女性が供犠される事例などから推察すると、女神だ。根栽農業ではセラム島のハイヌヴェレ神話が象徴するように女の子で、その死体からイモなどの作物が化成した。稲魂信仰は雲南、華南から東南アジアの稲と根栽が混在する地域に一般的で、その儀礼は非常に多彩、起源神話も死体化成あり、神による招来もある。稲栽培はムギ農業と根栽農業の両者から影響を受けていることを、儀礼の面でも裏づけることがらだ。

稲魂の儀礼にはオシーリス儀礼と共通する「戻り来たれ」の呪文が広く分布する。例えば雲南・ミャンマーの佤族は一九六〇年ごろまで豊作祈願の首狩りを行っていた山地民だが、焼畑でイネを脱穀し籠に入れて家へ運ぶとき、「稲魂、帰ろう帰ろう」と唱える。叫谷魂といわれる誦文だ。西双版納の基諾族は「帰ろう、帰ろう、米倉へ帰ろう」と唱える。佤族はモン・クメール語系、基諾族はチベット・ビルマ語系だが、叫谷魂は苗、瑶、ラフ、壮・侗語族にも広く見られる。稲霊信仰が共通し、稲魂迎えの儀礼には、花、ローソク、赤糸を畑で供え、叫谷魂を唱える。稲魂が道に迷わないよう、辻に目印の糸を置いたり、米粒を道に落としておく。

大陸部東南アジアではモン・クメール系山地民が良く伝えている。一九三〇年代にイジコヴィッツが調査したミャンマー・ラオス・タイ国境地帯のラメット族は、畑の端から渦巻き状に収穫を進めて中央の祭壇に稲魂が集まるようにする。最後にこう唱える。「稲魂！　祭壇へおはいり下さい！」[11]。今も高地ラオスの少数民族では稲魂儀礼が盛んだ。その一つカム族について最近の報告がある[12]。収穫・

脱穀した籾を焼畑で小籠に入れ、上に貨幣と手鍬の刃先をおいて稲魂が逃げないようにする。そして家の米倉へ運ぶとき、「一緒に帰りましょう、先祖様と一緒に帰りましょう」と父方のおじいさんが叫んで、稲魂を皆連れて帰る。米倉には種籾を入れる籠があり、持ち帰った籾をその籠に移し、新しい種籾は古い種籾の魔力を受け継ぐ。稲は稲魂の力によって生育できるのでその力を逃がさないように、稲魂が道に迷わず倉へ帰って来るように、工夫を凝らす。

収穫を作物の死からの蘇りとしてもっと劇的に表現する例は島嶼部東南アジアに多い。スラウェシのトバダ族は、稲刈を「死者の魂、死者」と呼ばれる女性先導者が先導する。死者の霊たちは生きている者たちを妬み、たえず生者を冥界へ引き入れようと狙っている。それで先導者は死者であるかのごとく振舞わねばならない。収穫を始める場所、つまり稲が傷を負う場所に供物を置き、白い嘆きの帽子を深くかぶって収穫の喜びを隠す。死霊に彼女が生者と関わりなく、死者の一員であるように見せかける。視線を死者たちにとらえられないよう遠くを見ず、静かにかすかな動きで収穫する(13)。この情景は死霊の影響下にある稲米が死者に扮した呪術師によって生者の側へもたらされ、死して蘇る穀霊への信仰を劇的に示している。

オシーリス典礼にはオシーリスの埋葬儀礼がある。それは始耕祭と播種儀礼を伴い、砂にムギを混ぜて作った神像を三六五の灯火で飾ったパピルスの小舟に乗せて墓に運び、埋葬する(14)。東インドネシアのサヴ島で聞いた年仕舞いの祭りは精霊流しだが、オシーリスの埋葬儀礼に良く似た一つのヴァリエーションを見せるので紹介しよう。これは五月‐六月の収穫月の末に行われる。村人はココヤシの葉で三角錐の小籠クトゥパットを作り、中に白檀を一切れとモロコシ、リョクトウ、イネ籾、トウモロコシ、エノコロを入れる。家族の人数分の小籠を用意し、パルミラヤシの葉に縫い付ける。このように用意したお供えは丘上の慣習家屋に集め、パルミラヤシの枝で作った小舟に乗せる。人々はこの舟を下のウバイの港までブロホ（地下から立ち上る霊気）という唄を歌いながら引いて行く。舟は現実には軽いのだが、豊富な食物と、白檀が象徴する人々の魂をたくさん載せているので、その重さによろめき倒れながら舟を引く。ウバイの港に着くと、サンパンにこの小舟と子犬、ニワトリを乗せ、死者を包む赤黒縞の絣で覆ってサンパンを海へ流す。この後、人々は高地低地二陣に分かれてサトウキビとモロコシの茎を槍代わりにし、馬を駆って模擬戦争を行う。時に死者が出るが、神への供犠とされる。終わると再び慣習家屋へ集まり、ニワトリを供犠し、作物と家畜の起源に関する伝承を一晩吟唱し続ける。これで一年を閉じる。オシーリスの埋葬儀礼と共通の要素が多々ある。

サヴ島だけでなく東インドネシアからメラネシアとナイル河谷やマダガスカル、アフリカのサバンナの間にはいろんな点で類似性が強い。栽培作物はイモ、雑穀、稲と違っても神話や儀礼の骨組がよく似ている。このことは中間のスマトラ、ジャワ、バリなど後にインド化の影響を強く受けた地域と比べると際立つ。インド化地域では神々のヒエラルキーが現れ、その頂点に立つ神バタラ・グルが舞台回しで登場し、稲魂はデヴィ・スリとかニャイ・スリなどインド的な神々に置き換わる。神話もヒンドゥーの神話になる。さらにその上にアラーの神が覆いかぶさる。要するにインド洋・西太平洋地域の農業文化を見ると、十二単のように文化層が重なり、インドネシアからメラネシアへ東に向かって次第に古い文化層が現れる。

これと同様の十二単的な変化はナイル河谷から西へかけてアフリカ熱帯の雑穀帯とイモベルトの間にもあるのだろうか。あると仮定すると作物の死体化成神話や「戻り来たれ」呪文について思考実験は可能だ。イモ農業の古さを前提として次のようなイメージが描ける。作物が切り刻まれて蘇る観念はマレーシア熱帯のイモ農業に生まれた。イモは環インド洋交流を通してアフリカの湿潤熱帯に入り、刻まれて蘇る観念は西アジア・ナイル河谷のムギ農業圏に入った。死体化成観念はそこで神話化され、儀礼と呪文が練り上げられた。文明化された神話と儀礼が東西に伝播し、各地で変異が生じた。以上は思考実験に過ぎず、仮説にするにはアフリカ熱帯の農業について豊富な材料がいる。残念ながら私には手持ちがない。

トンガのイモ栽培

トンガ諸島は西ポリネシアの環礁から成る島々だ。トンガ王国は紀元後九五〇年頃と推定されているアホエイトゥ王の天孫降臨以来、独立を保ってきた数少ない王国だ。トンガタプー島には王たちの墓ランギが三〇基ほどある。ランギはエジプトのジョーセル王のものほど大きくはないが、段台ピラミッドである。似たような段台ピラミッドはポリネシア、ミクロネシアの島々にもある。ナイル河谷から中南米へ、さらにポリネシアへ人類は進出したと西回り移動説をとるヘイエルダールにとって一つの重要な傍証だ。

トンガタプー最大の輸出品はココヤシ油で、平坦な島全体がココヤシ園だ。土地は基本的に国王の所有で、国民はその土地を借りて作物を栽培する。主食はヤムイモ、タロイモ以外にカペと称するクワズイモも普通に栽培する。ヤムイモはウヴィと総称し、主要なものはダイジョだ。オヤイモが深く伸びるもの、丸く大きく育つもの、コイモをたくさん付けるものと三群ある。次がトゲドコロ、量は少し減るがヌムラリアと呼ばれるヤムイモも栽培される。これは蔓は丸く右巻きでトゲがある。今は栽培しなくなったものにアケビドコロとカシュウイモがある。

タロイモの伝統的なものはサトイモで、これはタロ・トンガと呼ばれる。オヤイモ型が主だ。タロ・トンガは旱魃に弱いので最近はアメリカサトイモ（ヤウテア）が増加した。これはタロ・フツナと呼ばれ、フツナ島からの伝来種とされる。コイモ型が多い。カペ（クワズイモ）はサトイモに似るが、長い太いイモが地上に突出して肥大し、イモの長さは八〇センチメートルにも達する。他にキャッサバ、サツマイモも栽培されるが、儀礼用にはヤムイモが最も重要で、タロ・トンガがこれに次ぐ。他のイモは儀礼には使わない。

ヤムイモの早生種は五、六月に植えて一一、一二月には収穫できる。晩生種は六、七月に植えて収穫は翌年の四、五月になる。カホカホという中間種は特異で、六、七月に植えると一二月には長いイモが生育する。その上部のみ残して下部を収穫する。すると残った上部の生長点が刺激されてそのあと短い丸イモがたくさん付く。それを六、七月に収穫する。

ヤムイモの植え付けは大きな長いイモの場合切片に切る。頭の方向にマークを付け、頭を下向きにして植える。コイモの場合は芽が伸びたタネイモを水平やや下向き加減に穴の上に置く。植え穴はヘラ付き鉄棒で直径三〇ないし四〇センチメートルの深いピットを掘り、甘土を入れる。

タロ・トンガの植え方はヘッド・セットと株分け法がある。タロ・フツナはオヤイモもコイモも肥大する。オヤイモのヘッド・セット法、切片法、コイモの吸芽を株分けする方法がある。

カペの栽培法は面白い。カペが十分生育するとイモは地上部が六〇センチメートル、地下部が三〇センチメートルほどになる。収穫時、地上部のみ収穫し、地下部は残しておく。その生長点から芽が出て多数の吸芽ができる。それを株分けして植える。他にサトイモ同様、ヘッド・セット法も行う《図4》[15]。

畑は短期休閑を伴う常畑に近い。高く茂った荒草を刈って焼き、一年目はヤムイモを主に六、七月に植える。同時にカペ、バナナ、キャッサバを植え、少し遅れてサトイモを植える。二年目の四、五月の乾季にヤムイモの収穫を終えるが、タロイモはそのまま植え継ぎ、カペの収穫は二年目の末までかかる。バナナは五年間収穫を続ける。こういう状況だから休閑の始点がはっきりしないのだが、ヤ

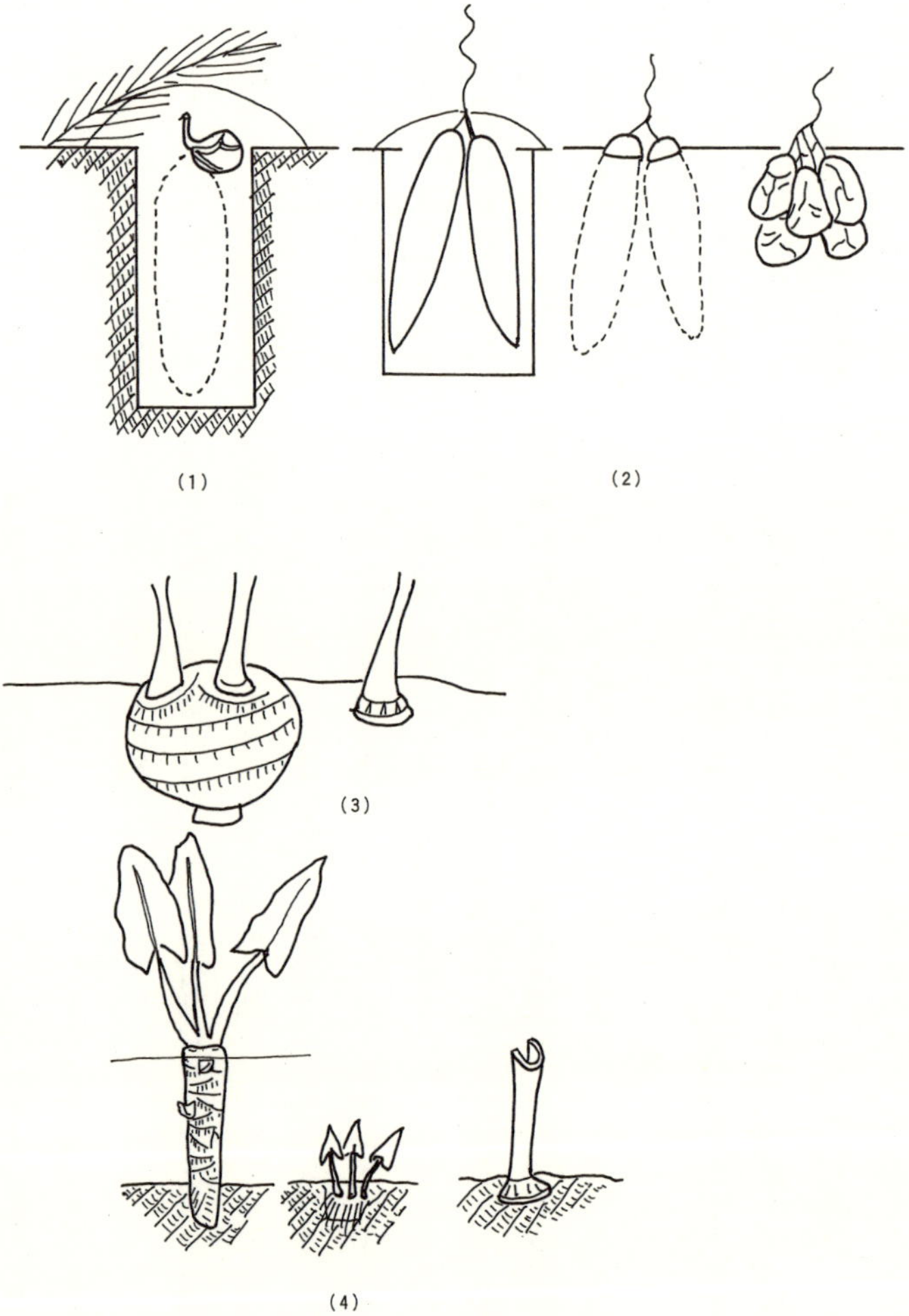

図4●トンガのイモ植え付け法．１．早生種ヤムイモ．
２．カホカホ種の二回収穫法．
３．タロ・トンガのヘッド・セット法．
４．カペの株分けとヘッド・セット法．

ムイモを中心に考えると一作して休閑ということになる。

サンゴ礁石灰岩の島は場所によって土の厚さが一定しない。黒いレンジナ土が深いかと思うと、すぐ脇は赤土のテラロッサが岩の上に薄く載っているだけといった状況だ。だからピット栽培が環境に合った方法だ。岩を突き崩す勢いで鉄棒を突き刺し、深いピットを掘る。そこに甘土を詰め、ヤムイモを置いて黒土の塚を盛る《写真8》。塚の上には柴を置く。これは支柱代わりだ。トロブリアンドと違って支柱や魔力を受けるアンテナは立てない。風が強くて倒れるからだ。蔓はだから柴の上を這う。

農作業を見学して歩く勤勉な旅行者はあちこちの畑でムームー料理にありつける。穴掘りや植え付けに汗を流した人たちと昼食の御相伴にあずかる。御馳走の中身はヤムイモ、タロイモ、料理用バナナ、魚、豚肉、ココナッツミルクを入れた魚スープなどだ。熱い間はどれもうまいのだが、冷えると口から胃袋まで豚の脂でコーティングされた感じに耐えられず、海まで走って海水でうがいをする羽目になる。

土地は国王の所有であることは先に述べた。国王は土地を貴族たちに分配し、貴族たちはさらに臣下に分封するという具合で、国民すべてが国王につながっている。収穫時に臣下は収穫物を貴族に寄進する。そのとき重要なのが長いヤムイモだ。丸いヤムイモやタロイモも塚状に積み上げて寄進する。貴族はこの中からさらに選ばれた立派な品物を丸塚に積んで国王に寄進する。オマラカワにいるトロ

写真8●トンガのイモ畑．上はピット掘り、下はクワズイモとサトイモ．
トンガタプー．

ブリアンドの最高首長とトンガの国王はよく似た社会的結合の頂点にいる。ただ、トロブリアンドでは最高首長の統合力はパプア・ニューギニアという大きな国家の中で弱まっているが、トンガ国王のそれは小さな独立国の中で強い。

トンガの伝統的な家は隅丸方形ないし長楕円形だ。砂と粘土で張り床をし、屋根は刳り抜きカヌーを伏せた形をしている。ときにはダブルカヌー（双胴船）のように長楕円の家を二つ並行に並べて、間を屋根付き通路で結ぶ形もある。航海民の伝統が家の形に反映されている。

漁

海に囲まれたサンゴ礁だから海産物は重要な食糧だし、漁は重要な生業だ。漁の方法はソロモンからトンガまでよく似ている。サンゴ礁の海は漁場が三つのニッチに分けられる。リーフ、パッセージ、ブルーシーである。リーフは島を囲むサンゴ礁で、干潮になると浅い礁湖になり、満潮で人の背丈ほどになる。このサンゴ礁には所々深い裂け目が陸地近くまで切れ込み、サンゴ礁の垂直の崖が目のくらむような青い海底へ続いている。この裂け目をパッセージという。リーフが終わると途端に海はガクンと深くなり、濃青色のブルー・シーとなる。漁はほとんどがリーフとパッセージで行うが、カツオ釣りなどブルーシーで行うものもある。漁の方法にも魔術や海の生き物を擬人化した工夫がある。まずリーフの漁をみよう。

タコ漁

タコにはタコ壺だという常識はここでは通用しない。タコをおびき出すためのおとり棒が重要だ。おとり棒の先端にはネズミを象徴した細工を固定する。これはサンゴ石を砲弾型に切り、上面にタカラガイの殻をはってある。このおとり棒を水中で振る。タコはネズミと喧嘩仲にあり、ネズミが来たとおとりに絡みつく。それを突き棒で刺す。

囲い込み漁

ココヤシの葉柄を叩いて長いロープを作る。所々葉を残しておく。このロープを大勢で輪に広げ、次第に輪を小さくしてゆく。最後は袋網に魚を追い込む。

追い込み刺網

リーフの端近くに弧状に刺網を張り、ブルーシーから海水を叩きながら丸木舟で魚を追う。リーフに入ってブルーシーへ戻ろうとする魚がかかる。

石干見

パッセージの続きのリーフに石を積んで通路を設け、その端に刺網を張る。潮が満ちるとパッセージからリーフに上がって来た魚が石干見の通路に入り込み、刺網にかかる。

ボラ漁

エリをリーフに設置する。誘導柵はココヤシの葉を横に並べて支柱で固定する。

亀　漁

浜で産卵後海へ戻る亀を一種の刺網で捕える。ココヤシロープで目の粗い刺網を作り、浮きと重りを付けてリーフに立てた網だ。鼈甲は華僑に売り、肉は喰う。

ブルーシーの漁は次のものがある。

カツオ漁

疑似バリを使う。これは真珠母貝の台に亀甲製の大針を固定したもの《図5・1》。竹竿の先にこの疑似バリを垂らし、水面を叩き、水をまく。釣り上げたカツオは竿を回してカヌー内に落とし、連続的に釣りを行う。日本人漁師のカツオ一本釣りとまったく同じだ。

凧上げ漁

カヌーをゆっくり進めながら凧を上げる。凧はクモの巣状の網をロープで垂らしている。凧の動きにつれて網は水面のすぐ上をひらひらと走る。つられて魚が近寄りクモの巣網に引っ掛かると凧が落ちるので、獲物を仕とめる。

サメ漁

半切りのココヤシ殻を輪状につないでガラガラを作る《図5・2》。呪文を唱えながらこれを水に漬けてガシャガシャと振る。呪文は、ヒナ！　この輪を通れという。ヒナはサメになった伝説上の美女である。サメはヒナの後を追って輪を通る。最初のサメはヒナなのでそのまま通し、二匹目からは輪に仕掛けたワイヤーで締め、カヌーに上げて棍棒で叩く。貝殻製の大きな釣り針もよく使う《図5・3》(16)。

他に、岩礁の穴にいるヤシガニを煙で燻し出す。潜水漁も盛んで、岩礁やリーフ縁でアワビをおこし、またリーフの魚だまり、パッセージの岩の隙間で魚毒漁を行う。季節的に回遊してくるトビウオの刺網漁やタモ網漁も共通している。

マレーシア熱帯からポリネシアへかけての海域は海中で働く人々や海上杭上集落が多い点で現在も

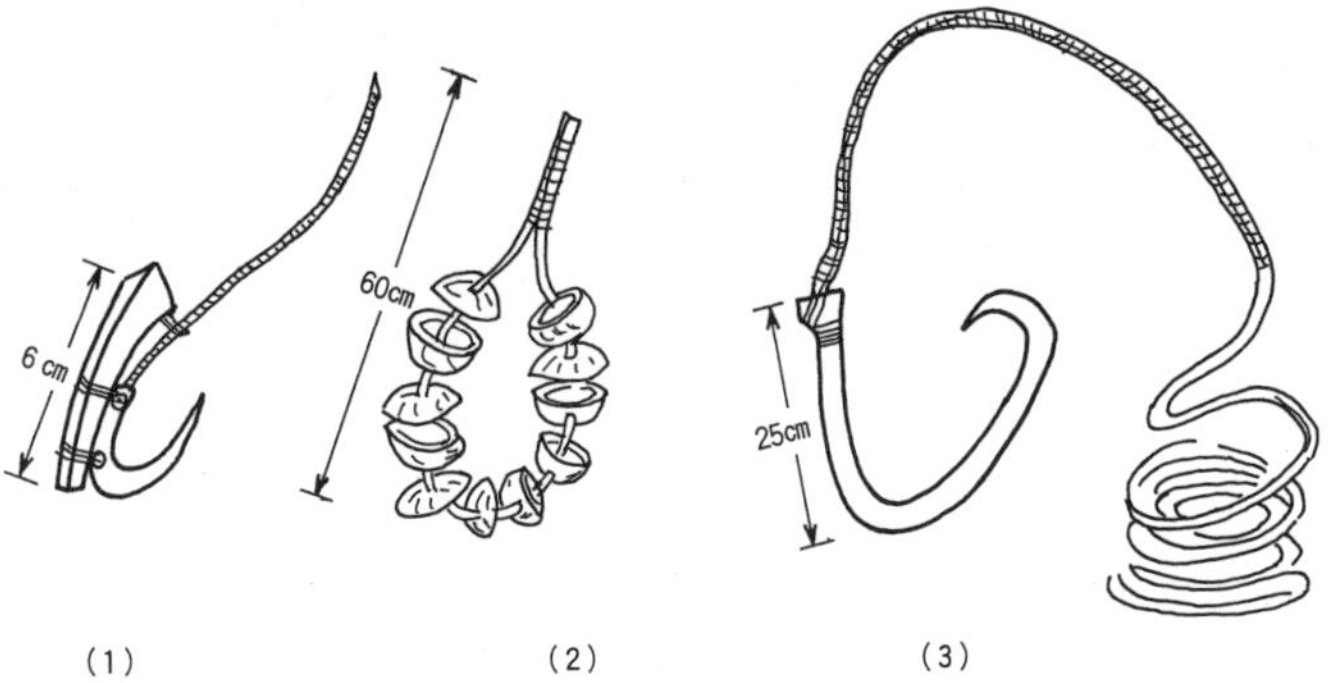

図5●疑似針など。１．カツオ釣り用、ガダルカナル島.
２．サメを呼ぶガラガラ、レンネル島.
３．サメ釣り針、レンネル島．ソロモン博物館の展示品.

世界有数だ。伝統的な漁場は一つがここで上げたサンゴ礁の島々、もう一つが南シナ海の泥干潟と浅海だ。青く澄んだ海と黄色く濁った海、環境は対照的で一方は獲物を目で見て個体を捕り、他方は四手網に代表されるように集団を捕る。共通する漁具・漁法もあるが、環境に適応した漁法がそれぞれに発展してきている。

ラピタ土器とマンガアシ土器

大陸から海を渡ってやってきた穀物農業はマレーシア熱帯の西半分に根付いたが、現在の根栽農業圏には来なかったのか？　一旦侵入したもののやがて消滅した経過を示すのが土器だ。メラネシア、ポリネシアには誰でも違いがわかる二種類の土器がある。一つはポリネシア型とかラピタ土器といわれるもの、もう一つはメラネシア型とかマンガアシ土器といわれるものだ。石蒸し料理では土器は不要だ。それにもかかわらず過去に土器が出現したのは何故か？　ラピタ土器は紀元前一五〇〇年から〇年頃まで作られ、マンガアシ土器は紀元前七〇〇年頃に始まったと考えられている。(17) 両者の違いは何よりもその文様にある。ラピタ土器は細かな文様がヘラ沈線、竹管刺突、貝殻腹縁などで克明に描かれている。トンガタプーの博物館で見ると器形分化も進んでいる《図6》。ラピタ土器はその文様がフィリピンのタボン洞窟やベトナムのサーフィン、ハロン湾の土器と類似し、中国東南部からベトナム、フィリピンへかけての地域から航海民がラピタ土器を持って来たと信じられている。フィジー

図6●ラピタ土器の紋様と器形[18]．左端はヴァヌアツのマロ島出土、ヴァヌアツ文化センター．右三列はトンガ国立センターの展示品．

のヴィティ・レヴ島で見たシンガトカ遺跡は砂丘から浜辺にかけて河口沿いに分布し、ラピタ土器が座葬墓から出た。いかにも航海民にふさわしい立地だ。

しかしラピタ土器は紀元前後を境に作られなくなった。その事情は次のように考えられる。元々中国南部や周辺域を出発した航海民はもちろん穀物農業を知っていた。土器技術も発達していた。メラネシア、ポリネシアへ移住後も穀物を栽培し、ラピタ土器も作り続けた。ラピタ文化はやがて根栽農耕に同化し、焼く、石蒸し、竹筒利用で土器の需要は小さくなって、ラピタ土器は消えた。

他方、ラピタ土器は無土器文化だった根栽農耕圏を刺激し、マンガアシ土器の出現を誘導した。その土器は口縁部の波状突起、器壁に大きな凸帯貼り付けでタコ模様や人面を作るなど極めて縄文的だ。用途はサゴ貯蔵の甕、水甕が圧倒的で、ほかに炉、土鍋、吊り蚊いぶしだ。濡れサゴはすぐ消費する分には土器が不要だが、貯蔵しようとすると土器が要る。要するにラピタ土器の刺激を受けたイモ・サゴ農耕民がマンガアシ土器を作った。その器面に刻まれた模様は伝統的な成人祭儀の被り物やマスクを模した凹凸の多い模様だ《図7》(18)。

物質文化の観点から忘れてならないのは、メラネシア、ポリネシアに現地の酒がないことだ。イモ、バナナ、サトウキビなど材料は豊富だのに伝統的な醸造技術がない。理由は私にはわからない。人々は酒の代わりにポリネシアでカバ、メラネシアでヤンゴナと呼ぶ麻酔性飲料を飲む。カバはコショウ属の低木で、根を石椀か鉄木製椀に入れて叩きつぶし、水を加える。米の磨ぎ汁に似た液体になる。

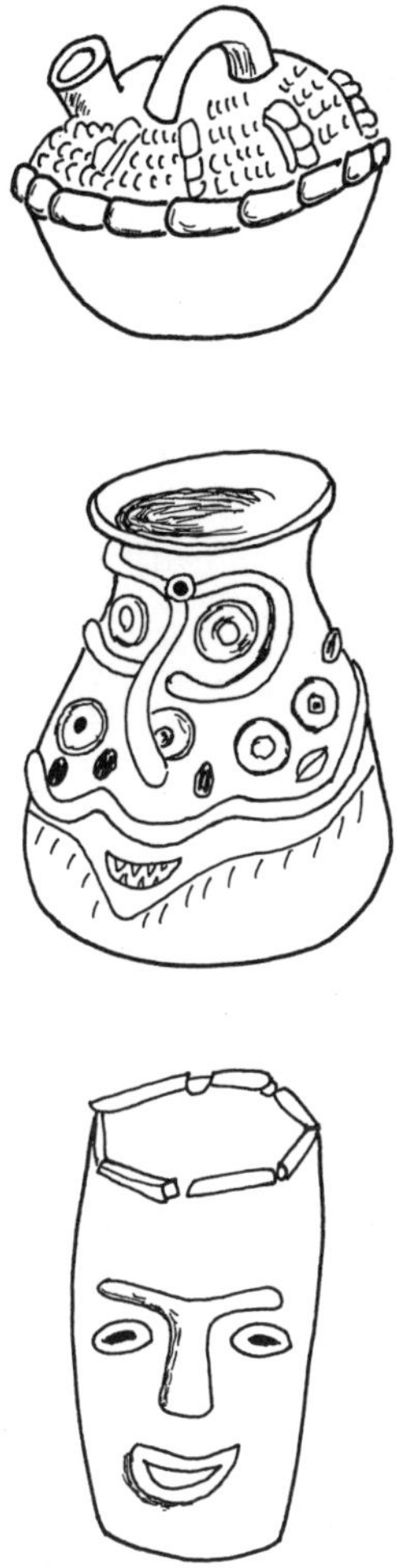

図 7 ●マンガアシ土器[18]．上はフィジー島の水注し、中と下はセピック流域エイボムのサゴ貯蔵壺と水甕．

お客を迎える際や祭りどきにカバ接待はなくてはならない儀式で、車座に座って相撲甚句の調子で歌いながら回し飲みをする。味はほとんど無いが、根を噛むと舌や唇が痺れる。カバを飲むとその効果は酒とちょうど反対で、メートルが上がるのではなく次第にメートルが下がる。興奮と饒舌の代わりに鎮静と内省をこの人々は愛するのだ。

もう一つの嗜好品はキンマである。ビンロウヤシの実に石灰をつけてキンマの葉に包み、クチャクチャと噛んで赤黒いつばをペッと吐きだす。インドからメラネシアまで広く分布する。噛む前に材料を筒に入れて搗き棒で搗く。メラネシアでは父親や祖父の脛骨で搗き棒を作り、その骨の搗き棒をペロと嘗めてキンマを噛む。麻酔作用はないが一種の清涼感がある。

4 穀物農業の伝播

東インドネシア

インドネシア島嶼は全体に多雨だが、ロンボクからチモールまでヌサ・トゥンガラと呼ばれる地域は厳しい乾季がある。山地の植生は落葉樹の目立つ乾燥モンスーン林で、焼畑跡地が多い。丘陵から低地は草原サバンナ林になる。主食はメラネシアと異なりイモの他にモロコシ、アワ、トウモロコシ、ハトムギなどの雑穀、それに米が加わる。だが耕作法は犂や耙などを使わず、掘棒や鋤だけである点、根栽文化圏と同じだ。根栽文化圏に雑穀とイネが比較的最近に伝播した所だ（地図6）。伝播の時代は西で古く、東で新しい。例えばロンボク島では主食としての米の位置が確立しているが、フローレス島やスンバワ島だと米は雑穀、イモに次ぎ、セラム島、ハルマヘラ島だとアワ、モロコシも少々あるが主食はバナナ、キャッサバ、タロイモ、サゴヤシだ。この地域にも最近は米を食いたい人が増えているが栽培できない所が多い。それでこの地域の米産地南スラウェシからは伝統帆船ピニシが米を積んで東の島々へ行商に出かける。

イネの伝播が新しいことを示唆する伝承があちこちにある。例えばフローレス島北側のパル島ではイネの栽培を禁ずる伝承がある。その話はこうだ。夫が船乗りから米を貰い、食ってみると旨い。米を植えるには娘の身体を切ってバラ播けと教えられる。そこで夫は娘を殺し、その身体を細かく切って畑にばら播いたところ、米が生えた。帰宅した妻が娘はどこと夫に尋ねると、畑へ行ったという。妻は畑へ行ってみたがどこにも見当たらない。しかし稲が妻の脚に絡みついた。妻はこれが娘だと気づき、夫に殺されたのだとわかった。妻は夫と別れて別の男と結婚し、パル島へやって来た。そこでは米の栽培は禁忌となったという。死体化生神話と米の渡来、栽培の禁忌が結び付いた話だ。

セラム島ではイモの起源を語るハイヌヴェレの死体化生神話が有名だが、米の起源伝承もある。男

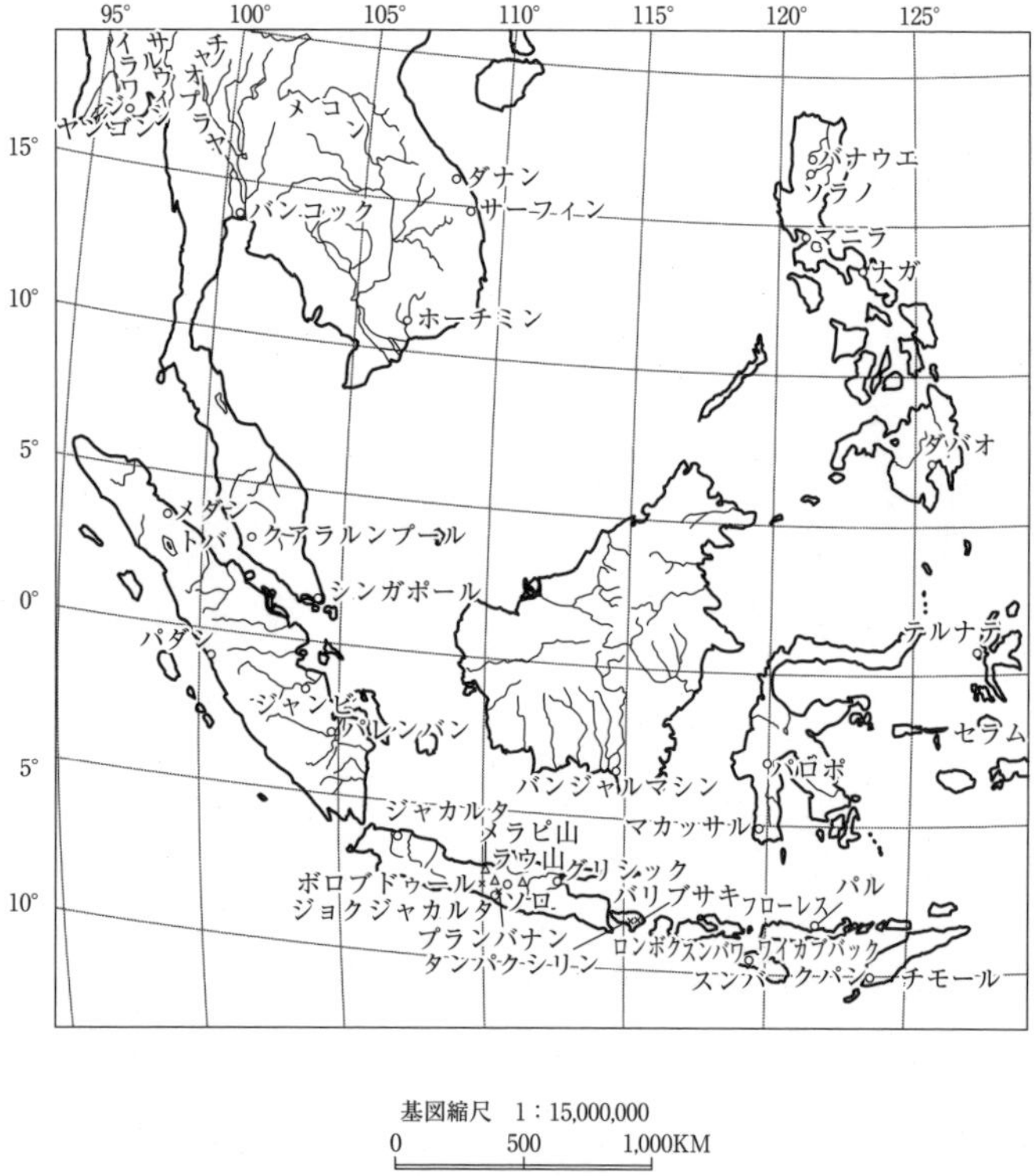

地図6●西部マレーシア熱帯位置図

が天から米をペニスに隠して地上へもたらした。地上に米が増えたのを神が見て盗まれたと怒り、紐を垂らしてネズミ、豚を送った。これらが米を食ってしまうので米は植えられなくなったという話だ。

西スンバの儀礼と神話で彩られた水田稲作はヒンドゥー文化渡来以前の色合いが濃い。稲起源神話の一つは、天から子供が湿地に落ちて死んだ所に稲が芽生えたという。水稲を陸稲に変える祈祷文もある。この構図だと稲作は水稲から始まり、陸稲は水稲から変化したことになる。別の死体化生神話はこうだ。月と日が結婚して四男三女が生まれた。息子と娘たちは次々に結婚したが、末の息子は相手がいなかった。地上で相手を探すうちにいい相手を見つけた。女を誘って穴に入ろうとしたがネズミの穴だったので、頭が入っただけで窒息して死んでしまった。死体の血管からイネ、頭からヤシ、耳から白檀、頭髪から家畜、心臓から金が化生した。ハイヌヴェレ型の死体化生神話がベースで、イモがイネに置き替わっている。

米が渡来した所も細かくみるとモチ米がないか少ない、米の酒を作らない、煎り米を作らない、稲魂信仰がないなど稲作圏で普通の習慣に欠落するものがあり、稲作伝播の別の層の特徴が出ている。

スンバ島の農業と系譜

ヌサ・トゥンガラ地域の代表としてスンバ島の例を見よう。スンバ島は良質の白檀を産したことで有名で、その点でもこの地域を代表する島だ。今は切り尽されて姿を消したが、一九世紀の輸出品は白檀と奴隷、輸入品は米、絹、絣織り用の木綿だった。気候は東部のワインガプが年雨量八〇〇ミリメートルとかなり乾燥し、放牧と畑作が主だ。西部のワイカブバックは一九〇〇ミリメートルとかなり多湿で水田が広い。

東部の畑作地帯は主食がトウモロコシ、キャッサバ、ヤムイモ、ほかにハトムギ、タロイモ、アワ、モロコシで補う。牛、水牛は多いが搾乳の習慣はなく、ミルクを飲むことはない。これはマレーシア熱帯で共通だ。畑の耕作技術で目立つのは短期休閑畑の大土塊耕起法だ。これはマレーシア熱帯の黒土ヴァーティソル地帯ならフィリピンからマダガスカルまで広く見られる。スンバ島の場合、乾季終わりの九月頃、土は大きくひび割れている。数人が太くて長い掘棒を二本ずつ持って一列に並び、掘棒を亀裂に深く差し込んで合図で大土塊を一斉にひっくり返す《写真9》。土塊のサイズは大きめの墓石ぐらいだ。この作業で草の種子や根を埋めてしまう。一一月に雨季が始まると大土塊は次第に細かく砕ける。そうすると同じ掘棒で植え穴をあけて種子を点播する。ヤムイモを植える場合は根栽圏と同じ深い植え穴を掘る。井桁状に掘り上げた畝の上にキャッサバを植える畑もあり、これはアフリカのマテンゴ族のピット栽培に似ているようだ。

コメ、ハトムギ、トウモロコシなど穀物は脱穀と調製法がどれも同じだ。足で踏んで脱穀し、石皿で殻を取りあるいは潰し、臼と杵で搗いて白米状にして炊くか蒸す。また、脱穀後に煎ってから石皿、杵臼で調製する方法もある《写真10》。

写真9●スンバの大土塊耕起棒．ハトムギ畑．

西部のワイカブバック盆地は水田が広い。水田耕作は単なる食糧生産に留まらず、伝統文化を毎年確認し演出するかのように、地拵えから籾の倉入れまで各段階を重々しく煩縟な儀礼をふみながら進める。技術面の特徴は水牛蹄耕、田植え、根刈収穫、足踏み脱穀だ。イネはウルチ、モチどちらもあり、芒が長くて大粒のブル品種が多い。赤米もある。水田はほとんどが天水田だ。浅い網状流から灌漑水路を引く田もあるが普通年は実質的な意味はない。水田耕作がいつ伝来したか不明だが、村々の巨石墓とそれに刻まれた模様が伝来時期の一つを示唆する。

村々は切り立った石灰岩の高い残丘上にあり、かつては部族戦争に備えた村入口の石扉を閉じると要塞と化した。村の中心には祖先霊への供犠を行う広場があり、巨大な石棺が数十基も並ぶ。人々の住む家は広場の端、崖から落ちそうな所にある。死者霊が生者を圧倒して生きている。高床の家は四本の通り柱で支えた屋根が高く反り上がる。この突出屋根の空間は死者霊の普段の居場所であり、またそれに護られて穀物を貯蔵する倉である《写真11》。村の外へ出るとき男たちはサロンを腰にぐるぐる巻き、帯に広刃の剣を差して闊歩する。まるでタイムトンネルをくぐってヒンズー教渡来以前のジャワに降り立った感じである。村の一隅には部族戦争時代に捕った生首を吊るした石柱（カドゥ・ワトゥ）や、頭蓋骨をかけた二股の鋭い木柱（アドゥン）も立つ[19]《図8》。

村には月を見て農業暦を決める司祭がいる。太陽暦の二月が第一月である。月以外にニャレという環形動物多毛類が生殖のためリーフに浮き上がる現象も大事な自然時計だ。ニャレ漁はメラネシアか

写真10●米搗き．スンバ島ワイカブバック．

写真11●村中央に並ぶ巨石墓．スンバ島ワイカブバック近傍タルン村．

図8●スンバ島の巨石遺物、供儀柱[19]． 1．巨石墓。
2．カドゥ・ワトゥ。
3．供犠石柱。
4．アドゥン。

らポリネシアで広く行われ、スンバでは田植えの時期を指示する。ニャレをタモですくってその量と外観を見て司祭が米の豊凶を占う。このころ水田は雨水で既に湛水している。太鼓を合図に五〇頭ほどの水牛を村の斉囲田に入れ、蹄耕で代掻きを行う。その後各自の田の蹄耕を行う。どのステップもまず斉囲田で行う。蹄耕は一週間おいて二度行う。蹄耕がすむと水牛を冷やし、祓浄する儀礼を行う。

地拵えがすむと田植えを始める。苗代は雨季始めの一二月に鍬で起こした田を足で踏んで芽出し籾をばらまいて作られている。このときも儀礼を行い、苗代の中心にはココヤシの葉飾りを立て、作物の神が降臨できるようにしておく。

田植え始めには村の斉囲田と各自の田の斉囲田で儀礼を行う。斉囲には立石と盤石で祭壇を作る。地霊、祖霊、精霊にニワトリ供犠の血と肉を供える。

その後田植えを始める。男はラララ、ラーロ、ホラロと三拍子の掛け声をかけながら苗とりをして水田に運ぶ。女はホーラムウェーと歌いながら田植えをする。たえずイェェェェェェと甲高いコロラトゥラソプラノが響く。稲が出穂するころ虫祓いの儀礼を行い、祭壇にニワトリの血と肉をお供えする。

収穫始めにも同様に供物を供え、収穫儀礼を行う。前日に水浴祓浄した女性司祭が斉囲田から稲穂を摘み、祖霊に供える稲穂（デワ）を家に持ち帰る。入口で穂束を受け取った主人はそれを供え柱に吊るす。この柱は男入口から入ってすぐ左にある柱で、作物神を祀る柱である。この柱のネズミ返しの上には継承された籾を入れる聖なる籠が置かれている。

収穫は七月、八月、ナイフで根刈りする。稲束は水田で方形の稲積みに積み上げ、稲積み開きの儀礼と脱穀始めの儀礼を行う。このとき聖なる籠を取りだす。籠には人を作った神が鎮座し、古い籾を護っている。脱穀始めには暦を決める司祭が物々しい扮装で斉囲田に立つ。兜をかぶり剣をさし槍を持ち、禁忌を犯すことなく脱穀が行われるよう見守る。男たちが四拍子のはやし唄を歌いながら二歩後退二歩前進の動きで両足の足裏をこすり合わせるようにして脱穀する《写真12》。

脱穀が終わると籾を積み、丸カゴを使って男たちが風選する。次の日、聖なる籠の籾が持つ魔力を新しい籾に引き継ぐ。それには少年と少女が斉囲田へ聖なる籠を運び、古い籾の上に新しい籾を加え、ナイフ、キンマ、ココナッツミルクをまぶした白檀の一片も入れる。この後、聖なる籠は元のネズミ返しの上に戻す。また祖霊の稲穂は村の供犠壇へ移してそこの木に吊るす。注目すべきことは稲魂の観念がないことだ。これはサヴ島でもそうだ。祖霊に捧げる稲穂はバリ、ジャワと同じ形だが、そこに稲魂はいない。それを捧げる先は人を作った最高神であり、祖霊だ。

各自の収穫米は各自の倉に入れる。倉は反り上がった屋根裏である。籾は屋根の頂部から入れる。籾の倉入れは男だけに許された仕事だ。倉入れ後、籾は一カ月間休ませ、その間取りだすことは禁じられる。倉から籾を取りだす初日にはニワトリか豚を広場の供犠壇で供犠する。

収穫、倉入れが済んだ後、太陽暦の一〇月半ばから一一月半ばまでが年の終わりを締めくくる聖な

写真12●足踏み脱穀．スンバ島ワイカブバック近傍．

る一カ月で、サヴ島と似た祭礼が行われる。パソラという模擬戦が行われることも同じだが、スンバではその時に木馬を村の広場に飾る。

地拵えのため行う蹄耕はマレーシア熱帯で今も広く行われる。この技術は中東・西アジアのムギ栽培で古い時代に出現し、稲作圏にも伝播した。スリランカでは今も標準技術だし、中国でも雲南では唐代の『蛮書』に象を使った蹄耕の記載があり、現在の民族例にも水牛による蹄耕がある。大陸ではその後畜力犂やマグワ、手持ちの鍬、鋤耕作が発展して姿を消した。熱帯島嶼では犂やマグワを使わない根栽農業の伝統があり、穀物農業の畜力利用から牛だけを借用した蹄耕の形で生き残っている。マレーシア熱帯で多い形は湿地水田で草退治と代掻きを同時に行う環境適応技術というものだ。しかし必ずしも湿地に限らない。南スラウェシの石灰岩台地のように、ヴァーティソルの乾季に生じた大亀裂を塞ぐため行われる場合がある。また始めに述べたマダガスカルの場合は、傾斜地にかけ流し灌漑を行って蹄耕をする。この場合は灌漑ムギ栽培の古い段階で発生した形を受け継いでいるだろう。但し作物はイネに置き換わっている。

収穫が根刈りであることと稲魂信仰が見られないことはマレーシア熱帯の西部一帯に共通する文化層と別の文化層を感じさせる。西部では稲魂信仰と穂摘み具のアニアニが一対となった一つの観念がある。それは稲魂を驚かせず苦しませないため、手に隠し持った穂摘み具で穂だけをスパッと切り取るというものだ。稲魂信仰の見られるのはドンソンドラムの分布域とおおよそ重なる。その間に結びつきを認めるとすると、稲魂信仰の伝播は紀元前一千年紀半ば以降となる。穂摘み具も稲魂信仰もないスンバ島が代表する文化層はどうなのだろうか？　もう一つ下の文化層が露出しているようだ。それはヌサトゥンガラに広く分布する巨石墓の文様がランドマークになる。スンバ島の巨石墓の彫刻や文様で目立つデザインは水牛の首やその双角の間に立つ人物像、四つの渦巻き文、綾杉文、波型文などだ。これらはかつてハイネ＝ゲルデルンが記念的様式と呼んだもので、彼はアッサム・ミャンマーに由来する記念的様式の伝播をドンソン文化の伝播より一〇〇〇年古くみている。[20] 様々な文化が重なるのは当然のことだが、それらがどんな農業の革新をもたらしたのか彼は触れていない。アッサムから北ミャンマーへかけては多種の雑穀が焼畑で栽培される地域であることを考えると、紀元前二千年紀の記念的様式の伝播はハトムギ、モロコシ、アワなどの雑穀をマレーシア熱帯へもたらした可能性がある。また河南省の舞陽賈湖で出土した二股の叉型骨角器との関連を仮定すると、江淮平原にいた百濮の稲作がもっと古くに伝来した可能性ももちろんある。

イフガオの棚田

棚田はヒマラヤ山麓、ナガ丘陵、デカン高原、雲南、四川から嶺南地方、台湾、アンナン山脈、スマトラ、ジャワ、バリ、フィリピン、日本と広く分布する。傾斜地へ水田が伝播した際の適応形である。造成する場所やその近くに露岩や石が多いと畦壁は石積みになり、土が深いと土壁になる。雲南やラオスの山地少数民族は土壁の棚田造成を今も進めている。

北部ルソンのコルディレラ山地は壮年期の険しい山並みが続き、最奥部イフガオ州の急峻な山腹にノミ痕生々しい彫刻のように作られた棚田はハッと息を呑む迫力がある。高い畦壁、河原石や割り石の見事な石組、暗渠や明渠で交錯した水路、棚田造成の水力工法、床締め土で漏水を防ぎ、通年湛水で亀裂の発生を防ぐなど、棚田の造成と維持技術のクライマックスを見せる。二月には早苗の若緑が水面に映ってきらめき、六月には黄金色の穂波が細やかな縞を見せる。その中に点在する緑の小村は敷地や道路を板石で舗装し、小さな高倉型転び破風の高床家が数戸ずつ集まっている。高度な土木技術が環境と見事に融合した風景だ《写真13》。

コルディレラ山地は一年を通して湿潤多雨だが、一月から四月は比較的雨が少ない。稲作は伝統的に雨の少ない一月に始まり、六、七月に収穫を終える。一見奇妙だが、多雨期は棚田崩落が多発することと、高山地の日照不足による登熟低下を避けるためだ。水田には通年水をはっておく。灌漑水の主要な水源は大きな滝川で、取水して長い水路で導く。途中には余水吐や分水堰をたくさん設け、灌漑だけでなく急激な増水時に水を谷へ捨てる工夫が大事である。もう一つの水源は棚田より上の林斜面を流れ下る地表流去水で、これを一番上の棚田で受ける。灌漑水は下の棚田へ田越し灌漑で回す。時に四、五メートルの畦壁をしぶきとともに流れ落ちる。要するに険しい高山の地表流去水を棚田で受け止めながら水勢を弱めて山肌の浸食を防ぎ、同時に水田耕作を行う巧みな構造だ。

写真13●イフガオの棚田．バナウエ地区．

森林被覆の程度と棚田の広がりには高い相関が見てとれる。バナウエやハパオ地区など上の山地に林が残る所は斜面に棚田が広い。他方、アナバ地区のように草山尾根になると棚田は谷沿いの小規模なものになる。草山では出水が急激でしかも全体の水量が減り、棚田を造成維持することが難しい。棚田は水源涵養林があって初めて可能なのだ。

耕作の技術的な特徴をまとめてみよう。地拵えはヌサ・トゥンガラと同じで犂を使わない。通年湛水の水田で使う道具はガウドと呼ばれる櫂型鋤で、歩きながら船を漕ぐように泥をかき混ぜる。人の足で踏む踏耕が加わっている。次に畦を塗る。攪拌した水田の泥を畦に置いて踏み、漏水を防ぐのだ。水田に凹凸があると高みを削って小さなソリで窪みへ運んで均す。水牛蹄耕はイフガオ中心部では姿を消しているが、辺縁部やチコ川低地では最近まで行われていた。イフガオ中心部でも蹄耕があったと思われる。

苗代は束浸法で準備する。これは穂束で収穫を貯蔵する所では広く行われる方法だ。苗代は水を一旦落とし、穂を一本ずつ苗代に並べ、穂の茎を折り曲げて泥に刺す。水をかけ流しても流されない工夫だ。またネズミ対策のため苗代は田の真中に置き、田の畦から一メートルばかり離す《写真14》。

田植えは村の斉囲田から始める。一カ月後に草を取り、その後は放置する。田は周年水をはっておくので棚田には雑草がほとんど生えない。田にはイネの他、サトイモやヤウテアの水イモ品種も植えられる

写真14●束浸法の苗代．バナウエ地区．

イネ品種は熱帯ジャポニカといわれる伝統大粒種で、人の背丈を超える丈があり、実り始めると倒伏を防ぐため数株ずつ縛る。六月から七月が収穫期である。作業は結（ユイ）で男女一緒に行う。一本ずつ穂を摘んで束ねる。刈り穂の束は家周りの石畳の上に広げて干す《写真15》。

イフガオの棚田耕作はやはり節目ごとに儀礼を行いながら進む。儀礼の対象が地霊、祖霊、精霊であることもマレーシア熱帯で共通している。精霊の中でイネの精霊は稲母とか稲父、稲魂などと特別に重視される。稲倉の守護神を倉の前に安置して一年の農事は終わる。至高神や創始神といった神のヒエラルキー観念がみられることや、稲盗みの神を祀ることは、イフガオの稲作が外から伝播したことを示す。

イフガオの棚田は水力工法が造成修復技術の特徴だ。谷側に畦壁の石垣を積み、山側に流水客土で砂礫や土を流し込む。写真は滑落した棚田を修理する様子を示す一例だ《写真16》。まず露岩の崖下にある水田を探す。その脇に溝を掘り、その延長に長い竹樋や木樋を修理個所までかける。準備ができると、削った岩片を水路に落とし込む。次に脇の水田の水口を開いて強い水勢で砂礫を押し流す。拳大の岩片が入っていても大丈夫だ。素朴な技術だが能率はいい。土着のロックフィルダム技術である。棚田の下層の充填には粗い岩片を、上層には砂礫を流す。こうして充填があらかた終わると土を流水客土し、よく搗き固めて床土を作る。その上に表土を載せて完成する。

流水客土の水力工法だが、これは元来鉱山での選鉱技術に由来するという意見が多い。近隣の地域

写真15●刈り穂干し．バナウエ地区．

写真16●イフガオの棚田の水力工法．上から、露岩を削る、砂礫を水で流す、長い樋で修理個所へ流し込む．バナウエ地区ゴハン．

で棚田や鉱山開発が勢いよく進んでいた所、且つフィリピンと交易交流関係があったことを考え合わせると、一二ないし一三世紀に中国東南岸の福建から閩人が棚田技術を運んだ可能性が高いと私は推定している。洞窟での舟形木棺葬や再葬慣習も共通している《写真17》。

イフガオの棚田はいつごろから始まったのか？　アメリカの人類学者コンクリンはこれまで得られた炭素年代を上げている。データは少ないが、古いもので七世紀から一一世紀、新しい棚田で一六世紀という(21)。

フィリピンで炭素年代を測定したイネ遺物はイフガオ地域の東側入口に当たるカガヤン渓谷のソラナで出土した籾だ。ベトナムのサーフィン土器によく似た土器の胎土中から検出された。年代は三四〇〇年前である(22)。ソラナ地域は急峻な棚田ではなく、緩やかな段々水田だ。以上から推論すると、稲作は遅くとも紀元前二千年紀半ばには伝来しており、水力工法の導入によって急斜面への展開が一二、一三世紀に生じたということになる。

ジャワ・バリ——異人降臨

スマトラからフィリピン、ニューギニアまでマレーシア熱帯は見事な火山弧を見せる。中でもコニーデ型の秀麗な山容、活火山の多さ、その豊かな恵み、育まれた文化の魅力の点で、ジャワ、バリをその代表とすることは誰も異論がない。中部ジャワのマゲランで出た八世紀のチャンガル碑文は南ア

写真17●イフガオのお盆．絣に包んだ先祖の再葬骨を取りだして豚肉を供える．バナウエ地区．

ジアから来た移民のほめ言葉を刻んでいる。「ヤヴァは米や他の穀物が豊かで金鉱も多く、治安も良い。」

コニーデ型火山の火山灰や火山岩は熱帯風化を受けると顆粒状の肥えた土になる。フカフカとした挿し木床のような土だ。雨量も多い。海岸低地でも年雨量は一五〇〇ミリメートルを超え、火山山地では三〇〇〇ミリメートル前後に達する。中・東部ジャワからバリは年雨量は多いのだが乾季の強いサバンナ型の気候に恵まれ、住みやすさも抜群だ。長く裾を引く山麓斜面は風が通り、マラリアが少ない。その上、いつも雲のかかる山頂部が水を集めるので、山麓には湧水が絶えることのない泉となって湧き出る。湧水帯は山麓にリング状に分布し、そこが集落の核となってきた。

この立地は穀物が伝来するはるか以前から根栽栽培が深く根をおろしていただろう。ジャワの高地にはイモ類を栽培する高畝畑が広いが、これはニューカレドニアの馬蹄周溝型イモ畑と似ている。図示した一例はソロの東、ラウ火山の中腹一四〇〇メートル付近から上に広がる畑だ《図9》。この高さになると年雨量は三〇〇〇ミリメートルを超えるので、円滑な排水が重要になる。そこで深い主排水路を傾斜方向に掘り、左右に溝を延ばす。溝と溝の間は高い畝を立て、そこにサツマイモ、タロイモ、シャロット（バワン・メラ）を植えている。畝間溝の方が主排水路より深いので、畝間灌漑の効果も生まれる。そこの水位が高くなると主排水路から排水される仕掛けだ。

この近くにはヒンドゥー文化渡来以前の祖先崇拝と巨石文化が結びついた聖地と言われるチャンデ

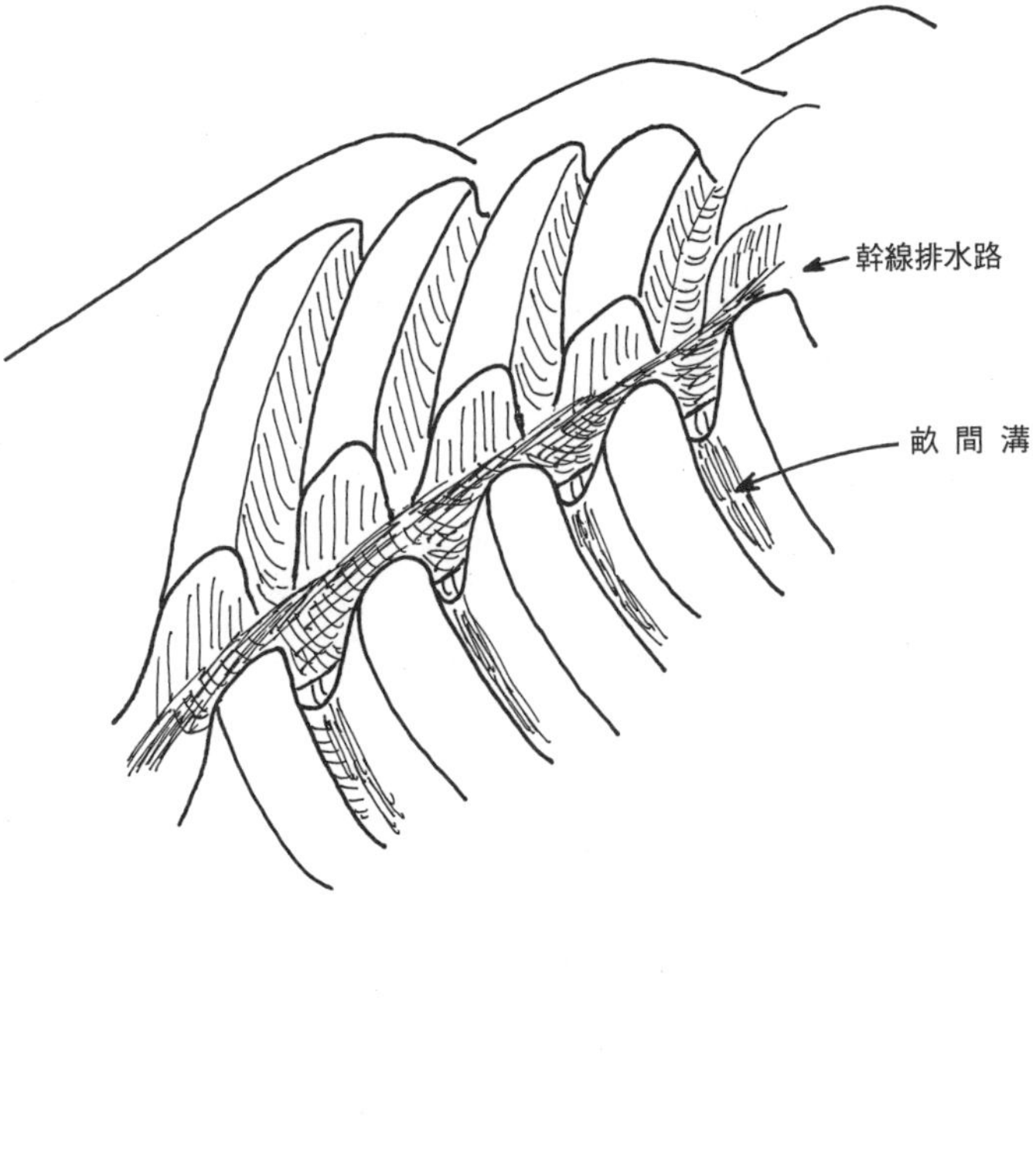

図9●中部ジャワ、ラウ山腹の高畝畑.

ィ・チェトとチャンディ・スクがある。どちらも一五世紀の建造とされる長い段台テラスだ。主堂がある最上段の段台ピラミッドは上部後退壁のユニークな形を見せ、メソポタミアのジッグラトによく似ているが、関係は不明だ。階段の前には大きな亀、蛙、ねずみの石像が並び、いろんな要素が混交している印象を受ける。

豊かな土地だから古来遠方の異人が渡来している。ドンソン・ドラムが東インドネシアのサンゲアン島まで行っているぐらいだから、青銅器時代さらに石器時代に華南やベトナムから来た移住者も多いはずだ。しかしシンガポールを築いたラッフルズが収集したジャワの建国神話はどれも新しく、しかも西方からの天孫降臨物語である。日本の天孫降臨神話に比べると出発地の具体的な地名が出てくる。最初の移住者はサカ暦元年（ラッフルズは紀元後七五年に相当とする）に紅海から来た。宗教的難民としてエジプトを追われた人々だった。リーダーのアジサカはジャワへ着き、住民がジャワウット〈アワかコメ〉を主食としているのを見た。その国をジャワと名付け、文字を作り、アスティナへ戻った。その後の経過はいくつかの版があり、ドゥマックに伝わる物語は次のように続く。グジャラートの国が崩壊するとの予言を受けて、その国王は王子を五〇〇〇人の従者とともにジャワへ送った。彼等は六隻の大船と一〇〇隻の小船を連ねて数カ月の航海の後、長い島に着いた。アジサカ王から教えられていた穀物のジャワウットを見てジャワだと知った。島の西端で上陸した一隊は林を開いたが病人が続出し、水を呑んで死者も多発した。もっと健康な土地を求めて東へ南へと移動した。今のマタラムの地（ジョクジャカルタ、ソロ周辺）で良い環境に出会ったので王子はここで王位に上り、統治の場所をムンダン・カムランと名づけた。王は男だけでは国が繁栄しないので、グジャラートへ援助を求めに使節を送った。使節は川を下り、グリシックから船に乗ってグジャラートへ着いた。父王はさらに二〇〇〇人を新たにジャワへ送り出した。ジャワの首都はサカ暦の五二五年には大きい町に発展し、王国となった。ジャワの王国はグジャラートおよび他の国々と広く交易を行い、マタラムの港は各地から来る冒険者で満ちた。二代後に首都はブランバナンと名が変わり、インドからよばれた石工や金工たちがブランバナンとクドゥのボロボドに寺院を建造した[23]。

ラッフルズは触れていないが、この伝承は始めの移民がユダヤ教徒だと示唆するかのようだ。そう思わせる理由は、エジプトを追われた宗教難民が紅海から来たといい、さらに王都を置いた所をカムランということだ。カムランは死海の北西岸に近く、死海文書が一九四七年に発見された所だ。紀元前二世紀にユダヤ教の神秘主義教団エッセネ派の本拠が置かれ、死海文書の筆記に当たっていた。紀元後一世紀のユダヤ大反乱の際、ローマ軍は建物もろとも教団をすりつぶし、教徒は散りぢりとなった。

インドからの移民伝承を裏付ける事実はいろいろある。紀元一世紀頃、インドは大航海時代に入り、東南アジアのインド化といわれるヒンドゥー文化の移転が始まった。この頃、紅海から東や南へ向う沿岸航海が充分発達していた。ギリシャ商人の書いた『エリュトラ海案内記[24]』という航海案内書があり、残存する記録はベンガル湾、マレー半島西岸まで港々の商品を記す。インドの大航海時代はローマと漢両帝国の通商とともに進展した。ジャワでのその成果がジョクジャカルタからソロにかけて無数にある石造大伽藍で、インドやスリランカの技術者が建造に当たった。クドゥ盆地には巨大な立体曼陀羅であるボロブドゥール仏教寺院があり、これは本国のインドにあるどの寺院よりも巨大だし、レリーフも見事だ。ジョクジャカルタ・ソロの間にはシヴァを祀るプランバナン寺院コンプレックスのおびただしい伽藍群があり、その周辺にはセウ、カラサン、サンビサリ、プラオサンなどの石造大寺院が密集している。

寺院などから出土する多数の碑文が経過を物語る。そこにはスリランカからの移民が仏教寺院を建てたとか、グジャラートから多数の移民が来てジャイナ教の寺院を建てたといった記述が多数ある。また寺院維持のために水田が寄進され、寄進水田の場所と広さを明記して免税地とする寄進免税記録が多い。面白いのは畑を水田に変えた記録が九世紀に増えることだ。メラピ火山南麓と推定されるサリマールの森が免税地として区画され、チガヤ草原が水田になったといった記録だ(25)。

サワーと祭祀

ジャワ・バリでイネを植える水田はサワーという。西方からの移民が来た時に既にサワーという言葉があった。溜池、畦、竹樋、水路を指す言葉もありヒンドゥー文化渡来以前に灌漑システムがあったという議論もある。[26] 可能性は高い。しかし畦を設けて雨水を溜めるだけの天水田もサワーである。かつてのジャワの中心地帯クドゥに現在でも田面が傾斜したサワーや、畦がなくて土に飽水させるだけの陸田サワーすらある。インドから来た移民の開いた水田も天水田やこうした陸田と大して変わらないものだっただろう。現在でもデカン高原に天水田が広いことは先にみたとおりだ。とはいえジャワ・バリのサワーはデカン高原の水田よりはるかに水に恵まれている。まず雨量そのものが多い。河川灌漑の水源も豊富だ。デカン高原やスリランカでは巨大な溜池やシステムタンクに雨水を溜めて天水水田の灌漑を補う必要があったが、ジャワ・バリではその必要はなかった。溜池は一四世紀のマジャパイット王朝時代、ブランタス平野にワドックという水を溜める施設が少し作られた程度だ。これは溜池もあるだろうが、現地の地形を見るとバンド灌漑が主だっただろう。

谷川に堰と水路を設けて取水する農民レヴェルの河川灌漑は現在も多い。大きな河原石を少し動かして隙間に布やヤシの毛、土を詰めると簡単に堰を作れる。毎年高水期が過ぎた後で手直しが必要だが、農民レヴェルで維持が可能である。また湧水の泉は周りに石を積んで池泉とすれば簡単に灌漑水源になる。村々は共同作業で水路を掘り、灌漑面積に応じて取水口の幅を調節する方式で配水する。末端水路から先は田越し灌漑である。

バリで住民レヴェルの灌漑システムはとりわけ強い伝統を持っている。これは末端水利組織スバックを基礎として宗教祭祀共同体が根付いているからだ。各スバックには水の神と稲の神を祀る寺プラ・スバックがあり、水田台帳、水田、水路、分水升の維持管理がプラ・スバックの祭祀と分かちがたく結びついている。こういう働きをするスバックが一二〇〇程あり、一つのスバックが受け持つ灌漑面積は最大一三〇ヘクタールに達する。スバックはさらに水源の寺ごとにまとまり、こうした宗教祭祀共同体の信仰の頂点にタンパクシリンやブサキの水源大寺院がある。タンパクシリンの水源寺院はヒンドゥー教の雷霆と水の神インドラを祀り、一〇世紀に建立された。建立した王の碑文を寺の沐浴池で毎年清める儀式がある。碑文は九六二年に刻まれたもので、儀式は一〇五〇年ほど続いている。日本でいえば式内社だ。ジャワ、バリも同じで精緻な農業社会の伝統は古く、文化は練られている。

バリの稲作はスンバ島と同様の儀礼を踏みつつ進むが、まず水迎えの儀式から始まるところが違う。水源の寺やバトゥール湖からスバックのリーダーが聖水を竹筒で持って帰り、踊りを奉納して水の神がサワーに留まってくれるよう祈る。デカン高原では現生利益の神さんガネーシャの像を溜池で清めて水が十分溜まることを願う。インド文化の影響は多々ある。例えば地拵えの前に各自のサワーの水口で生長の神に供物を供えるが、その神はヴィシュヌの化身である。田植えの前にサワーの畦でインド風に名付けられた稲の女神デヴィ・スリにお供えをし、田植え後のサワーに聖水を撒く《写真18》。虫祓いをやはりデヴィ・スリにお願いし、収穫の前には各自のサワーに小さな祭壇を置き、稲穂でデヴィ・スリをかたどった稲母像を置く。

インドやスリランカからの移民は平原的な農耕技術を持って来ただろう。ボロブドゥール寺院の隠

写真18●田に聖水を撒いて祈る．バリ島ウブド近傍．

れた基壇に刻まれたインド風のアード犂を二頭のこぶ牛に引かせる様子はその一例だ。平原農耕の特徴は灌漑、犂やマグワを使った地拵え、散播、鎌刈り、牛蹄脱穀、籾米貯蔵などだ。しかし水田灌漑と犂・マグワ耕は根を下ろしたが、全体的にみると平原的農耕はジャワに定着しなかった。現在も根強く行われる伝統的水田耕作法は、水を回した田を鍬で耕やしながら足で踏む地拵え法、束浸法による苗代、移植、穂摘み具アニアニによる穂刈り、穂束貯蔵、槽型臼や丸臼と杵による脱穀と精米である。ヒンドゥー文化渡来以前からある伝統と混交した技術が生まれた。その伝統は元はと言えば穀物農業二次センターである華中華南の稲作地帯から来ていたものだろう。

祭祀の面でも祖先崇拝とアニミズムを受け皿にしてヒンドゥー教を習合した結果、土着的信仰が体系化され強化されている。例えば寺の種類と数の多さだ。スバックの寺以外に村の発祥を記念する寺、村の公式祭礼を行うための寺、死者の寺がある。それぞれにいろいろな祭りがあるので、バリはほとんど毎日どこかで祭りと奉納踊り、供物行列が繰り広げられる。さながら祭りの島である。バリの人々はヒンドゥー教の聖典バガヴァッド・ギーターの教えを大真面目に実践しているつもりである。聖典は豊饒と祭祀の関係を次のように説く。かつて造物主は祭祀を行って生類を創造した。汝らも祭祀によって繁殖せよ。神々も汝らの祭祀によって繁栄し、汝らに食物をもたらす。万物は食物から生じ、食物は雨から、雨は祭祀から、祭祀は行為から生じ、行為はブラフマンから、ブラフマンは不滅の存在から生じる。だから世の法輪は祭祀によって回転するのだと。

平原的農耕技術は全体として変容したといったが、変容せずに元の考えを押しとおした技術がある。それは灌漑だ。ジャワ、バリのような雨水に恵まれた所で何故水田灌漑が必要なのか？　根栽栽培の時代には畝を立てて排水を促進することが重要だっただろう。天水に頼る畑作で作物は十分生育できる。イネも陸田で十分な収穫が得られるので、湛水灌漑の絶対的必要性はない。最初の引き金は畑の水田化にあった。畦を立てると雨水が溜まる。湛水状況でインド風に煩縟なまでの犂耙耕を繰り返すと土は滑らかな泥となり、稲収量は三、四割増える。早生種と晩生種を組み合わせれば年に二回の収穫も可能となる。進歩だ！　確かに進歩なのだが、この結果乾季の水田は大土塊に固まる。石灰岩地帯の黒いヴァーティソルと同じ状態になる。火山性土の顆粒状構造という恵まれた特性が背後に追いやられてしまった。一旦この方式で地拵えをすると、その方式以外の方法では収量は減る。結局、古くは沈黙の百濮百越、新しくは饒舌なインド移民が持ち込んだ元はと言えばオアシスムギ農業の技術がジャワ・バリの稲作の根幹を湛水灌漑水田に方向付けたのだ。

おわりに

農業の起源や栽培植物の起源地といったテーマは文明の起源や各地の文化と分かちがたく結びついているので、様々な論がある。「はじめに」で触れたゴードン・チャイルドは農業の起源と文明の起源を双生児とするイメージを定着させた。起源地はオリエント、そして農業の起源にはその気候の乾燥化とオアシス環境を関連付けた。彼の説は単一起源論の代表だ。

他方、農業は世界各地で独立に発生したという説が当然ある。これは個々の栽培植物について情報を集めて専門的に考えようとする植物学、遺伝学の分野で一般的だ。スイスの植物学者ドゥ・カンドルが一八八三年に出版した『栽培植物の起源』（加茂儀一（訳）一九五三年、岩波書店）はその代表的作品である。彼は栽培植物の野生型の分布する場所が発祥中心であるとする植物学的吟味を中心に、考古学や古生物学の情報、名前の言語学的情報、歴史書、旅行記など広範に補助的情報も集めた。成果は挿絵を添えた約二五〇種の栽培植物の博物誌である。総合的な吟味の結果、三つの地域で農業が独立発生したと言う。中国、西南アジア（エジプトを含む）、熱帯アメリカである。この著作は一九世紀風の博物誌で、しばしば示唆に満ちた記述がある。

ドゥ・カンドルの植物学的方法を精密にしようとしたのが旧ソ連時代ロシアの植物学者ヴァヴィロフである。彼は全世界から作物育種の材料を集める計画を立て、野生植物と栽培植物の収集探検を組織した。彼自身も加わったその探検旅行は中央アジア、地中海沿岸、日本、中央アメリカ、メキシコ、南米、パンジャブ、ジャワ、小アジア、アフリカと広域にわたった。この探検旅行で彼は一つの種とされる分類単位の中に実は多様な変異型があることを知る。これはすでにダーウィンが気付いていたことだが、その確認からドゥ・カンドルの植物学的吟味が不十分だったと気づく。さらにその多様な品種群がある場所に局在的に集中していることを発見し、そこが発祥中心地だと考えることになった。

このような調査からかれは栽培植物の発祥地について論考を重ねた。その主要な業績は邦語では中村英司（訳）『栽培植物発祥地の研究』（八坂書房、一九八〇年）にまとめられている。発祥中心地は何度か変更され、一九二六年には南西アジア、南東アジア、地中海沿岸、エチオピア、メキシコとペルーの五つの地域が上げられた。一九四〇年には南西アジア、メキシコとペルーが細分されて、七つの地域とされた。

考古学ではチャイルドのつよい影響があり、単一起源説が有力だったが、各地で発掘が進むにつれて独立発生説が優勢になっているかのようだ。単一起源説だと中心からの人間の移動か刺激の波及による何らかの伝播が証明されねばならないが、その点で弱みがある。歴史時代に民族移動は繰り返し起こったが、それが新石器時代にも同じような頻度で生じたか証明はむずかしい。またチャイルドが想定した中心のオリエントの作物はムギだが、他の地方では雑穀やイネに変わる。ムギ栽培の影響が波及したとしても、次から次へと将棋倒しのような芸当ができるのかという反論がある。それ以外にナチスのゲルマン民族優越説のような独善的中心主義への反発が影を落としている点もある。白人中心主義への反発も日本では強い。

しかし独立発生説一本槍にも問題はある。人類は旧石器時代から新石器時代へ、新石器時代から金石併用時代へ、鉄器時代へと地域に多少の遅速はあってもほぼ斉一に進んで来た。その変化がすべて独立発生で説明できるのか？　また先述のように人類は数万年の間に地球の隅々まで分布を広げた。その過程で何ら文化伝播が起こらなかったのか？　西アジアで始まった食糧確保の新しい方法は当時の最先端技術だ。野生穀物の穂を叩いて実を採集していた人々に発想の転換を強要したにしろ、まったく新たな生活方式を見せつけた革命的技術だ。その技術に周囲の人間が気もつかず伝えもしないというのは、新石器時代人の生きる意志と能力を過小評価しすぎだろう。技術の内容は現在と大きく異なるが、銃、蒸気機関、発電、自動車、飛行機、パソコン、携帯電話がアッという間に世界に広がる状況と変わらないのではないだろうか。人間は全地球的なつながりの中で生きてきたし、生きている。

私たちは元来が植物学も考古学も素人だ。農業のやり方に注目して地域を分類することが始まりだった。細分の過程だ。そのうちに細分した農業単位はある原型の変異形だと気がついた。作物と耕作法の変異は原型の適応放散だと考えた。その原型はどこで生まれたのか、この疑問から水のない環境で植物を植えることが環境適応あるいは環境馴化の究極の形、絶対的環境適応の形と気づいて、オアシス農業が原型だという結論に至った。温帯の穀物農業の形はこの原型の伝播と変異で整理できるのではないだろうか。

他方、熱帯には湿潤環境が広がっている。熱帯多雨林の世界だ。熱帯多雨林は植物が人間よりも強い。人間は何層も覆いかぶさる大森林の中で大小無数の生物の気に囲まれている。そこには食糧に利用できる材料が多々ある。人々はその中からとりわけ根茎植物を選択し、根栽農業で生きてきた。根栽農業は農業のやり方が穀物農業と別だ。その技術は五章で述べた。技術の性格は穀物農業と随分異なる。この環境では生物の気を馴化することが重要な一つの技術になる。精霊と祖霊の助けを得て初めて人は生きていくことができる。作物を植え継ぐことは子供を育てて生命を繋ぐのと同質の営みと意識されるのだ。

本書で述べた農業の起源と伝播は単一起源論ではなく、二元起源論となった。農業は長い歴史を持つ営みだ。太古からのその発展の過程を見通すことは遺跡の発掘や関連諸学が精密になってもけっして簡単ではない。情報の総合が必要な分野だ。総合に必要な視点は言い古された言葉だが、現在は過去を解く鍵ということだろう。難しさに遭遇してあきらめるのではなく、総合的な仮説を様々な分野で生みだすことが求められるのではないだろうか。本書をそうした仮設の一つとして読んで頂ければ幸いだ。

本書の記述は即物的、しかも何千年も前の話と現在の状況を混合的に書いている。私は土や植生の形成を数千年、数万年の単位で考える癖が付いていて時間感覚が普通と少しずれている。事実の即物的描写と時間感覚のずれのため、文章が飛んでいる所が多々あるが、行間御賢察をお願いしたい。

本書はもっと早く書くべきだったが、最初の発想から二〇年以上経過した。一九八八年に科学研究費報告を出したとき、高谷好一さんに言われた言葉を思い出す。「すぐ書け、何十年もあとで書くのではあかんで。」高谷さんには申し訳ないことだ。それなりに検証にヒマがかかった。本書では抜けているアフリカ、ヨーロッパ、新世界も取り込むことは将来の目標にしたい。

長年の間フィールドと研究室で議論と助言、批判を頂いた多くの先輩、友人の皆さんに苦しくも楽しかった時代の思い出を込めて感謝致します。所論を引用させて頂いた方々には引用の不備をお詫び致します。図版の使用をお許し頂いた先生方の御親切に篤く御礼申しあげます。かつて励まして頂いた故人の方々、とりわけ川口桂三郎、大野盛雄、矢野　暢、土屋健治、佐原　真、石井米雄の諸先生に感謝を捧げ、御冥福を祈ります。

本書の完成を励まして頂き、編集、校正、出版にご尽力頂いた京都大学学術出版会の鈴木哲也氏、國方栄二氏に心よりお礼申し上げます。

二〇一〇年九月

古川　久雄

〔注（引用文献）〕

第1章

（1）　古川久雄. 1989.「マダガスカル乾燥地帯の土地利用」、『東南アジア研究』26(4)、p. 359. この巻号は「マレー世界のなかのマダガスカル」特集号.

（2）　Budge, E. A. Wallis. 1977. *The Dwellers on the Nile*. Dover Publications Inc. p. 111.

（3）　Erman, Adolf. 1971. *Life in Ancient Egypt*. Dover Publications Inc. p. 427.

（4）　Erman, Adolf. 1971. 前出 p. 429.

（5）　ホークス、J. 小西正捷・近藤英夫・河野眞知郎・白土則子（訳）. 1980.『古代文明史』、みすず書房、2巻、p. 75.

（6）　長沢栄治. 1996.「エジプト―灌漑制度改革の新段階」、堀井健三・篠田隆・多田博一（編）『アジアの灌漑制度』、新評論、p. 419–459.

（7）　Erman, Adolf. 1971. 前出、p. 435.

（8） Erman, Adolf. 1971. 同上、p. 431.
（9） 高谷好一編．1988.『古代稲作農耕の学際的研究』、京都大学東南アジア研究センター、p. 138.
（10） 西山武一・熊代幸雄（訳）．1969. 賈思勰撰『齊民要術』、アジア経済出版会、p. 104.
（11） 高谷好一・前田成文・古川久雄．1981.「スマトラの小区画水田」、『農耕の技術』4、p. 25–54.
（12） アワ・キビの栽培化起源地を中央アジア南部とする説は坂本寧男氏のグループが唱えた。ただし同氏は一元的伝播説は取らない。

第2章

（1） 古川久雄．1992.『インドネシアの低湿地』．勁草書房．
（2） Bar-Yosef, O. and Kislev, M. E. 1989. “Early farming communities in the Jordan Valley”, In Harris D. R. and Hillman C. C., *Foraging and Farming. The Evolution of Plant Exploitation*. Unwin Hyman, p. 632–642.
（3） Mellaart, J. 1975. *The Neolithic of the Near East*. Thames and Hudson Ltd. p. 28–29.
（4） ベルウッド、P．長田俊樹・佐藤洋一郎（訳）．2008.『農耕起源の人類史』、京都大学学術出版会、p. 76.
（5） 藤本　強．1984.「石皿・磨石・石臼・石杵・磨臼（II）」、『東京大学考古学研究室研究紀要』第3号、p. 99–137.
（6） Mellaart, J. 1975. 前出、p. 30.
（7） Mellaart, J. 1975. 前出、p. 31–32, 46, 71–75.
（8） Kenyon, K. M. 1957. *Digging up Jericho*. Ernest Benn Ltd.
Mellaart, J. 1975. 前出、p. 48–51.
（9） 藤井純夫．1991.「西アジア初期農耕の土地選択—低湿地園耕の成立と展開」、常木　晃（編）『食糧生産社会の考古学』、朝倉書店、p. 22–49.
(10) 倉島 厚・有賀 淳. 1964.「西アジア」、畠山久尚（監修）『アジアの気候』、古今書院、p. 133.
(11) 原 隆一. 1997.『イランの水と社会』、古今書院。
(12) 原 隆一. 1997. 前出、p. 126.
(13) 倉島 厚・有賀 淳. 1964. 前出、p. 113–142.
(14) Mellaart, J. 1975. 前出、p. 78–80.
(15) Braidwood, L. S., Braidwood, R. J., Howe, B., Reed, C. A., and Watson, P. J. (eds.). 1983. *Prehistoric Archaeology along the Zagros Flanks*. The University of Chicago.
(16) Mellaart, J. 1975. 前出、p. 98–101.
(17) Mellaart, J. 1963. "Excavations at Çatal Hüyük, 1962. Second preliminary report", *Anatolian Studies* XIII, p. 43–103, Plate XXIV (b).
Mellaart J. 1964. "Excavations at Çatal Hüyük, 1963. Third preliminary report", *Anatolian Studies* XIV, p. 39–119, Plate VI (a), and p. 65, Fig. 20.
(18) セシジャー、W. 白須英子（訳）. 2009.『湿原のアラブ人』、白水社.
(19) Oats, D. and Oats, J. 1976. *The Rise of Civilization*, Elsevier-Phaidon.
(20) Oats, D. and Oats, J. 1976. "Early irrigation agriculture in Mesopotamia", In Sieveking, G. de G, Longworth, I. H. and Wilson, K. E. (eds.) *Problems in Economic and Social Archaeology*, Duckworth, p. 130.
(21) Moore, A. M. T., Hillman, G. C. and Legge, A. J. 2000. *Village on the Euphrates. From Foraging to Farming at Abu Hureyra*, Oxford Univ. Press.

（22） 西山武一・熊代幸雄．1969．前出，p. 51–53.
（23） ガーンジィ，P．松本宣郎・坂本　浩（訳）．1998.『古代ギリシア・ローマの飢饉と食糧供給』，白水社，p. 127.
（24） ブレイ，F．古川久雄（訳）．『中国農業史』．京都大学学術出版会，p. 324.
（25） 松平千秋（訳）．1971．ヘロドトス『歴史』，岩波書店，上，p. 144.
（26） 大槻真一郎（訳）．1994．プリニウス『博物誌』，八坂書房，植物篇，p. 407.
（27） Kramer, S. N. 1963. *The Sumerians. Their History, Culture, and Character*. The University of Chicago, p. 340–342.
（28） 前川和也．1989.「シュメール・ウル第三王朝の属州ギルス経営」，中村賢二郎（編）『国家―理念と制度―』，京都大学人文科学研究所，p. 479–546.
前川和也．1990.「古代シュメール農業の技術と生産力」，『世界史への問い２　生活の技術生産の技術』，岩波書店，p. 47–76.
（29） Anderson, R. H. 1936. “Grain drills through thirty-nine centuries”, *Agricultural History* 10 (4), p. 157–205.
（30） Maekawa, K. 1984. “Cereal cultivation in the Ur III period”, *Bulletin on Sumerian Agriculture*, Vol. 1, Cambridge University Press, p. 73–96.
（31） 岡田明子・小林登志子．2008『シュメル神話の世界：粘土板に刻まれた最古のロマン』，中央公論新社．
（32） ベッカー，H．J．鈴木佳秀（訳）．1989.『古代オリエントの法と社会』，ヨルダン社，p. 108–109.
（33） ベッカー，H．J．鈴木佳秀（訳）．1989．前出，p. 115–161.
（34） クレンゲル，H．江上波夫・五味　亨（訳）．1980.『古代バビロニアの歴史：ハンムラピ王とその社会』，山川出版社，p. 141–143.
（35） ベッカー，H．J．鈴木佳秀（訳）．1989. 前出，p. 197.

(36) ベッカー、H．J．鈴木佳秀（訳）．1989. 前出，p. 142.
(37) Makatari, A. M. 1971. *Water Rights and Irrigation Practices in Lahj. A Study of the Application of Customary Law and Shariah Law in South-west Arabia.* Cambridge University Press, p. 49–66.
(38) Kramer, S. N. 1963. 前出，p. 179–181.
(39) Kramer, S. N. 1963. 前出，p. 269–275.
(40) クレンゲル、H．江上波夫・五味亨（訳）．1983.『古代オリエント商人の世界』，山川出版社，p. 25–33.
(41) Zohary, D. 1989. “Domestication of the Southwest Asian Neolithic crop assemblage of cereals, pulses, and flax : the evidence from the living plants”, In Harris, D. R. & Hillman, G. C. (eds.) *Foraging and Farming. The Evolution of Plant Exploitation*, Unwin Hyman, p. 358–373.

第3章

(1) Jarrige, J.-F. 1982. “Excavations at Mehrgarh : Their significance for understanding the background of the Harappan civilization”, In Possehl, G. L. (ed.) *Harappan Civilization*, Oxford and IBH Publishing Co., p. 79–84.
(2) 黒崎　卓．1996.「パーキスターン」，堀井健三・篠田　隆・多田博一（編）『アジアの灌漑制度―水利用の効率化に向けて』，新評論，p. 357–388.
(3) Randhawa, M. S. 1980. *A History of Agriculture in India. Vol. 1*, Indian Council of Agricultural Research, p. 170.
(4) Randhawa, M. S. 1980. 前出，p. 156–182.
(5) ターパル、B．K．小西正捷・小磯　学（訳）．1990.『インド考古学の新発見』，雄山閣，p. 50–63.
(6) Harlan, J. R., De Wet, J. M., and Stemler, A. 1976. “Plant domestication and indigenous African agriculture”, In Harlan, J. R. De

Wet, J. M., and Stemler, A. B. (eds.) *Origins of African Plant Domestication*, Mouton Publishers, p. 3–22.

（7） Harlan, J. R. 1977. "The origins of cereal agriculture in the old world", In Reed, C. A. (ed.) *Origins of Agriculture*, Mouton Publishers, p. 357–384.

（8） 若月利之．1990.「モンスーン西アフリカの内陸小渓谷湿地における非水田稲作と小区画準水田稲作」、『農耕の技術』13、p. 31–63.

（9） 石田英子．1997．「ヌペの低地農業システム」、広瀬昌平・若月利之（編）『西アフリカ・サバンナの生態環境の修復と農村の再生』、農林統計協会、p. 196–210.

（10） 加藤正彦．2002.「タンザニア・マテンゴの掘り穴耕作とコーヒー栽培」、掛谷　誠（編）『アフリカ農耕民の世界。その在来性と変容』、京都大学学術出版会、p. 91–124.

（11） 河瀬真琴．1986.「ユーラシアにおけるアワの遺伝的変異と分化」、『農耕の技術』9、p. 111–135.

（12） 坂本寧男（編）．1991.『インド亜大陸の雑穀農牧文化』、学会出版センター．

（13） Harlan, J. R. 1977. 前出．

（14） 河瀬真琴．1991.「インド亜大陸の雑穀とその系譜」、坂本寧男（編）、前出、p. 33–98.

（15） Ohji, T. 1984. "Land utilization in a South Deccan village : Contrast between tank-irrigated and rain-fed cultivation", *Southeast Asian Studies* 22 (2), p. 171–196.

（16） Gunawardana, R. A. L. H. 1984. "Intersocietal transfer of hydraulic technology in precolonial South Asia : Some reflections based on a preliminary investigation", *Southeast Asian Studies* 22 (2), p. 115–142.

第4章

（1）「新疆疎附県阿克塔拉等新石器時代遺址」、『考古』1977年2期.
（2）「新疆輪台群巴克古墓葬第一次発掘簡報」、『考古』1987年11期.
（3）「新疆民豊大沙漠中的古代遺址」、『考古』1961年3期.
（4）「新疆和碩新塔拉遺址発掘簡報」、『考古』1988年5期.
（5）王炳華「新疆農業考古概述」、『農業考古』1983年1期.
（6）呉震「新疆東部的幾処新石器時代遺跡」、『考古』1964年7期.
（7）「新疆省鄯善県蘇巴什古墓的新発見」、『考古』1984年1期.
（8）江上波夫（編）. 1986.『中央アジア史』、山川出版社、p. 46.
（9）「青海楽都柳湾原始社会墓葬第一次発掘的初歩収穫」、『文物』1976年1期.
（10）「青海都蘭県諾木洪塔里他里哈遺址調査與試掘」、『考古学報』1963年1期.
（11）中国社会科学院考古研究所（編）. 1985.『昌都卡若』、文物出版社.
（12）「拉薩曲貢遺址調査試掘簡報」、『文物』1985年9期.
（13）江上波夫（編）. 1986.『中央アジア史』、前出、p. 36–42.
（14）江上波夫（編）. 1986. 前出、p. 334–352.
（15）フイリプス、E. D. 勝藤 猛（訳）. 1971.『草原の騎馬民族国家』、創元社、p. 11–24.
（16）「瀋陽新楽遺址試掘報告」、『考古学報』1978年4期.
「瀋陽新楽遺址第二次発掘報告」、『考古学報』1985年2期.
（17）「内蒙古敖漢旗興隆窪遺址発掘簡報」、『考古』1985年10期.

(18)「赤峰蜘蛛山遺址的発掘」、『考古学報』1979年2期.
陳文華・張忠寛（編）.「中国古代農業考古資料索引（十二）」、『農業考古』1987年1期.
(19)「遼寧牛河梁紅山文化女神廟興積石塚群発掘簡報」、『文物』1986年8期.
(20)郭大順・張克挙.「遼寧省喀左県東山嘴紅山文化建築群遺址発掘簡報」、『文物』1984年11期.
(21)「内蒙古巴林右旗那須台遺址調査」、『考古』1987年6期.
(22)「農安左家山新石器時代遺址」、『考古学報』1989年2期.
(23)「吉林長嶺県腰井子新石器時代遺址」、『考古』1992年8期.
(24)許玉林・傅仁義・王傅晋.「遼寧東溝県後窪遺址発掘概要」、『文物』1989年12期.
(25)「大連市郭家村新石器時代遺址」、『考古学報』1984年3期.
(26)「放射性炭素測定年代報告（六）」、『考古』1979年1期.
(27)天野元之助. 1979.「東北の在来農法」『中国農業の地域的展開』、龍渓書舎.
(28)「甘粛秦安大地湾新石器時代早期遺址」、『文物』1981年4期.
「甘粛秦安大地湾1978至1982年発掘的主要収穫」、『文物』1983年11期.
(29)「華県渭南古代遺址調査與試掘」、『考古学報』1980年3期.
(30)「河北武安磁山遺址」、『考古学報』1981年3期.
周本雄.「河北武安磁山遺址的動物骨骸」、『考古学報』1981年3期.
(31)「1979年裴李崗遺址発掘報告」、『考古学報』1984年1期.
「裴李崗遺址1978年発掘簡報」、『考古』1979年3期.
(32)「山東滕県古遺址調査簡報」、『考古』1980年1期.

(33) 「山東滕県北辛遺址発掘報告」、『考古学報』1984年2期.
(34) 「山東臨淄後李遺址第一、二次発掘簡報」、『考古』1992年11期.
(35) 「山東煙台白石村新石器時代遺址発掘簡報」、『考古』1992年7期.
(36) 「河北徐水南庄頭遺址試掘簡報」、『考古』1992年11期.
「1977年宝鶏北首嶺遺址発掘簡報」『考古』1979年2期.
中国社会科学院考古研究所編著.『寶鶏北首嶺』、文物出版社、1983年.
(37) 中国科学院考古研究所・陝西省西安半坡博物館.『西安半坡』、文物出版社、1963年.
(38) 半坡博物館・陝西省考古研究所・臨潼県博物館.『姜寨』上下、文物出版社、1988年.
(39) 「磁県下潘汪遺址発掘報告」、『考古学報』1975年1期.
(40) 「河南淅川下王崗遺址的試掘」、『文物』1972年10期.
河南省文物研究所.『淅川下王崗』、文物出版社、1989年.
(41) 山東省文物管理所・濟南市博物館.『大汶口』、文物出版社、1974年.
(42) 「山東兗州王因新石器時代遺址発掘簡報」、『考古』1979年1期.
周本雄.「山東汶州王因新石器時代遺址中的揚子鰐遺骸」、『考古学報』1982年2期.
(43) 王思礼.「山東安邱景芝鎮新石器時代墓葬発掘」、『考古学報』1959年4期.
(44) 河南省文物考古研究所.『舞陽賈湖』上下、科学出版社、1999年.
「河南舞陽賈湖新石器時代遺址第二次至六次発掘簡報」、『文物』1989年1期.
(45) 丁穎.「中国栽培稲種的起源及其演変」、『農業学報』8(3)、1957年.
(46) 巌文明.「中国稲作農業的起源(続)」、『農業考古』1982年2期.

(47)「湖南澧県梦渓八十壋新石器時代早期遺址発掘簡報」、『文物』1996年12期.
(48) 裴安平・「長江中游七〇〇〇年以前的稲作農業和陶器」、巌文明・安田喜憲（編）・『稲作陶器和都市的起源』、文物出版社、2000.
(49) 張文緒・裴安平・「澧県梦渓八十壋出土稲谷的研究」、『文物』1997年1期.
(50)「湖南澧県彭頭山新石器時代遺址発掘簡報」、『文物』1990年8期.
「湖南省澧県新石器時代早期遺址調査報告」、『考古』1989年10期.
(51)「澧県城頭山古城址1997–1998年発掘簡報」、『文物』1999年6期.
(52) 巌文明・「中国稲作農業的起源」、『農業考古』1982年1期.
(53)「湖北枝江県関廟山新石器時代遺址発掘簡報」、『考古』1981年4期.
(54)「江陵毛家山発掘記」、『考古』1977年3期.
(55)「湖北省石河遺址群1987年発掘簡報」、『文物』1990年8期.
(56) 中国科学院考古研究所・『京山屈家嶺』、科学出版社、1965年.
(57)「河姆渡遺址第一期発掘報告」、『考古学報』1978年1期.
「河姆渡遺址動植物遺存的鑑定研究」、『考古学報』1978年1期.
(58)「江蘇呉県草鞋山遺址」、『文物資料集刊3』、1980年.
(59)『シンポジウム稲作起源を探る―中国草鞋山遺跡における古代水田稲作』、日本文化財科学会、1996年.
(60) 天野元之助・1962.『中国農業史研究』、御茶の水書房、p. 710.
(61) 天野元之助・前出、p. 709.
(62) 劉志一・「彭頭山、賈湖応該有〝水田〟考」、『農業考古』2000年3期.

(63) 牟永抗・宋兆麟．「江浙的石犁和破土器—試論我国犁耕的起源」，『農業考古』1981年2期．
(64) 天野元之助．前出，p. 736.
(65) 牟永抗・宋兆麟．前出．
(66) 「浙江余杭反山良渚墓地発掘簡報」，『文物』1988年1期．
(67) 渡部　武．1991.『画像が語る中国の古代』，平凡社，p. 96.
(68) 西山武一・熊代幸雄（訳）．1969. 賈思勰撰『齊民要術』，前出，p. 102.

第5章

(1) 青木宣治．1964.「東南アジア」．畠山久尚（監修）『アジアの気候』，前出，p. 50.
(2) 中尾佐助．1966.『栽培植物と農耕の起源』，岩波書店，p. 22–27.
(3) 中尾佐助．1966. 同上，p. 28–39.
(4) ヘイエルダール，T．関　楠生（訳）．1999.『海洋の道—考古学的冒険』，白水社，第9章，p. 204–234.
(5) 吉田集而．1988.『不死身のナイティ．ニューギニア・イワム族の戦いと食人』，平凡社．
(6) Golson, J. 1977. “No room at the top” In Allen, J., Golson, J. and Jones, R. (eds.) *Sunda and Sahul*, Academic Press, p. 601–38.
Golson, J. & Steensberg, A. 1985. “The tools of agricultural intensification in the New Guinea Highlands”. In Farrington, I. S. (ed.) *Prehistoric Intensive Agriculture in the Tropics.* BAR International Series 232, p. 347–384.
Golson, J. 1989. “The origins and development of New Guinea agriculture”. In Harris, D. R. & Hillman, G. C. (eds.) *Foraging and Farming. The Evolution of Plant Exploitation.* Unwin Hyman, p. 678–687.
(7) Denham, T., Haberle, S. *et al.* 2003. “Origins of agriculture at Kuk Swamp in the highlands of Newguinea. *Science* 301, p. 189–193.

（8） Malinowski, B. 1935. *Coral Gardens and Their Magic. A Study of the Methods of Tilling the Soil and of Agricultural Rites in the Trobriand Islands*. Dover Publications, Inc. republication 1978.

（9） フレーザー、J．G．永橋卓介（訳）．1951.『金枝篇』（三）、岩波書店、p. 80–116.

（10） イェンゼン、Ad. E. 大林大良・牛島 巌・樋口大介（訳）．1977.『殺された女神』、弘文堂、p. 143–202.

（11） Izikowitz, K. G. 1951. *Lamet. Hill Peasants in French Indochina*, Goteborg. White Lotus republication, 2001, p. 206–239.

（12） Suksavang Simana. 1997. *Kmhmu' Livelihood. Farming the Forest*, Institute of Cultural Research of Laos, p. 11–52.

（13） Woensdregt, J. 1928. "De landbouw bij de To Bada in midden Serebes. *Tijdschrift voor Indische Taal-, Land- en Volkenkunde* 68, p. 125–255.

（14） フレーザー、J. G.『金枝篇』．前出．

（15） 古川久雄．1991.「マライシアの農耕系譜」．『東南アジア研究』29 (3)、p. 265.

（16） 古川久雄．1991. 前出、p. 262.

（17） ベルウッド、P．植木 武・服部研二（訳）．1989.『太平洋．東南アジアとオセアニアの人類史』、法政大学出版局、p. 318–342.

（18） 古川久雄．1991. 前出、p. 272–273.

（19） 古川久雄．1991. 前出、p. 285.

（20） ハイネゲルデルン、R．・バードナー、M．古橋政次（訳）．1978.『東南アジア・太平洋の美術』、弘文堂、p. 7–48.

（21） Conklin, H. C. 1980. *Ethnographic Atlas of Ifugao. A Study of Environment, Culture, and Society in Northern Luzon*. Yale University Press, p. 38.

(22) 横倉雅幸．1992.「東南アジアの初期農耕」．『東南アジア研究』30(3)，p. 272–314.

(23) Raffles, T. S. 1817. *The History of Java*, Oxford University Press reprint 1982, Vol. Two, p. 65–86.

(24) 村川堅太郎（訳）．1946.『エリュトラ海案内記』，生活社．

(25) Sarkar, H. B. 1971. *Corpus of the Inscriptions of Java*, Firma K. L. Mukhopadhyay, Vol. 1.

(26) van der Meer, N. C. van S. 1979. *Sawah Cultivation in Ancient Java. Aspects of Development during the Indo-Javanese Period, 5th to 15th Century*, Australian National University Press, p. 1–52.

索　引

［や行］

古川　久雄（ふるかわ　ひさお）

1940年神戸生まれ。1963年京都大学農学部農芸化学科卒業。1968年京都大学大学院農学研究科中退、京都大学農学部助手、1978年京都大学東南アジア研究センター助教授、1988年同教授、1998年京都大学大学院アジア・アフリカ地域研究科教授。2003年退職。京都大学農学博士、同名誉教授。現在、NPO法人平和環境もやいネット理事長。

著書：『インドネシアの低湿地』（1992年勁草書房）、『中国先史・古代農耕関係資料集成』（渡部武と共編著、1993年京都大学東南アジア研究センター）、*Coastal Wetlands of Indonesia : Environment, Subsistence and Exploitation*, Kyoto University Press, 1994、『事典東南アジア：風土・生態・環境』（共編著、1997年弘文堂）、『植民地支配と環境破壊』（2001年弘文堂）、*Ecological Destruction, Health, and Development : Advancing Asian Paradigms*, co-edited, Kyoto University Press-Trans Pacific Press, 2004。
『民族生態一從金沙江到紅河』（尹紹亭と共編著、2003年雲南教育出版社）。

訳書：『中国農業史』（フランチェスカ・ブレイ著、2007年京都大学学術出版会）、『ホーチミン・ルート従軍記』（レ・カオ・ダイ著、2009年岩波書店）。

オアシス農業起源論

学術選書 051

2011年3月15日　初版第1刷発行

著　　者…………古川　久雄
発 行 人…………檜山　爲次郎
発 行 所…………京都大学学術出版会

京都市左京区吉田近衛町69
京都大学吉田南構内（〒606-8315）
電話（075）761-6182
FAX（075）761-6190
振替 01000-8-64677
URL http://www.kyoto-up.or.jp

印刷・製本…………㈱太洋社

装　　幀…………鷺草デザイン事務所

ISBN 978-4-87698-851-8

定価はカバーに表示してあります

Printed in Japan

学術選書 ［既刊一覧］

＊サブシリーズ　「心の宇宙」→ 心　「宇宙と物質の神秘に迫る」→ 宇　「諸文明の起源」→ 諸

001 土とは何だろうか？　久馬一剛
002 子どもの脳を育てる栄養学　中川八郎・葛西奈津子
003 前頭葉の謎を解く　船橋新太郎　心 1
004 古代マヤ　石器の都市文明　青山和夫　諸 11
005 コミュニティのグループ・ダイナミックス　杉万俊夫 編著　心 2
006 古代アンデス　権力の考古学　関 雄二　諸 12
007 見えないもので宇宙を観る　小山勝二ほか 編著　宇 1
008 地域研究から自分学へ　高谷好一
009 ヴァイキング時代　角谷英則　諸 9
010 GADV仮説　生命起源を問い直す　池原健二
011 ヒト　家をつくるサル　榎本知郎
012 古代エジプト　文明社会の形成　高宮いづみ　諸 2
013 心理臨床学のコア　山中康裕　心 3
014 古代中国　天命と青銅器　小南一郎　諸 5
015 恋愛の誕生　12世紀フランス文学散歩　水野 尚
016 古代ギリシア　地中海への展開　周藤芳幸　諸 7
018 紙とパルプの科学　山内龍男
019 量子の世界　川合・佐々木・前野ほか編著　宇 2
020 乗っ取られた聖書　秦 剛平
021 熱帯林の恵み　渡辺弘之
022 動物たちのゆたかな心　藤田和生　心 4
023 シーア派イスラーム　神話と歴史　嶋本隆光
024 旅の地中海　古典文学周航　丹下和彦
025 古代日本　国家形成の考古学　菱田哲郎　諸 14
026 人間性はどこから来たか　サル学からのアプローチ　西田利貞
027 生物の多様性ってなんだろう？　生命のジグソーパズル　京都大学総合博物館・京都大学生態学研究センター編
028 心を発見する心の発達　板倉昭二　心 5
029 光と色の宇宙　福江 純
030 脳の情報表現を見る　櫻井芳雄　心 6
031 アメリカ南部小説を旅する　ユードラ・ウェルティを訪ねて　中村紘一
032 究極の森林　梶原幹弘
033 大気と微粒子の話　エアロゾルと地球環境　笠原三紀夫・東野 達 監修
034 脳科学のテーブル　日本神経回路学会監修／外山敬介・甘利俊一・篠本滋編
035 ヒトゲノムマップ　加納 圭

036 中国文明 農業と礼制の考古学 岡村秀典 [諸] 6
037 新・動物の「食」に学ぶ 西田利貞
038 イネの歴史 佐藤洋一郎
039 新編 素粒子の世界を拓く 湯川・朝永から南部・小林・益川へ 佐藤文隆 監修
040 文化の誕生 ヒトが人になる前 杉山幸丸
041 アインシュタインの反乱と量子コンピュータ 佐藤文隆
042 災害社会 川崎一朗
043 ビザンツ 文明の継承と変容 井上浩一 [諸] 8
044 江戸の庭園 将軍から庶民まで 飛田範夫
045 カメムシはなぜ群れる？ 離合集散の生態学 藤崎憲治
046 異教徒ローマ人に語る聖書 創世記を読む 秦 剛平
047 古代朝鮮 墳墓にみる国家形成 吉井秀夫 [諸] 13
048 王国の鉄路 タイ鉄道の歴史 柿崎一郎
049 世界単位論 高谷好一
050 書き替えられた聖書 新しいモーセ像を求めて 秦 剛平
051 オアシス農業起源論 古川久雄